U0175719

数学知道一切的答案

从一到无穷大

[美]
乔治·伽莫夫
—— 著 ——

吴先先
—— 译 ——

民主与建设出版社
·北京·

图书在版编目（CIP）数据

数学知道一切的答案：从一到无穷大 /（美）乔治·伽莫夫著；吴先先译 .-- 北京：民主与建设出版社，2021.6

ISBN 978-7-5139-3485-5

Ⅰ.①数… Ⅱ.①乔… ②吴… Ⅲ.①数学－普及读物 Ⅳ.① O1-49

中国版本图书馆 CIP 数据核字（2021）第 066447 号

数学知道一切的答案：从一到无穷大
SHUXUE ZHIDAO YIQIE DE DA'AN CONG YI DAO WUQIONGDA

著　　者　【美】乔治·伽莫夫
译　　者　吴先先
责任编辑　刘　芳
出版策划　石谨瑜
营销编辑　黄　玮
策划编辑　张　媛　张珊珊
装帧设计　尧丽 YooLi Design
出版发行　民主与建设出版社有限责任公司
电　　话　（010）59417747　59419778
社　　址　北京市海淀区西三环中路 10 号望海楼 E 座 7 层
邮　　编　100142
印　　刷　天津旭非印刷有限公司
版　　次　2021 年 6 月第 1 版
印　　次　2021 年 6 月第 1 次印刷
开　　本　710 毫米 ×1000 毫米　1/16
印　　张　18.5
字　　数　129 千字
书　　号　ISBN 978-7-5139-3485-5
定　　价　59.80 元

海象说道："是时候说说这些事情了……"
刘易斯·卡罗尔，《爱丽丝镜中世界奇遇记》

原版序言（1946）

原子、恒星、星云是什么？如何理解熵，如何理解基因？我们能不能弯曲空间？火箭为什么变短？这本包罗万象的书里不但会回答上面所有的问题，还会就许多同样有趣的话题进行讨论。

我之所以写这样一本书，是想搜集出当代科学里最有趣的现象和理论，让读者从中一窥微观宇宙和宏观宇宙的整体图景，了解科学家们眼中的世界。为了实现这个宏大的愿景，我不打算事无巨细地讲述科学的前世今生，否则这本书终将会成为一套卷帙浩繁的百科全书；不过，我确实会涉及众多的基础科学知识，对这些领域进行一番整体性的探索，不留任何死角。

选择主题时，我主要是考察它们的重要性和趣味性，难易程度不是我最关心的问题。因此，整本书的知识密度会略有起伏。有些章节非常简单，就连孩子也可以轻松读懂；有些则需要读者集中注意力，认真研究才能完全理解。我衷心希望，那些尚未跨入科学大门的读者在阅读本书时不会遇到太多的困难。

值得大家注意的是，本书第四部分"宏观宇宙"的篇幅明显比前一部分"微观宇宙"要短得多。这主要是因为有关宏观宇宙的种种问题，我在此前的著作《太阳的生与死》和《地球小传》中已经详细地讨论过了。如果再费口舌未免就有些重复、乏味了。所以在这部分，我仅对有关行星、恒星和星云的物理学常识和重大成就，以及支配它们的物理法则进行了一些概括性的描述，只有在讲到因近年来新的科学进展，而呈现出新的意义的问题时，才会多花一些笔墨。依据这个原则，我特别关注了以下两个方面的新进展，一个是新近提出的观点，认为"超新星"这种超大恒星的爆炸与物理学中已知的最小粒子"中微子"有关；另一个是新的行星系形成理论，否定了“行星起源于太阳与其他恒星的碰撞”这一目前广被接受的流行观点，并且重新确立了几近被忘记的康德和拉普拉斯的旧观点。

在此，我还要向许多艺术家和插画师致以谢意，他们的作品经过拓扑变换（参见第二部分第三章）后，为本书的许多装饰性插图提供了开阔的思路。此外，我特别要感谢一位年轻的朋友玛丽娜·冯·诺依曼（Marina von Neumann），她声称自己对所有问题的理解都比自己那位著名的父亲[①]要更深入，当然，数学除外，因为她认为在这个领域父女二人旗鼓相当。她读了手稿中的一些章节后，告诉我，有很多内容她都读不太懂。所以我放弃了自己的以孩子为写作对象的最初设想，而写成了现在这本书。

乔治·伽莫夫

1946年12月1日

① 这里是指约翰·冯·诺伊曼（John von Neumann，1903—1957），美籍匈牙利数学家。——编者注

修订版序言（1961）

所有的科学类读物都很容易在面市几年后变得过时，特别是正处于高速发展的分支科学领域的书籍。从这个意义上看，出版于 13 年前的著作《从一到无穷大》无疑是一个幸运儿。它是在科学刚刚取得重大突破后完成的，并且这些内容也都被写进了书中。因此，只需做少量的修订和增补就可以跟得上时代。

其中一项重要的科学成果是，人类通过氢弹爆炸这种热核反应，成功地释放出了原子核能，在通向可控的热核反应的进程中，我们正在缓慢却稳步地往前行。在初版的第十一章中我已经谈到了热核反应的原理及其在天体物理学领域的应用。因此，只需在第七章末尾补充一些新的材料，就可以把人类为实现同一个目标取得的进展囊括进去。

此外还有一些变化，科学家们对宇宙年龄的估算从此前的二三十亿年增至五十亿年以上。另外，借助加利福尼亚州帕洛玛山天文台全新的 200 英寸海尔望远镜，人类所能探索的天体距离尺度也有了大幅提升，这一版也对此进行了修订。

生物化学领域也有了最新进展，因为有必要重新绘制图 101 并修改与之相关的文本。在第九章的结尾处，还补充了有关合成简单有机生命体的全新资料。初版中，我曾写道（第 266 页）：“没错，生命物质和非生命物质之间确实存在着一个过渡性的阶段。或许在不久的将来，卓越的生物化学家就可以利用普通的化学元素合成病毒分子，并向世人自豪地宣布：‘我刚刚把生命的气息注进了一团没有生命的物质里！’”就在几年前，加利福尼亚的科学家真的完成了（或者说几乎完成了），在修订版第九章的结尾处，读者们也可以找到有关这项研究的简短描述。

还有一件事发生了变化。第一版的题献中写道："献给我的儿子伊戈尔，他的梦想是成为一名牛仔。"不少读者写信问我，他是否真的成了一个牛仔。答案是没有，他主修生物学，明年夏天毕业，打算从事遗传学方面的工作。

乔治·伽莫夫

科罗拉多大学 1960 年 11 月

目录
Contents

PART1

数字游戏

第一章 大数字

1. 你最大可以数到几？

有这么一个故事。两个匈牙利贵族决定玩一个游戏，谁说的数字最大，谁就是赢家。

其中一个人说："好吧，那你先说。"

另一个人苦思冥想了好几分钟，终于给出了他能想到的最大数字。

"3。"他说。

现在轮到第一个人绞尽脑汁地思考了。然而，一刻钟之后，他还是无奈放弃了。

"你赢了。"他输得心服口服。

故事中，这两个匈牙利贵族的头脑可真是不怎么灵光[①]，而且，没准整个故事就是一个不怀好意的玩笑。不过，如果主角不是匈牙利人，而是非洲南部的霍屯督人（Hottentot）[②]，这样一通对话或许真的有可能发生。一些非洲探险家们能够证实，许多霍屯督人的词汇表里，根本就没有 3 以上的数字。假设你去问一个当地土著，他有几个儿子，杀死过几个敌人，如果这个数字比 3 大，他就会说："有很多。"所以说，在数数这门技艺上，哪怕是霍屯督部落里最勇猛的战士，也比不过美国幼儿园里的孩子，毕竟孩子们还能从 1 数到 10 呢！

如今，人们都习惯性地认为，只要我们愿意，无论多大的数字，我们都可以

---

① 为了佐证这一点，我再讲一个故事：一群匈牙利贵族在阿尔卑斯山脉登山时迷了路，其中有一个人拿出了地图，仔细钻研了好久，兴奋地大叫："我知道我们在哪儿了！""在哪儿啊？""看见那边的那座大山了吗？我们现在就在它的山顶上。"

② 这个名词从旧荷兰语衍生而来，历史上曾用来指代"科伊科伊人"。因含有冒犯性，现已不建议使用。——编者注

写出来。无论它是以美分来计算的军费支出，还是以英寸来衡量的星际距离，只要在某个数字的右边加上足够多的“0”就可以了。你可以一直写下去，直到手酸，甚至没有意识到自己写下的数字比宇宙里所有原子的总数还多[①]。顺带一说，宇宙里的原子总数大约是：

300,000,000,000,000,000,000,000,000,000,000,000,000,000,000,000,000,000,000,0
00,000,000,000,000,000 个。

你也可以用更简洁的形式，表示成：3×10^{74}。这个位于 10 右边、小小的上标数字 74 就是你要写出来的 0 的个数，换句话说，这个数等于 3 乘以 74 个 10。

不过古人们尚未了解这种“简单算术系统”，事实上，这种方法是由某些未能留下姓名的印度数学家发明出来的，存在了还不到 2000 年。尽管人们常常忽略，但这个发明确实具有划时代的意义。此前，人们书写数字时，会用一个特定的符号来表示每一个数位（现在我们称之为十进制单位），每个数位上的数字是几，就重复这个符号几次。举个例子，数字 8732 用古埃及文字表示就是：

在恺撒时代，行政部门的书记员会把这个数记为：

MMMMMMMMDCCXXXII

你对后一种记数方法一定不陌生，因为人们现在还会经常使用罗马数字——用它来表示书的卷数、章数，或是用它在宏伟的纪念碑上记录历史事件的日期。不过，因为古人的记数需求不超过几千，所以更高的十进制单位的符号并不存在。一个古罗马人，无论受过何等良好的数学训练，如果要他写下“一百万”这样一个数字，他也一定会不知所措。真要答应这个请求，他得花上好几个小时，

① 以目前最大的望远镜所能探测到的全部宇宙空间计算。

不停歇地写出 1000 个 M 才行（图 1）。

图 1　这个看上去有点像奥古斯都 · 恺撒（Augustus Caesar）的古罗马人正在试图写出“一百万”。实际上，墙壁上的这块板子的空间很难写下“十万”。

对古人来说，特别大的数字，比如天上的星星、海里的鱼、海岸的沙都是“无法计算”的，就像是对霍屯督人来说，“5”就是无法计算的，只能用“许多”来表示。

公元前 3 世纪，著名的科学家阿基米德（Archimedes）曾花费了极大的脑力证明，写出特别大的数字完全是有可能的。他在论文《数沙器》（*The Psammites* 或叫 *Sand Reckoner*）中写道：

“有些人认为，沙粒的数目有无穷多个。我所说的，不但包括锡拉丘兹（Syracuse）和西西里上的沙粒，还包括地球上所有地方的沙子，无论那里是否有人居住。另外，还有一些人认为，这个数字并不是无穷大，但是却无法写出比地球上所有沙粒的数量还大的数字。显然，对于持后一种观点的人来说，如果让他们想象一座和地球等大的沙球，在里面将与地球上大海、洞穴在内的相对应的位置都装满沙子，一直堆到全世界最高的山那么高，那么，他们就更加确信，再也没有什么数字能比这里面的沙子总数还要大。不过，我想说的是，我不但能够表示出像地球这么大的沙球中沙粒的数目，哪怕是像宇宙这么大的沙球，我也能写出里面的沙子数。"

阿基米德在这篇著名的文章中提出的表示大数的方法，和现代科学中的大数记数法十分类似。他从古希腊算术中最大的数字"一万"（myriad）开始，接着引入一个新数"一万万"，他称之为"亿"或"二级单位"。接下来是"亿亿"，它被称为"三级单位"，再然后是"亿亿亿"，被称为"四级单位"，依此类推[①]。

用现在的眼光来看，专门花几页的篇幅来讨论如何书写大数确实有些琐碎，但在阿基米德的时代，找到记录大数的方法确实是一个了不起的发现，数学也由此向前迈出了重要的一步。

想要表示出填满整个宇宙的沙粒总数，阿基米德就必须要知道宇宙有多大。当时的人们相信，整个宇宙被封装在一个镶嵌着星星的水晶球里。而根据阿基米德同时代的天文学家，萨摩斯的阿利斯塔克斯（Aristarchus of Samos）的估算，从地球到这个宇宙水晶球表面的距离是 10,000,000,000 脚尺，也就是 1,000,000,000 英里左右[②]。

阿基米德把这个天球的大小和沙粒的大小进行了比较，完成了一系列复杂到足以令高中生做噩梦的计算，最后得出以下结论："很显然，按照阿利斯塔克斯

---

① 阿基米德记数法的每一阶都是前一阶的一亿倍。——译注

② 希腊单位脚尺（Stadium）相当于606英尺6英寸，或188米。（Stadium这个词的另一个含义是体育场，传说古希腊建造体育场时，以赫拉克勒斯的脚来丈量，足足有600脚，因此得名。——译注）

估算的天球尺寸，里面可以装入的沙粒总数不会超过一千万个第八阶单位。”[①]

你或许已经留意到，阿基米德估算的宇宙半径比现代科学家所认为的要小得多。**10 亿英里的距离根本出不了太阳系，只能到达土星。**我们稍后将会看到，用现代望远镜探测到的宇宙距离已达到 5,000,000,000,000,000,000,000（即 5×10^{21}）英里[②]，所以说，想要填满所有已知的宇宙空间，所需要的沙粒数必然会超过 10^{100}（1 后面 100 个 0）个。

这个数目比本章开头说的宇宙中的原子总数 3×10^{74} 明显要大得多，但不要忘记，宇宙里并不是塞满了原子。实际上，每立方米的空间里平均只有大约 1 个原子。

不过，为了得到特别大的数字，我们根本不需要做这么夸张的事情，比如用沙粒填满整个宇宙。实际上，一些乍看上去非常简单的问题也会得出超乎寻常的大数，而人们期望中的答案却只有几千而已。

印度的舍罕王（King Shirham）就在大数上吃过亏。根据古老的传说，宰相西萨・班・达依尔（Sissa Ben Dahir）发明了国际象棋，并将它呈献给了舍罕王。为此，国王想要给他奖赏。聪明的宰相提出了一个听上去十分谦逊的请求。“陛下，”他跪在国王面前说，“请在这张棋盘的第一个格子上放一粒小麦，第二个格子放两粒，第三个格子四粒，第四个格子八粒。每一个格子上的小麦数量都是前一个格子上的两倍，就像这样填满 64 个棋格。陛下，这就是我向您请求的赏赐。”

“噢，我忠实的臣子，你要的并不多啊。”国王赞赏道。国际象棋真是个神奇的游戏，一想到给游戏的发明者许下了慷慨的承诺，却又无须为此花费太多，

---

① 用我们现在熟悉的记数方法表示，这个数字是：

一千万	第二阶单位	第三阶单位	第四阶单位
(10,000,000) ×	(10,000,000) ×	(10,000,000) ×	(10,000,000)×
第五阶单位	第六阶单位	第七阶单位	第八阶单位
(10,000,000) ×	(10,000,000) ×	(10,000,000) ×	(10,000,000),

或是简单记为 10^{63}（即 1 后面 63 个 0）。

② 根据 2018 年的观测数据，宇宙的观测半径在 470 亿光年左右，折合成英制约为 3×10^{23} 英里。——译注

国王就不禁窃喜。“你一定会得偿所愿的。”他命人将一袋小麦送至他的王座旁。

开始清点麦粒了。先是在第一个格子上放 1 粒，第二个格子 2 粒，第三个格子 4 粒……还没到放第 20 个格子，一整袋小麦就用完了。国王命人拿来了更多袋小麦，但是装满每一个格子的麦粒数目都在飞速增长。很快，国王意识到，哪怕用光全印度的小麦，自己也无法兑现这个承诺。因为要装满整个棋盘，一共需要 18,446,744,073,709,551,615 粒小麦[①]！

图 2　精通数学的宰相西萨 · 班 · 达依尔正在向印度的舍罕王请求赏赐。

这个数字虽然没有宇宙中的原子总数那么大，但也相当大了。假定 1 蒲式

---

① 聪明的宰相要求的麦粒数可以写作：$1+2+2^2+2^3+2^4+\cdots\cdots+2^{62}+2^{63}$。代数里将一系列以相同倍数（这个故事中的倍数是 2）依次递增的数字叫作等比数列。可以证明，等比数列中所有数字之和，等于公比（此处是 2）的项数次幂（此处是 64）减去第一项（此处是 1），再用这个结果除以公比减去 1 而得到的数。可以表示为：$\frac{2^{63}\times 2-1}{2-1}=2^{64}-1$，得出结果就是 18,446,744,073,709,551,615。

耳[①]小麦大约有5,000,000粒，要满足西萨·班·达依尔的请求，就需要4万亿蒲式耳的小麦。考虑到全世界的小麦平均年产量约为2,000,000,000蒲式耳，这位宰相请求赏赐给他的麦粒，大约是全世界2000年生产的小麦总额！

因而，舍罕王很快就会发现自己欠了宰相一大笔债。他要么背上这笔永远也还不完的债务，要么直接砍下宰相的脑袋。我怀疑他很有可能选择了后一种。

另一个和大数有关的故事也来自印度，是一个有关“世界末日”的问题。热爱数学的历史学家W.W.R.鲍尔（W.W.R.Ball）为我们讲述了这个故事[②]：

“贝拿勒斯大神庙里，有一块标记为世界中心的穹顶。下面放置着一块铜板，板上固定着3根金刚石针，每根针约1腕尺高（1腕尺大约是20英寸），和蜜蜂的躯干差不多粗。神在创世之时，在其中一根针上串64个纯金的圆盘，最大的一块放在铜板上，其他圆盘依次叠放在上面，盘身越来越小。这就是梵天之塔。无论昼夜，当值的僧侣永不停歇地把圆盘从其中一根金刚针移到另一根上面。依据梵天亘古不变的永恒法则，僧侣每次只能移动一个圆盘，而且他必须把这些圆盘移到石针上，同时不允许较大的圆盘下面出现较小的圆盘。当所有64个圆盘从神创世的那根针上完全转移到另一根针上时，塔、神庙、婆罗门……万事万物都将碎裂成尘，在霹雳声中，世界化为乌有。”

图3描绘了故事中的场景，只是图中的圆盘数量要少于64个。你可以自己制作这个益智玩具，就用普通的圆形硬纸板代替金色的圆盘，用长长的铁钉代替印度传说中的金刚石针。根据移动的规则，我们不难发现，移动每一个圆盘所需的次数都比上一个翻了一倍。第一个圆盘只需移动一次，但是接下来每一个圆盘

---

① 蒲式耳是欧美通用的容量单位（常用来计量农作物），美制的1蒲式耳约等于35.2升。——译注

② 摘自W.W.R.鲍尔，《数学游戏与欣赏》（*Mathematical Recreations and Essays*，麦克米伦出版公司，纽约，1939）。

的移动次数都会呈几何级数增长。移动完 64 个圆盘的次数，就和西萨 · 班 · 达依尔索求的麦子数量一样多[①]！

图 3　僧侣在梵天神像前研究“世界末日”问题。需要说明的是，图上的黄金圆盘数少于 64 个（因为在图上画不出来那么多个）。

把这座梵天之塔中的 64 个圆盘全部从一根针转移到另一根上，需要多长的时间？假设僧侣们不分昼夜、不眠不休地工作，且每一秒钟就能移动一次。一年大约有 31,558,000 秒[②]，所以完成这项工作至少需要 58 万亿年的时间。

如果我们把这个传说中的“宇宙寿命”和现代科学的预测值进行比较，无疑是很有意思的。根据目前的宇宙演化理论，恒星、太阳以及包括地球在内的行星是在大约 30 亿年前，由无定型的物质形成的。我们还知道，为恒星——特别是为

---

① 如果我们只有 7 个圆盘，需要移动的次数就是：$1+2+2^2+2^3+\cdots\cdots 2^6$，或是 $2^7-1=2\times2\times2\times2\times2\times2\times2-1=127$。如果移动的速度足够快，且中间没有犯错，完成这项任务大概需要一个钟头。如果是 64 个圆盘，所需的移动总次数就是：$2^{64}-1=18,446,744,073,709,551,615$ 次，这与西萨 · 班 · 达依尔要求的麦子数目一样多。

② 作者似乎是将闰年多出的天数折合进了每一年，一年取 365.25 天作为近似值。——译注

我们的太阳——提供能量的“原子燃料”可以再维持100亿年或150亿年（参见第十一章“创世时代”）。因此，**宇宙的总寿命肯定短于200亿年，而不是像印度传说中预计的那样有58万亿年那么长**！不过，这毕竟只是一个传说！

在迄今所有的文献中提到的最大数字，大概出自著名的“印刷行数问题”。假设我们能够制造出一台可持续工作的印刷机，这台机器打印出的每一行内容，都是自动选择出来的字母和其他符号的不同组合。这样一台机器内装有多个独立的轮盘，每个轮盘的边缘刻有整套字母和符号。这些轮盘组合起来的运动方式，就像汽车的里程表那样：如果一个轮盘转满一圈，旁边的轮盘就会前进一位。每移动一次，纸张就会经由滚筒被自动送入机器，印出字条。制造这样一台机器并不难，图4就是它的示例图。

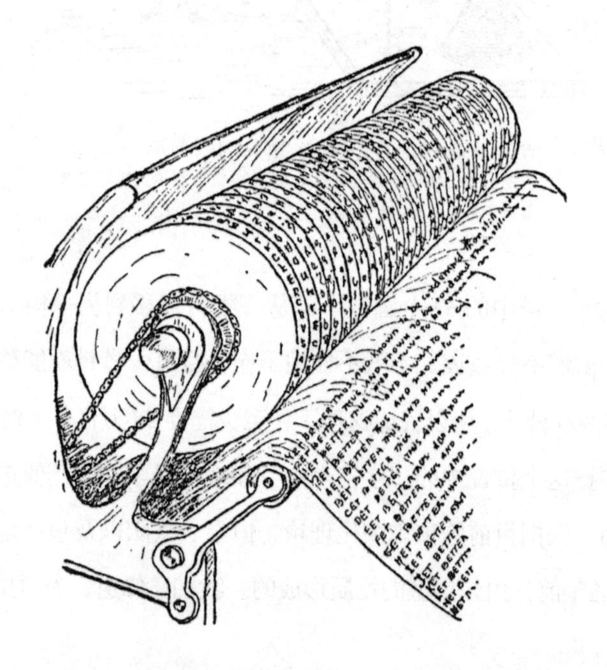

图4　一台自动印刷机刚刚准确地印出莎士比亚的某行诗句。

现在我们启动机器，来看看它印出来的无穷无尽的字条上面写了些什么。绝大多数字条上的文字毫无意义，比如说：

"aaaaaaaaaaa..."

或是

"booboobooboobooboo..."

再或者是：

"zawkporpkossscilm..."

不过既然这台机器印出了所有字母和符号组合，在一大堆连不成句的字符中，确实也能找到有意义的句子。其中有些句子的语义是无效的，比如：

"horse has six legs and..."（马有六条腿和……）

或是

"I like apples cooked in terpentin..."（我喜欢松节油煎过的苹果……）

如果继续找下去，我们还能找到莎士比亚写过的每一行句子，甚至是那些被他扔进垃圾桶里的句子！

实际上，这台机器会印出人们自学会写作以来所写下的所有东西：每一行散文、诗歌，每一篇报纸社论、广告，每一卷冗长的科学论文，每一封情书，还有写给送奶工的每一张便条……

此外，这台机器还会印出一切即将出版的作品。从滚筒印刷的纸卷上，我们可以找到 30 世纪的诗歌、未来的科学发现、美国第 500 届国会的演讲稿，还有 2344 年星际交通事故的记录单。还会有数不清的短篇、长篇小说，这些都是人类从未写出来的作品，出版商只要在地下室里放上这样一台机器，从一大堆垃圾中找出好的作品，拿来编辑就可以了——其实他们现在也是这么做的。

人们为什么没有这么做呢？

好吧，让我们来算算这台机器要打印多少行，才能把所有可能的字母和符号的组合全都呈现出来。

英语字母表里有26个字母，10个数字（0，1，2，……，9），还有14个常用符号（空格、句号、逗号、冒号、分号、问号、感叹号、破折号、连字符、引号、省略号、小括号、中括号、大括号），加起来共有50个符号。假设这台机器有65个轮盘，也就是说每一行可以印65个字符，那么每一行印刷出来的第一个字符就有50种可能性，对应其中一种可能性，第二个字符也有50种可能性，这样前两个字符就有50×50=2500种可能性。在前两个字符选定的情况下，第三个字符又可以在50种符号中任意选择，依此类推。每一行可能出现的排列组合的总数可以记为：$\overbrace{50\times50\times50\times\cdots\cdots\times50}^{65个}$次，或是$50^{65}$次，这个数近似等于$10^{110}$。

想要感受这个数字到底有多大，不妨假设宇宙中的每个原子都是这样一台印刷机，这样一来，我们就有3×10^{74}台机器在同时运转。哪怕所有这些机器从宇宙诞生之初（即30亿年前，或10^{17}秒前）就以原子振动的频率（每秒10^{15}次）进行印刷。那么，到现在为止，我们能够印出来的行数也只有：

$$3\times10^{74}\times10^{17}\times10^{15}=3\times10^{106}$$

这不过是所有可能性的三千分之一左右。

没错，就算是从这些自动印刷的材料中挑些东西出来，都得花上相当长的时间！

2. 如何数出“无穷大”？

上一节中我们讨论了数字，其中有不少都是相当大的数。不过，即便是大到不可思议，就像西萨·班·达依尔要求的麦粒数目那么大，这些数字仍然是有限的。只要给足时间，人们就可以把这些数字从头到尾写下来。

不过，还有一些具有无穷性的数，无论花多少时间都写不完。例如，**“所有整数的数量”显然是无穷大的，“一条线上所有几何点的个数”亦是如此。**对于这样的数，我们除了说它们是无穷大的以外，还可以尝试其他的描述吗？换句话说，有没有可能比较两个不同的无穷数，看看哪一个“更大”？

“所有整数的个数和一条线上所有几何点的个数相比，哪一个更大”——这样的问题有意义吗？著名的数学家格奥尔格·康托尔（Georg Cantor）最先考察了这个乍看上去有点天马行空的问题，他是“无穷数学”当之无愧的开创者。

想要谈论无穷数的大小，就会有一个问题随之而来：我们既没法表示这些数字，也无法把它们写下来。这就有点儿像一个正在清点自己百宝箱的霍屯督人，他想知道自己手里的玻璃珠子多，还是铜币更多。相信你还记得，霍屯督人无法数出 3 以上的数字，那么，他会不会因为数不出珠子和铜币各自的数量，就放弃比较这两个数的大小呢？不一定。如果他足够聪明，就会把珠子和铜币逐一比较直至得出答案：把一颗珠子摆在一枚铜币边上，另一颗珠子摆在另一枚铜币边上，就这样摆下去。如果珠子用完了，铜币还剩下几枚，他就会知道，铜币比珠子更多；如果铜币用完了，还有几颗珠子，那么就是珠子比铜币多；如果两者同时用完，那就是一样多。

康托尔在比较无穷数时，用的也是完全相同的办法：**把两组无穷数进行配对，如果这两个集合里的每一个元素都能一一对应，最后没有任何元素剩下，那么这两组无穷数就是相等的；如果其中一个集合里的有元素无法配对，那么就可以说，这组无穷数要比另一组更大一些，或者说更强一些。**

这个方法无疑是可行的，事实上，要比较无穷大的数字，也只有这个法子了。不过，在真正开始采用这个方法之前，我们得做好大吃一惊的心理准备。比如说，我们来比较一下所有的奇数和偶数这两个无穷数集合。从直觉上判断，你肯定会觉得奇数和偶数一样多，而且它们也完全符合上述的规则，二者可以做到一一对应：

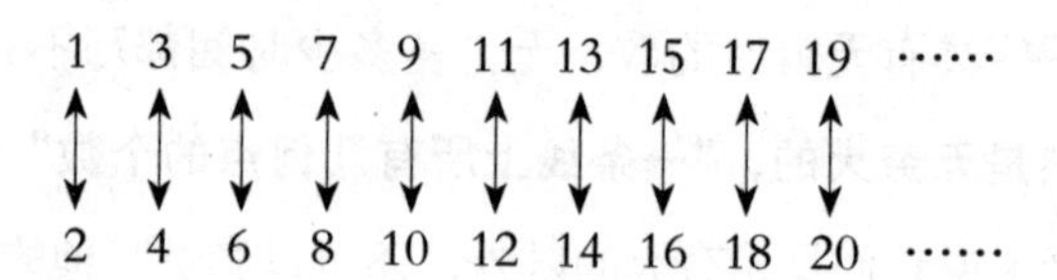

在这个表里，每一个奇数都对应着一个偶数，反之亦然。因此，奇数和偶数是大小相等的无穷数。看上去很简单，也很自然！

不过，稍等一下。下面这两个数，你觉得哪个更大：所有整数的数量（包括所有的奇数和偶数），还是所有偶数的数量？你当然会选择前者，因为它既包括了全部的偶数，也包括了全部的奇数。但这只是你的直觉而已。想要得到准确的答案，就必须应用无穷数比较的规则。如果你真的这么做了，就会吃惊地发现自己的直觉是错的。实际上，所有的整数和所有的偶数也可以放在如下这个表中，实现一一对应：

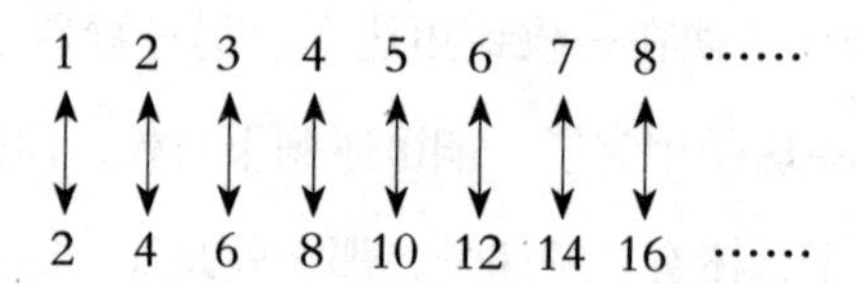

依照无穷数比较的规则，我们只能得出如下结论：**所有的偶数和所有的整数个数完全相等**。当然，这听起来有点自相矛盾，因为偶数只是整数的一部分，但是必须要记住，我们在这里计算的是无穷数，它们的性质会不太一样。

没错，**在无穷数的世界里，部分确实有可能等于整体**！最好的一个例证，莫过于德国数学家大卫·希尔伯特（David Hilbert）讲的一个故事。他在课堂上的这段话描述了无穷数的矛盾属性[①]：

“我们来想象一个旅馆，它的房间数量是有限的，而且所有房间都

① 这段内容从未正式发表过，希尔伯特甚至没有将它写成文字，但它流传甚广。引自R.柯朗，《大卫·希尔伯特轶事全集》。

住满了人。假如有一个新客要求入住，那么老板会说：‘抱歉，所有房间都住满了。’再来想象另一家旅馆，这里有无穷个房间，同样，每一个房间里都住上了人。这时又有新客来访，要求入住。

“‘没问题！’旅馆老板会立刻答应下来，并把之前住在一号房的客人移到二号房，二号房的客人移到三号房，三号房的客人移到四号房，依此类推……这样，新客就可以住进调整后空置出来的一号房里了。

“我们再换个方式，想象一个同样有无穷多个房间的旅馆。所有的房间都客满，并且有无穷多个新客要求入住。

“‘好的，先生们，请稍等。’旅馆老板说道。

“紧接着，老板把一号房的客人移到二号房，二号房的客人移到四号房，三号房的客人移到六号房……以此调整。

“现在，所有门牌号是奇数的房间全都空置了，无穷多个新客人就可以轻松入住进去了。”

希尔伯特描述的这个场景可能不太容易想象，毕竟现在不是战时的华盛顿，没有那么多要住店的客人。不过这个例子很好地说明了在进行无穷数的运算时，我们会遇到一些和普通算术不太一样的运算属性。

依据康托尔的无穷数比较规则，我们还可以证明，所有分数（如$\frac{3}{7}$，$\frac{735}{8}$）和所有整数的个数是相等的。我们可以按照如下的规则，把所有分数排成一排：先写出分子和分母之和等于 2 的分数，这样的分数只有一个，即$\frac{1}{1}$；再写出分子和分母之和等于 3 的分数，即$\frac{2}{1}$和$\frac{1}{2}$；接下来是分子和分母加起来等于 4 的分数，包括$\frac{3}{1}$、$\frac{2}{2}$和$\frac{1}{3}$……，以此类推。按照这个步骤，我们会得到一个包含了所有分数的无限数列（图 5）。现在，在这个数列旁边写出整数的数列，就可以实现无穷多个分数和无穷多个整数的一一对应。所以说，它们的数量是相等的！

图 5　非洲土著和康托尔教授都在比较自己数不出来的大数字。

你可能会说："听上去不错。不过，这不就意味着，所有的无穷数都是一样大的吗？如果是这样，比较它们的大小还有什么意义呢？"

不，事情当然没有那么简单。人们可以很容易地找出比所有的整数或分数的个数还要大的无穷数。

现在回过头来，研究一下本章开头提出的问题。"一条线上所有点的个数"和"所有整数的个数"，到底谁大谁小？你会发现，这两个无穷数的大小确实是不同的——一条线上的点的个数要比所有的整数或分数个数要多得多。为了证明这一点，我们试着在一条线段上（比如说 1 英寸长），建立点和整数数列之间的一一对应关系。

线段上的每一个点都可以表示为它与线段某端间的距离，而且这段距离都可以记作一个无限小数，比如 0.7350624780056……，或 0.38250375632……[①]。现

① 因为我们假定线段的长度是 1，所以这些小数全都比 1 小。

在我们就可以来比较所有整数和这些无限小数的个数了。那么，上面这些无限小数，和像$\frac{3}{7}$、$\frac{8}{277}$这样的分数，又有怎样的区别呢？

大家一定还记得，我们在数学课上学过，**每一个普通分数都可以转化成无限循环小数**，比如$\frac{2}{3}=0.6666\ldots\ldots=0.\dot{6}$，$\frac{3}{7}=0.428571|428571|4\ldots\ldots=0.\dot{4}2857\dot{1}$。我们上面已经证明过，**所有普通分数的个数和所有整数的个数是相同的，因此，所有循环小数的个数和所有整数的个数也是相同的**。但是，一条线段上的点不可能完全表示成无限循环小数，而且大多数情况下，这些无限小数是不循环的。很容易看出来，在这种情况下，两个数列无法建立一一对应的关系。

假如有人声称，他能建立如下形式的对应关系：

N	
1	0.38602563078 ......
2	0.57350762050 ......
3	0.99356753207 ......
4	0.25763200456 ......
5	0.00005320562 ......
6	0.99035638567 ......
7	0.55522730567 ......
8	0.05277365642 ......
.	....
.	....

当然，因为我们不可能写出无限不循环小数的每一位数，所以这张表的作者必定已经找到了某种一般性的规则（类似于我们将分数和所有整数进行配对的规则），并且按照这种规则构造了上面这个表，这种规则确保，我们所能想到的任何一个小数迟早都会出现在这张表里。

然而，不难证明，没有一种排列法则可以保证这样的事，因为我们总是可以写出一个没有出现在这个表里的无限不循环小数。如何办到的？再简单不过了。

只要让这个数的小数点后第一位数字和表里的一号数字（N1）的小数点后第一位不同，第二位数字和N2的小数点后第二位不同，依此类推，就会得到一个类似下面这样的数字：

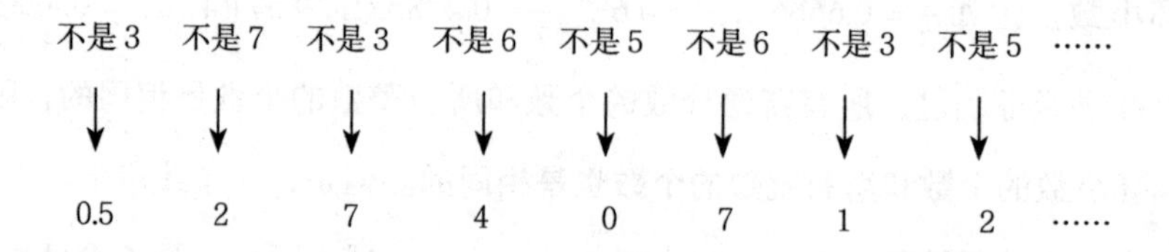

这样的话，无论你往下找多久，这个数字都不会出现在这个表里。如果这张表的作者告诉你，你写下的这个小数就在第137行（也可以是其他任意一行），那么你可以立刻告诉他："不可能，因为这两个数在小数点后第137位上的数字是不同的。"

因此，一条线上的点的个数和整数的个数之间，无法建立一一对应的关系，这意味着，**一条线上的点的个数比所有整数或分数的个数更大，或者说更强。**

我们一直在讨论"1英寸长的线段"上点的个数，不过，根据"无穷数学"规则，很容易证明上述结论对任何一条线段上的点都适用，也就是说，**无论是1英寸、1英尺，还是1英里，这些线段拥有的点的数目都是相等的。**想要证明这一点，只要看一下图6就可以。图上比较了两条长度不相等的线段AB和AC上的点的个数。为了在两条线之间建立一一对应的关系，我们从AB上的每一点出发，做一条平行于BC的线，并将它与两条线的交点进行配对，例如D和D1、E和E1、F和F1等。如此一来，AB上的每一个点在AC上都有点与之对应，反之亦然。因此，根据我们的规则，这两条线段拥有的点的数量是相等的。

在探索无穷大数的过程中，我们还有一个出人意料的发现：**一个平面上的所有点的数量和直线上点的数量竟然是一样的**！为了论证这一点，我们来考察线段AB（长度为1英寸）上面的点，和正方形CDEF内的点（图7）。假设线段AB某个位置上的点均可以用某数字来表示，比如说0.75120386……，那么，我们可以由这个数字确定两个不同的数字，取小数点后的奇数位和偶数位重新组合，即0.7108……和0.5236……。

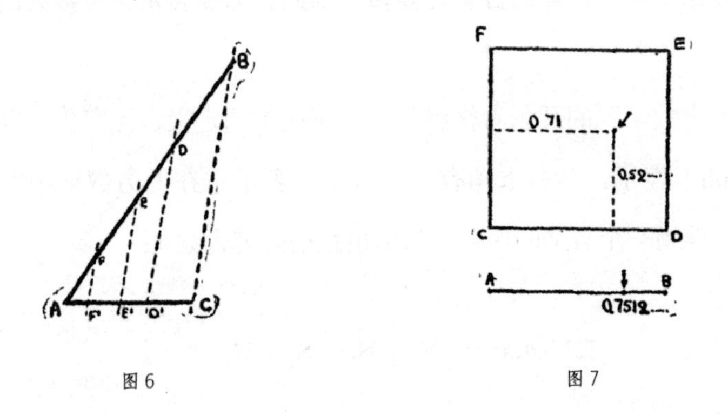

图 6　　　　图 7

接下来，我们分别以这两个数字为横坐标和纵坐标的值，在正方形中寻找到对应的点，并把这个点称为此前线段上点的“对应点”。反过来，如果我们知道正方形里任何一个点的横坐标和纵坐标，打个比方，比如说0.4835……和0.9907……，通过相同的规则合并这两个数字，也可以得到它的“对应点”在线段上的位置：0.49893057……。

很显然，通过上述的步骤，两组点之间建立起了一一对应的关系。线上的每一个点都能在正方形里找到它的对应点，而正方形里的每一个点也能在线上找到对应。没有任何一个点会被遗漏。依照康托尔的规则，我们可以得出结论：正方形里所有点的数量等于线段上的所有点的数量。

使用类似的方法，也很容易证明，立方体内所有点的数量等于正方形或直线上点的数量。我们只需要把原来的小数拆分成三个新的数字[①]，然后用这三个数来定义立方体内“对应点”的位置即可。此外，就像两条长度不同的线段中，点的数量是相等的一样，无论正方形或立方体的大小如何，其中点的数量也不会改变。

① 比如0.735106822548312……这个数我们可以拆分为0.71853……、0.30241……和0.56282……。

虽然所有几何点的数量比所有整数或分数的数量要大，但它还不是数学家们已知的最大的无穷数。事实上，人们发现，**所有曲线的种类，包括那些最不同寻常的曲线，要比所有几何点的数量还要多，因此，必须要用无穷数列的第三个数来描述它。**

根据“无穷数学”的开创者格奥尔格·康托尔的定义，无穷数可以用希伯来字母 ℵ（aleph）表示，其右下角有一个数字，表示它在无穷数列中的位置。由此，我们可以得到一个数字的序列（其中也包括无穷大数）：

$$1,2,3,4,5\cdots\cdots \aleph_0 , \aleph_1 , \aleph_2 , \aleph_3 \cdots\cdots$$

当我们说“一条线上有 $\aleph_1$ 个点”，或“存在 $\aleph_2$ 条不同的曲线”时，就和我们在说“世界分为七大洲”或“一盒纸牌有 52 张牌”时，没什么两样。

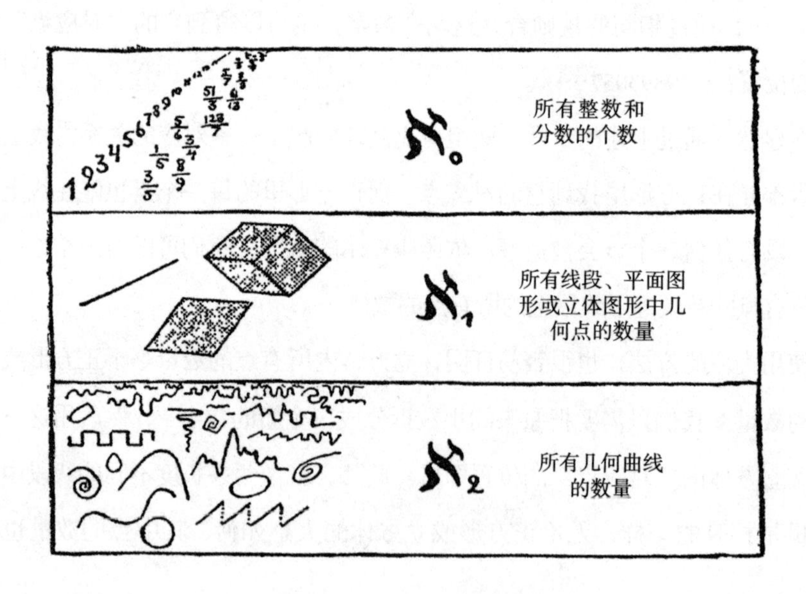

图 8　前三位无穷大数字。

在结束有关无穷数的讨论之前，我们需要指出，虽然这些无穷数只分了几级，但是却包含了我们能想到的所有无穷大数。我们知道，$\aleph_0$代表所有整数的个数，$\aleph_1$代表所有几何点的数量，$\aleph_2$代表所有曲线的数量，但是迄今为止，还没有人能够想出用来描述$\aleph_3$的集合。看来，前三个无穷大数就足以囊括我们所能想到的任何数字，这和我们的老朋友霍屯督人的处境刚好相反：他们明明拥有很多孩子，却最多只能数出三个！

第二章 自然数和人造数

1. 最纯粹的数学

人们通常认为，数学是一切科学的皇后，数学家们更是深以为然。身为皇后，它自然要尽力避免屈就其他知识领域。因此，在某次“纯粹数学与应用数学联合会议”上，大卫·希尔伯特（David Hilbert）应邀做了一个开幕演讲，借此消除从事这两类研究的数学家之间的敌意。他的开场白是这样的：

> “我们经常听说，纯粹数学与应用数学相互敌视。事实并非如此。两者并未相互敌视，甚至可以说，两者永远不会相互敌视。纯粹数学与应用数学之所以不会敌视对方，其真实原因在于，二者根本没有任何相似之处！”

不过，尽管数学家希望数学保持纯粹，并且尽量远离其他科学领域，但是，其他学科（尤其是物理学）却和数学走得很近，它们愿意尽最大的可能和它“称兄道弟”。事实上，纯粹数学里的几乎每一个分支如今都被应用于物理学，来解释物理世界里的种种特征。其中甚至包括像抽象群理论、非交换代数和非欧几何这类一直被认为是最纯粹的、无法得到应用的数学理论。

即便如此，迄今为止仍然有一个庞大的数学体系，除了帮助人们进行思维体操之外，找不到任何用武之地。因此，它当之无愧地获得了“纯粹之桂冠”。这就是所谓的“数论”（这里的数指的是整数），它是纯粹的数学思想中最古老，也是最复杂的产物之一。

尽管听上去有点奇怪，但是数论作为最纯粹的数学分支，从某种意义上可以算作是一门经验科学，甚至是一门实验科学。数论中的许多命题，都是人们在用数字进行各式各样的尝试中提出来的，这就像物理法则是来源于人们尝试对物质对象做不同的工作一样。数论和物理学还有一个相似之处：它们的一些命题从“数学上”得到了证明，还有一些命题仍停留在纯粹阶段，仍在吸引着无数的数学家去探索。

以质数问题为例。所谓质数，就是指那些无法被两个或两个以上更小整数乘积表示的数字，比如，1, 2, 3, 5, 7, 11, 13, 17 等都是质数，而 12 这样的数字就不是质数，因为它可以写成 2×2×3 的形式。

质数的个数是无限的吗？还是说，存在一个最大的质数，如果一个数比这个最大的质数还要大，那它可以用已有的质数乘积表示？这些问题最早是由欧几里得（Euclid）提出来的，他给出了一个非常简洁优雅的证明，说明了质数有无穷多个，所以并不存在“最大的质数”。

为了检验这个命题，我们不妨先假设质数的数量是有限的，并用字母 N 来表示已知的最大质数。现在，我们先求出所有已知质数的乘积，然后在得出的结果上加 1。它可以这样表示：

$$(1\times2\times3\times5\times7\times11\times13\times\cdots\cdots\times N)+1$$

这个数字无疑比已知的“最大的质数”N 要大得多，同时，一目了然的是，这个数字不能被任何已知的质数（小于等于 N）整除，因为从它的构造上可以发现，它被任何质数整除都余 1。

所以，**我们构建的这个数要么本身就是一个质数，要么能被一个比 N 大的质数整除，而这两点都和我们最初的假设（即 N 是最大的已知质数）相矛盾。**

上述这种证明方法叫作归谬法（reductio ad absurdum），是数学家们最喜欢使用的论证方法之一。

既然知道了质数有无穷多个，我们接下来就会提出这样的疑问：有没有一种简单的方法，可以把它们无一遗漏地全都列出来呢？为此，古希腊哲学家、数学家埃拉托色尼[①]（Eratosthenes）最先提出了一个方法，我们通常称之为“筛选法”。

---

① 埃拉托色尼（约前 275—前 193）古希腊哲学家、数学家、地理学家、历史学家、诗人、天文学家。

数学家所要做的，就是列出所有的正整数：1，2，3，4……，然后去掉所有 2 的倍数，再去掉剩下的数中所有 3 的倍数，接下来是 5 的倍数……图 9 中展示了做了埃拉托色尼筛选法的前 100 个数字，其中一共包含 26 个质数。通过这种简单的方法，人们已经建立了一个 10 亿以内的质数表。

图 9　埃拉托色尼筛选法的前 100 个数字。

不过，如果有谁能够设计出一个公式，帮助我们快速、自动地找出只包含且包含全部质数的公式，那样就简单多了。不过，历经上千年的努力，这样的公式依然是不存在的。1640 年，法国著名数学家费马（Fermat）设计出一个公式，他认为，由这个公式计算出的结果全都是质数。

在费马的公式 $2^{2^n}+1$ 里，n 可以取连续正整数值：1，2，3……。利用这个公式，我们可以得出：

$$2^2+1=5$$

$$2^{2^2}+1=17$$

$$2^{2^3}+1=257$$

$$2^{2^4}+1=65537$$

上述每个结果确实都是质数。不过就在费马公布这个公式大约一个世纪之后，德国数学家欧拉（Euler）却发现，**由费马的公式计算出的第五个数（$2^{2^5}+1=4,294,967,297$）并不是一个质数，这个数是 6,700,417 和 641 的乘积。**所以，费马从经验中得出的质数计算公式根本就是错的。

另一个著名的质数计算公式是：n^2-n+41，其中 n 还是取 1，2，3……这些连续正整数值。事实证明，当 n 的值从 1 取到 40 时，这个公式的结果都是质数，但很不幸的是，它在第 41 步上失败了。当 n 等于 41 时，

$$41^2-41+41=412=41\times41,$$

这是一个平方数，根本不是质数。

还有另一个“未能如愿”的公式：

$$n^2-79n+1601$$

在 n 小于等于 79 时，这个公式都还适用，但在 80 上惨遭失败！

因此，**人们到现在仍然没有找出一个只会得出质数解的通用公式。**

数论中还有一个有趣的问题，它既没有被证实，也没有被推翻。它就是**1742 年提出的“哥德巴赫猜想”（Goldbach conjecture）——每一个偶数都可以表示为两个质数之和。**用一些简单的例子，你可以轻松验证这个猜想是成立的，比如：12=7+5，24=17+7，以及 32=29+3 等。然而，尽管数学家们为此花费了大量的精力，却从来无法给出一个确凿的结论——要么证明这个说法是正确的，要么找到一个例子来反驳它。1931 年，苏联数学家施尼雷尔曼（Schnirelman）向理想的目标迈出了建设性的一步，他成功证明，每个偶数都可以写成不超过 30 万个质数之和；而“30 万个质数”和最终目标“2 个质数”之间的巨大鸿沟，则由另一位苏联数学家维诺格拉多夫（Vinogradoff）缩小成了“4 个质数”。不过从“4 个质数”再到哥德巴赫猜想中的“2 个质数”，似乎成了最艰难的一步，没有人知

道还需要几年或是几个世纪，人们才能将这个命题证实或是证伪。[①]

好吧，之前我们还想用一个公式自动推导出任意大的质数，如此看来，这个理想还很遥远，甚至连这样的公式是否存在也无法确知。

现在，我们或许可以再提一个谦逊些的问题：在一个给定的数字区间里，质数到底占多大的百分比？随着区间的上限越来越大，这个百分比是否会接近一个常数？如果不是，比例是会增长，还是会减少？就这些问题，我们可以求助于经验，数一数表格里已有的质数个数。100 以内有 26 个质数，1000 以内有 168 个质数，1,000,000 以内有 78,498 个质数，1,000,000,000 以内则有 50,847,478 个质数。用质数的个数除以对应区间里的数字总数，可以得到如下表格：

区间 $1-N$	质数的个数	比率	$\frac{1}{lnN}$	偏差 %
1−100	26	0.260	0.217	20
1−1000	168	0.168	0.145	16
$1-10^6$	78,498	0.078498	0.072382	8
$1-10^9$	50,847,478	0.050847478	0.048254942	5

首先，这张表格表明，随着数字区间的增大，质数的占比逐渐减少，但是质数在任何位置都不会消失。

有没有什么简单的办法，可以用数学公式来表示区间越大，质数占比越少的趋势呢？答案是肯定的，而且描述质数平均分布的定理已经成为数学领域最杰出的发现之一。它可以简单地表示为：**从 1 到大数 N 之间质数所占的百分比，近似等于 N 的自然对数的倒数**[②]**。N 越大，这两个值就越接近。**

表格中的第四列就是 N 的自然对数的倒数值。如果把它和前一列进行对比，

① 中国著名数学家陈景润（1933—1996）于 1973 年发表的著名论文《大偶数表为一个素数及一个不超过二个素数的乘积之和》（即“1+2”），把几百年来人们未曾解决的哥德巴赫猜想的证明推进了很大的一步。

② 简单来说，一个数的自然对数近似等于它的常用对数乘以 2.3026。

不难发现，二者确实非常接近，而且 N 越大，接近程度就越高。

就像数论里的许多其他定理一样，这个质数定理最开始也是数学家凭借经验发现的，在相当长的时间里，人们找不到严格的数学方法来证明它。直到 19 世纪末，法国数学家阿达马（Hadamard）和比利时人德·拉·瓦莱·布桑（de la Vallee Poussin）终于成功地证明了这个定理，不过由于论证方法十分复杂，在此就不再赘述了。

要讨论整数问题，我们就不能不提到著名的费马大定理（Great Theorem of Fermat）。这个问题（包括一系列同类问题）与质数的性质关联不大，其根源可以追溯至古埃及。当时，任何一个优秀的木匠都知道，**一个三条边比例是 3∶4∶5 的三角形里，肯定有一个直角**。实际上，古埃及人一直把这样的三角形，也就是现在所谓的"埃及三角形"，作为木匠的三角尺①。

公元 3 世纪，亚历山德里亚的丢番图（Diophantes of Alexandria）开始思考，在满足两个整数的平方和加起来等于第三个整数的条件下，3 和 4 是否是一对唯一解。他成功地证明了，还有其他的数字组合（实际上有无数组）满足这样的条件，并且找到了普遍的规律。这种三条边的长度都是整数的直角三角形如今被称为毕达哥拉斯三角形，而埃及三角形就是其中的一个。毕达哥拉斯三角形问题可以简单地表示为一个代数方程，其中 x、y、z 的取值必须是整数②：

---

① 小学几何课堂里的毕达哥拉斯定理（即勾股定理——译者注）为其提供了证明：$3^2+4^2=5^2$。

② 利用丢番图的普遍规则（找到两个数 a 和 b，满足 $2ab$ 是一个完全平方数，然后令 $x=a+\sqrt{2ab}$，$y=b+\sqrt{2ab}$，$z=a+b+\sqrt{2ab}$，用简单的代数计算便可证明），我们能够创建一个满足条件的表格，开头几行如下：

$3^2+4^2=5^2$（埃及三角形）

$5^2+12^2=13^2$

$6^2+8^2=10^2$

$7^2+24^2=25^2$

$8^2+15^2=17^2$

$9^2+12^2=15^2$

$9^2+40^2=41^2$

$10^2+24^2=26^2$

$$x^2+y^2=z^2$$

1621 年，皮埃尔・费马在巴黎买了一本法语版的丢番图所著的《算术》，这本书里就有毕达哥拉斯三角形相关的讨论。阅读这本书时，他在书页边上写了一段简短的笔记，大意是说，虽然 $x^2+y^2=z^2$ 这个方程有无穷多个整数解，但是，$x^n+y^n=z^n$ 这种形式的方程，在 n 大于 2 时，却得不到任何整数解。

费马在这段笔记旁边补充道："我已经找到了一个绝佳的证明，不过页边太窄，写不下了。"

费马去世后，人们从他的藏书里发现了这本书，写在书页边上的笔记也因此公之于众。三个多世纪过去了，各国最顶尖的数学家都试图重构费马在页边写下这条笔记时脑袋里的那个证明。不过直到现在，仍然没有人找到解决的方法。可以肯定的是，在通往最终目标的道路上，数学家们已经取得了相当大的进展。为了证明费马的这个定理，他们甚至还开创了一条全新的数学分支，名叫"理想数论"（theory of ideals）。其中，欧拉证明了 $x^3+y^3=z^3$ 和 $x^4+y^4=z^4$ 没有整数解，狄利克雷（Dirichlet）证明了同样的结论适用于 $x^5+y^5=z^5$ 。在几代科学家的共同努力下，人们如今已经证明，**在 n 小于 269 的所有情况下，费马的方程都没有整数解**。然而，迄今为止，仍然没有人找到 n 为任意值的通用解，而且，开始有越来越多的人怀疑，当初费马要么压根没去证明这个命题，要么就是在证明时犯了错。这个问题也因专门为它而设的十万德国马克赏金而为大众所熟知，当然，只是冲着赏金前去的业余人士最终肯定一无所获。

当然了，还有另一种可能，那就是费马大定理本身就是错的。我们或许可以找出一个反例，让两个整数多次幂的和与另一个整数的同一次幂相等。不过，因为这个指数只可能是大于 269 的数，所以想要找到反例同样不是易事。

2. 神秘的 $\sqrt{-1}$

我们现在来做几道更难的算术题。2 乘 2 等于 4，3 乘 3 等于 9，4 乘 4 等于 16，5 乘 5 等于 25。因此，4 的平方根是 2，9 的平方根是 3，16 的平方根是 4，25 的平方根是 5[①]。

那么，一个负数也有平方根吗？类似 $\sqrt{-5}$ 或 $\sqrt{-1}$ 这样的表达式究竟是什么含义？

如果你试图以理性的思维方式来揣摩这个问题，无疑会得出结论：上述这些表达式毫无意义。在此不妨引用 12 世纪数学家婆什迦罗（Brahmin Bhaskara）的话：**“正数的平方和负数的平方都是正数。因此一个正数的平方根有两个，一正一负；负数没有平方根，因为没有数的平方是负数。”**

不过数学家们都是些固执的家伙，如果公式中不断冒出一些看似没有意义的东西，那么他们就会想方设法赋予它们意义。负数平方根的身影的确无处不在，无论是以前占用数学家精力的简单算术里，还是在 20 世纪相对论框架下的时空统一的问题里，它总是会出其不意地冒出来。

第一个把看似无意义的负数平方根写进方程，并记在纸上的勇者，是 16 世纪的意大利数学家卡尔达诺（Cardano）。在讨论能否把 10 拆分成两个乘积等于 40 的部分时，他表示，尽管这个问题得不出任何有理数解，但人们还是可以把答案写成两个不可能存在的数学表达式：$5+\sqrt{-15}$ 和 $5-\sqrt{-15}$ [②]。

虽然卡尔达诺认为这些东西毫无意义，是虚构的、想象的，但他还是把它们写了下来。

---

① 其他数字的平方根也不难计算，例如 $\sqrt{5}=2.236\cdots\cdots$，因为（2.236……）×（2.236……）=5.000……；=2.702，因为（2.702……）×（2.702……）=7.300……。

② 证明如下：
$(5+\sqrt{-15})+(5-\sqrt{-15})=5+5=10$，且 $(5+\sqrt{-15})\times(5-\sqrt{-15})=(5\times5)+5\sqrt{-15}-5\sqrt{-15}-(\sqrt{-15}\times\sqrt{-15})=(5\times5)-(-15)=25+15=40$。

尽管负数的平方根是假想出来的，但既然有人写出了这些数，那么把10拆分成乘积等于40的两部分，这个问题也随之得以解答。卡尔达诺的破冰之旅，让负数平方根得名“虚数”（imaginary numbers）——卡尔达诺使用的修饰词，随后却被众多数学家越发频繁地使用。不过他们在使用虚数时，总是有所顾虑，也会找各种借口给自己开脱。

我们在德国著名数学家莱昂哈德·欧拉（Leonhard Euler）出版于1770年的代数著作中，发现了大量虚数的应用，不过他也在附言做了解释：“所有像$\sqrt{-1}$、$\sqrt{-2}$这样的表达式都是不存在的，或称之为虚数。因为它们代表了负数的平方根，这些数既不是零，也不是大于或小于零的数，所以说它们是虚构的，是不存在的。”

尽管伴有这些说词，虚数还是迅速成长为和分数、根式一样必不可少的数学元素。如今，如果不能使用它，几乎是举步维艰。

可以说，虚数家族是正常数字（我们称之为实数）虚构的镜像。**就像人们以1为基础来构造所有实数一样，我们也可以将$\sqrt{-1}$（通常记为i）作为虚数单位，构造出所有虚数。**

不难看出，$\sqrt{-9}=\sqrt{9}\times\sqrt{-1}=3i$，$\sqrt{-7}=\sqrt{7}\times\sqrt{-1}=2.646\cdots\cdots i$，诸如此类。这样一来，每一个普通的实数都会有与之对应的虚数。人们还可以把实数和虚数结合起来，组成一个独立的表达式，如$5+\sqrt{-15}=5+\sqrt{15}i$，这种混合的表达式通常被称为复数。

自成功踏入数学王国的两个世纪以来，虚数身上一直笼罩着一层神秘且不可信的面纱，直至两位业余数学家为它赋予了简单的几何学解释之后，这层面纱方才褪去。这两个人就是挪威的测绘员韦塞尔（Wessel）和巴黎的会计师罗伯特·阿尔冈（Robert Argand）。

根据二人的解释，像3+4i这样的复数就可以用图10来表示。其中，3对应于水平方向上的坐标，即横坐标，4对应于垂直方向上的坐标，即纵坐标。

事实上，所有实数（无论正负）都可以表示为横轴上的点，而所有的纯虚数都可以表示为纵轴上的点。比如说，当我们把横轴上代表实数3的点乘以虚数单位 i，就会得到纯虚数 3i，而它必然会落在纵轴上。因此，从几何学的角度来讲，用一个数乘以 i，相当于让它对应的点在坐标轴内逆时针旋转 90 度。(见图 10)

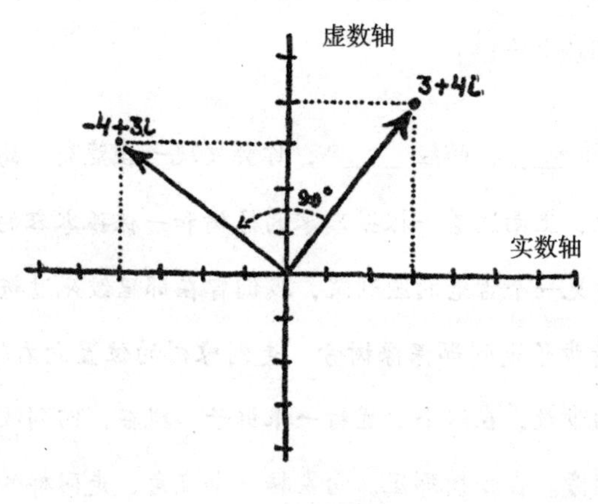

图 10　用坐标表示数。

如果我们把 3i 再乘以 i，就必须将它再逆时针转 90 度，这样得到的点就会重新回到横轴上，但它如今位于负数那一侧。因此，

$$3i \times i = 3 \times i^2 = -3\text{，}$$
$$\text{或 } i^2 = -1\text{。}$$

如此一来，“i 的平方等于 −1”这种表述，就比“旋转两个 90 度 (两次都是逆时针旋转)，转到相反的方向”要好理解得多。

当然，这个规则同样适用于复数，3+4i 乘以 i，就会得到：

$$(3+4i)i = 3i + 4i^2 = 3i - 4 = -4 + 3i$$

从图 10 中可以立刻看到，−4+3i 刚好是 3+4i 这个点绕原点逆时针旋转 90 度得来的。同理，一个数乘以 −i 就等于它绕原点顺时针旋转了 90 度，这个也可以从图 10 上看出来。

如果你依然觉得虚数有些神秘难懂，或许可以通过下面这个简单实用的问题更深入地了解它。

一个年轻的冒险家在曾祖父的遗物中发现了一张羊皮纸，上面记录着一段文字，讲述了在某地埋藏着宝藏：

> “航行至北纬_____，西经_____[①]，你会发现一座荒岛。岛的北岸有一大片开阔的草地，上面立着一棵孤零零的橡树和一棵孤零零的松树[②]。在那里，你还会看见一个古老的绞刑架，我们曾在那里绞死过叛徒。你从绞刑架出发，数着步子走到那棵橡树旁。走到橡树的位置向右转一个直角，然后再走同样的步数，在这个位置钉一根桩子。现在，回到绞刑架处，数着步子走到松树旁。在松树那里，向左转一个直角，走同样的步数，再把另一个桩子钉在地上。宝藏就在两根桩子的正中间，挖出即是。”

羊皮纸上的指令清晰明确。于是，我们的这位年轻人租了一艘船，驶向南方的海域。他找到了那座岛、那块地、那棵橡树，还有那棵松树，但令他悲痛欲绝的是，绞刑架早已不见。那份藏宝图年代久远，由于风吹日晒雨淋，木头早已腐烂在泥土里，就连它原本的所在地也没留下任何痕迹。

这个富有冒险精神的年轻人陷入了绝望，他愤怒地在岛屿上到处乱挖。但是，所有的努力都徒劳无功，因为这座岛实在是太大了！最终，年轻人空手而归，而那些宝藏也许还原封不动地埋在岛上！

真是个悲惨的故事。不过，更悲惨的地方在于，但凡这个小伙子了解一些数学，尤其是了解虚数应用的话，他完全有可能找到宝藏。现在，就让我们来为他寻找到图上的宝藏吧！可惜的是，这对他而言早已于事无补了。

---

① 为避免泄露天机，此处隐去了文字里的经纬度。

② 出于相同的考虑，树的种类也做了调整。一座藏有宝藏的热带岛屿上显然应该生长着许多其他类型的树。

图 11　虚数寻宝之旅。

我们把整座岛想象成一个复数平面。穿过两棵树的位置先作一条轴线（实轴），再以两棵树的中点为原点，垂直作另外一条轴线（虚轴），就像图 11 中画的那样。我们把两棵树距离的 1/2 作为实轴的单位长度，因此我们可以说，橡树在实轴上的坐标是 −1，松树的坐标是 +1。因为不知道绞刑架在哪里，所以我们用希腊文字母 Γ（大写的 γ）表示它的位置，因为它看上去就像是一个绞刑架。由于绞刑架不一定落在两条轴线上，所以我们必然要把 Γ 看作是一个复数：$\Gamma=a+bi$，其中 a 和 b 的含义参照图 11 所示。

现在，我们按照上面所说的虚数乘法规则，做一些简单的计算。如果绞刑架的位置是 Γ，橡树的位置是 -1，那么它们之间的距离和方向可以表示为 $(-1)-\Gamma$，即 $-(1+\Gamma)$。同理可得，绞刑架和松树之间的距离是 $1-\Gamma$。根据虚数乘法的法则，为了将这两段距离分别按顺时针（向右）和逆时针（向左）转一个直角，我们需要将这两个距离分别乘以 $-i$ 和 i，以此求出两根桩子的位置：

第一根桩子：$(-i)[-(1+\Gamma)]-1=i(1+\Gamma)-1$

第二根桩子：$(+i)(1-\Gamma)+1=i(1-\Gamma)+1$

既然宝藏是在两根桩子的中间，那么我们必须找出上述两个复数之和的一半，从而得到：

$$\frac{1}{2}[i(1+\Gamma)-1+i(1-\Gamma)+1]$$
$$=\frac{1}{2}(i+i\Gamma-1+i-i\Gamma+1)=\frac{1}{2}(2i)=i。$$

现在可以看到，用 Γ 表示的绞刑架位置在计算过程中被消掉了，不管绞刑架在哪里，宝藏一定在 $+i$ 点。

所以说，如果我们的年轻冒险家会做这道简单的数学运算，他就不需要把整个岛底朝天地挖上一遍，直接在图 11 画叉的位置挖掘就可以找到宝藏。

如果你仍然不相信不知道绞刑架的位置就能找到宝藏，那么你可以在一张纸上标出两棵树的位置，随意假设几个点当作绞刑架，再按照羊皮纸上的信息寻找宝藏。最后，你总是会来到相同的位置，而这个点就在复数平面 $+i$ 所在的地方！

利用 -1 的平方根这个虚数，我们还能找到另一个不为人知的宝藏，那就是：我们日常生活的三维空间可以和时间组合在一起，构成一个符合四维几何学规律的四维图景！这个问题，我们会在接下来几章讨论阿尔伯特·爱因斯坦的思想及相对论时再做展开。

PART2

空间、时间和爱因斯坦

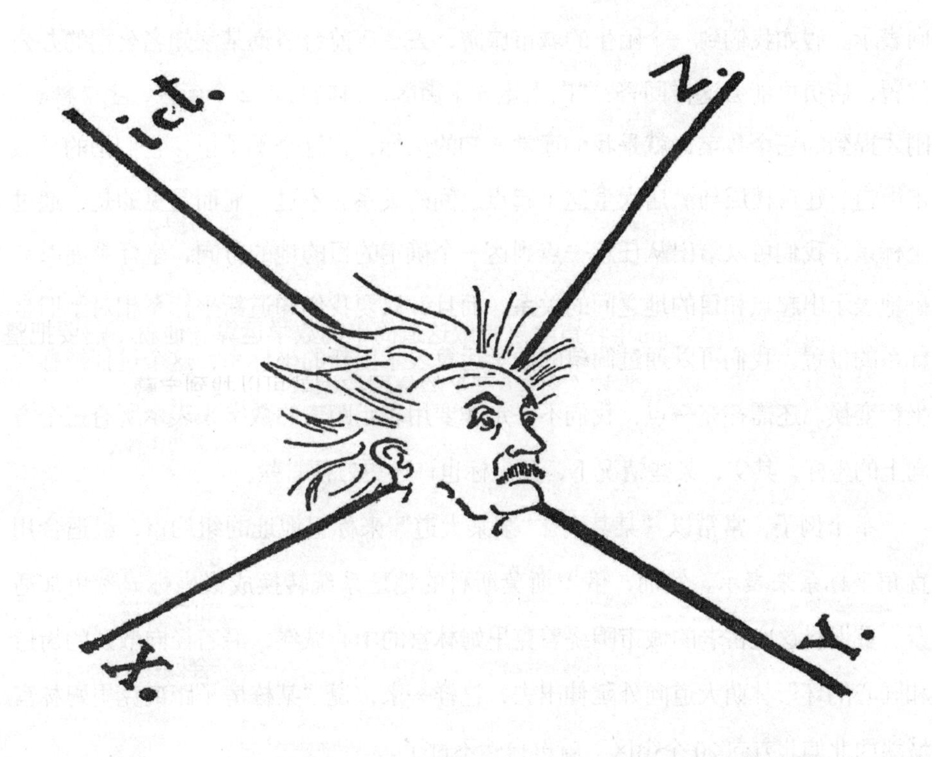

第三章 空间的奇特属性

1. 维度与坐标

人人都知道空间是什么。但是，如果让我们给“空间”下一个准确的定义，不少人大概会不知所措。我们或许会说，空间就是围绕着我们的事物，我们可以在其中前后、左右、上下移动。三个彼此独立、相互垂直的独立方向，是我们身居其中的物理空间最基本的属性之一。空间里的任何位置，都可以通过这三个方向表示。假如我们到一个陌生的城市旅游，去酒店前台咨询某家知名公司的办公位置，店员可能会这样回答：“向南走 5 个街区，再向右走 2 个街区，上 7 楼。”刚才提到的三个数字，就是我们通常熟知的坐标，在这个例子里，它们指的是城市街道、建筑楼层与酒店大堂这个起点之间的关系。不过，显而易见的是，通过坐标系，我们可以给出从任意一点到达一个确定的目的地的方向，坐标系能够准确地表示出起点和目的地之间的关系，而且，只要我们知道新坐标系相对于旧坐标系的位置，我们可以通过简单的数学运算表示出新的坐标系，这个过程被称为坐标变换。还需补充一点，我们不一定非要用表示距离的数字来表示所有三个方向上的坐标，其实，某些情况下，角坐标也许还更方便一些。

举个例子，常常以“某某街”“某某大道”来标记地址的纽约市，最适合用直角坐标系来表示。然而，俄罗斯莫斯科的地址系统转换成极坐标显然更加适合。莫斯科这座古老的城市围绕着克里姆林宫的中心城堡，沿着径向散发的街道和同心的环形林荫大道向外延伸出去，这样一来，说“某栋房子距离克里姆林宫城墙西北偏北方向 20 个街区”就再自然不过了。

应用直角坐标系和极坐标系的经典案例，是位于华盛顿特区的海军总部大楼和战争部门所在的五角大楼。二战期间从事过战争相关工作的人，对这两幢建筑应该都不陌生。

图 12 中，我们给出了几个示例，表明可以用三种不同的坐标系来描述空间中某个点的位置，其中有些坐标表示距离，有些表示角度。但是，无论选择哪种坐标系，我们都需要三个数字才能确定一个方位，因为我们这里讨论的是三维空间。

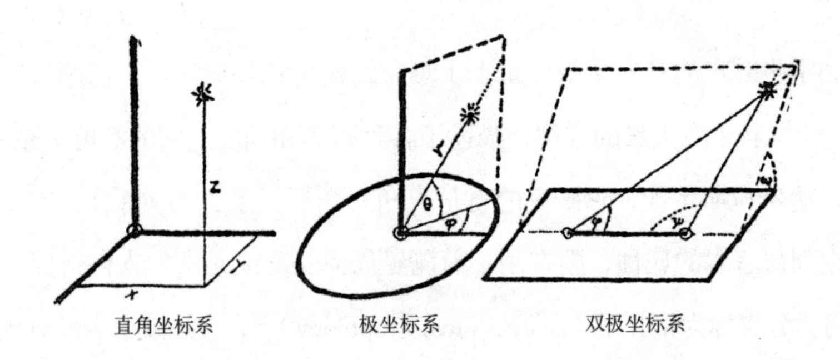

图 12　三种坐标系所描述出的空间中某个点的位置，其中有的表示距离，有的表示角度。

对于我们这些拥有三维空间观念的生物来说，想象三维之上的超空间确实有些困难（我们会在后面看到，这样的空间是存在的）。不过，想象维度小于三的子空间却轻而易举。平面、球面，或是其他类型的面，都是只有两个维度的子空间，因为只用两个数字就可以确定面上任意一点的位置。以此类推，线（无论是直线还是曲线）是一维空间，线上的任何位置只用一个数字就能描述。我们还可以说，一个单独的点就是一个零维空间，因为一个点里根本不存在两个不同的位置。但是，又有谁会对点这种东西感兴趣呢？

人类作为三维生物，可以“从外面观察”线和面，因此，要理解它们的几何属性，比理解我们置身其间的三维空间属性要简单得多。这就是为什么你可以毫无障碍地理解什么是曲线或曲面，但如果说一个三维空间也可以是弯曲的，你或许会一脸诧异。

不过，只要稍加练习，理解了“曲率”这个词的真正含义，你就会发现“弯曲的三维空间”这样的概念其实非常简单。到了下一章的结尾，你甚至可以（我们希望如此！）谈论“弯曲的四维空间”这个乍听上去让人望而却步的概念。

不过，在此之前，我们还是先聊聊普通的三维空间、二维平面和一维线条，来一场思维体操训练吧！

2. 不必测量的几何学

想必学生时代的几何学给你留下了难忘的记忆：几何学是一门测量空间的学问[①]，这个学科中有大量的定理，描述了各种距离和角度之间的数值关系（例如，著名的毕达哥拉斯定理，它研究的就是直角三角形三条边的关系）。实际上，想要研究空间最基本的属性，根本用不着测量任何长度或角度，人们将探讨这些问题的几何学分支称为拓扑学（analysis situs 或 topology）[②]，它是数学中最有挑战，也是最难的一个领域。

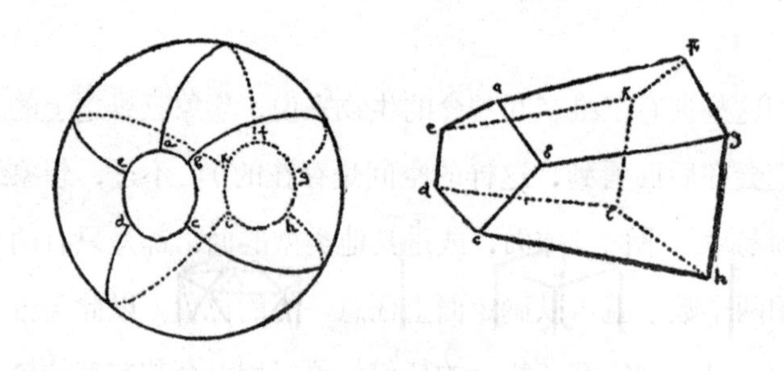

图 13　一个球体经过切割变形成为一个多面体。

我们来看一个典型的拓扑学问题。想象一个封闭的几何面（比如说球面）被许多条线段分割成了无数个独立区域。要画出这样一个图形，我们可以在球面上找出任意数量的点，用彼此不相交的线段把这些点连接起来（如图 13）。现在的

① 几何学（geometry）这个词来源于两个希腊语词根，ge- 是指地球或地面，-metrein 是指去测量。显然从几何学诞生之时，地产行业就深刻地塑造了古希腊人对这门学科的兴趣。

② 这两个词分别来自拉丁语和希腊语，都表示“关于位置的研究”。

问题是，初始点的数量、相邻区域的边界线数量、划分出来的区域数量——这三者之间到底有着怎样的关系？

首先，不难看出，如果我们把这个球压扁，比如变成像南瓜这样的扁平物体，或是像黄瓜那样拉长的形状，图形里点、线和区域的数量是不会发生变化的。实际上，我们可以拿一个橡皮球，任意改变它的形状（比如拉伸、挤压或是做任何变形），只要你让它保持封闭的表面，不把它割开或是撕破，那么我们的推断和结论就不会发生一丁点儿改变。这和几何学中常见的数值关系（比如线段长度、面积和体积间的关系等）形成了鲜明的对比。如果我们把一个立方体拉伸成一个平行六面体，或是把一个球体压成一个薄饼，这些数值关系就会发生很大变化。

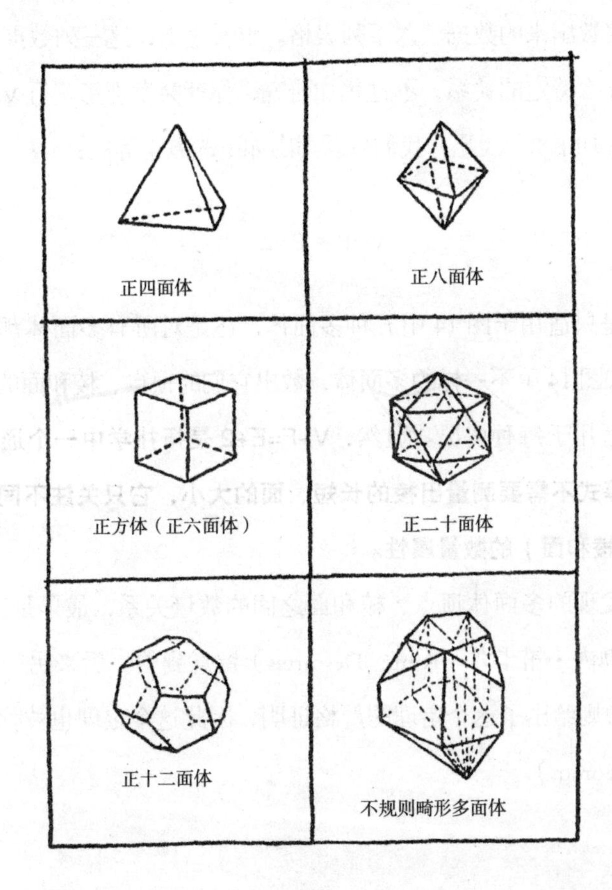

图 14　五种正多面体（只存在这五种）和一个不规则的畸形多面体。

我们已经将这个球体分割成了若干个独立区域，接下来，再把每个区域压平整，这样原先的球体就成了一个多面体。之前区域间的边界线成了多面体的棱线，而之前的点就变成了它的顶点。

现在，之前的问题被重新定义成了一个新的问题（实质没有发生改变）：**任意类型的多面体里，顶点、棱和面之间具有的数量关系。**

图 14 向我们展示了五个正多面体（每一个面上都有同样数量的棱和顶点），还有一个随手画出来的不规则多面体。

我们可以计算出每个几何体里，顶点的数量、棱的数量和面的数量。如果它们之间确实存在数量关系，这种关系又该如何描述?

我们把直接数出来的数据填入下列表格。乍看之下，这三列数据（V、E、F）之间似乎没有什么特定的关系，不过稍加研究，你就会发现每一行 V 和 F 的数值之和总是等于 E 加上 2。因此，我们可以写出如下的数学等式：

$$V+F = E+2$$

这一等式是只适用于图 14 中五种多面体，还是对所有多面体都适用? 如果你试着画几个和图 14 里不一样的多面体，数出它们的顶点、棱和面的数量，就会发现上述等式适用于每种情况。显然，**V+F=E+2 是拓扑学中一个通用的数学定理，因为这个等式不需要测量出棱的长短、面的大小，它只关注不同的几何单元（也就是顶点、棱和面）的数量属性。**

我们刚刚发现的多面体顶点、棱和面之间的数量关系，最早是由 17 世纪法国著名数学家勒内·笛卡尔（René Descartes）留意到的。后来另一位数学天才莱昂纳德·欧拉则给出了这个定理的严格证明，因此这个定理也被称为“欧拉定理”（Euler's theorem）。

名称	V 顶点的数量	E 棱的数量	F 面的数量	V+F	E+2
正四面体（金字塔）	4	6	4	8	8
正六面体（正方体）	8	12	6	14	14
正八面体	6	12	8	14	14
正二十面体	12	30	20	32	32
正十二面体	20	30	12	32	32
“畸形多面体”	21	45	26	47	47

以下是多面体欧拉定理的完整证明，引自 R. 柯朗（R.Courant）与 H. 罗宾（H.Robbins）合著的《什么是数学》一书[①]，我们来看看这类证明是如何进行的：

“为了证明欧拉的公式，我们先要把一个给定的简单多面体想象成空心的，表面是拿薄橡胶制成的（图 15a）。接下来，如果剪去这个空心多面体的其中一面，就可以把剩下的面展开，平铺到一个平面上（图 15b）。在这个过程中，多面体的表面积和棱之间的夹角会发生改变，但是，顶点和棱的个数仍然和之前保持一致。但是别忘了，面的数量比原来少了一个，因为我们刚刚剪掉了一个面。现在，我们来证明，对于这个平面图形，V−E+F=1，这样，如果把剪掉的面计算在内，原来的多面体就会满足欧拉定理：V−E+F=2。

“首先，我们采用下面的方法，给平面上的图形做‘三角形处理’：找出还不是三角形的多边形，给它们画出一条对角线。这样做会使 E 和 F 都增加 1，因而不会改变 V−E+F 的值。现在继续连接顶点，作对角线，直到平面图形里全部都是三角形——最终必然如此（图 15c）。在整个平面图形里，V−E+F 的值与‘三角形处理’之前完全相等，因为画上对角线不会让它发生改变。

① 本书作者感谢柯朗和罗宾博士，以及牛津大学出版社授权刊载以下内容。如果读者在本书给出的几个案例的基础上对拓扑学问题产生兴趣，可以阅读《什么是数学》进行更深入的了解。

“现在，有部分三角形的边位于图形边缘，其中有些三角形（如ABC）只有一条边落在边缘，有些则会有两条边落在边缘。对于这部分三角形，我们去掉它与其他三角形不交接的部分（图15d）。例如，我们从ABC中去掉边AC和它的面，留下A、B、C三个顶点，以及AB、BC两条边；从DEF中去掉它的面、两条边DF和FE，以及顶点F。

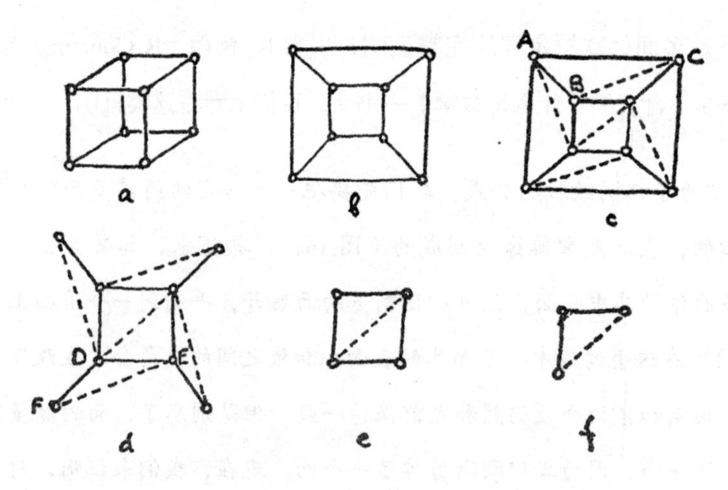

图15　欧拉定理的证明。图上画的是立方体，不过上述结论对任何多面体都适用。

“去掉ABC这类三角形，E和F会各减少1，而V不受影响，所以V−E+F保持不变。去掉DEF这类三角形，V和F各减少1，E减少2，所以V−E+F也不会变。按照恰当的顺序操作，我们就可以依次去掉所有位于边缘的三角形（边缘也会随之不断发生改变），直到最后剩下一个三角形。它有3条边、3个顶点和1个面，对这个简单图形来说，V−E+F=3−3+1=1。我们已经看到，不断地消去三角形，不会改变V−E+F的值，所以，最初的平面图形上，V−E+F也必定等于1；消去了一个面的多面体上，这个值也等于1。由此，我们得出结论，完整的多面体满足V−E+F=2。这就完全证明了欧拉的公式。”

此外，欧拉定理还有一个有趣的推论，那就是只存在五种正多面体，也就是图 14 中画出的那五种。

不过，如果你认真阅读了上述几页的讨论，或许会留意到，我们在绘制“各种不同类型”的多面体示意图（如图 14 所示）时，还有在进行欧拉定理的数学推导时，有一个隐含的假设，这导致我们在选择多面体时具有相当大的局限性。我们只选了那些上面没有任何穿孔的多面体，当我们在说“穿孔”的时候，不是指橡皮球上漏气的小孔，而是像甜甜圈或是橡胶轮胎中间那样的孔。

看一下图 16，你就会弄清上面所说的含义。我们在图上看到两种不同的几何体，和图 14 一样，它们同样是多面体。

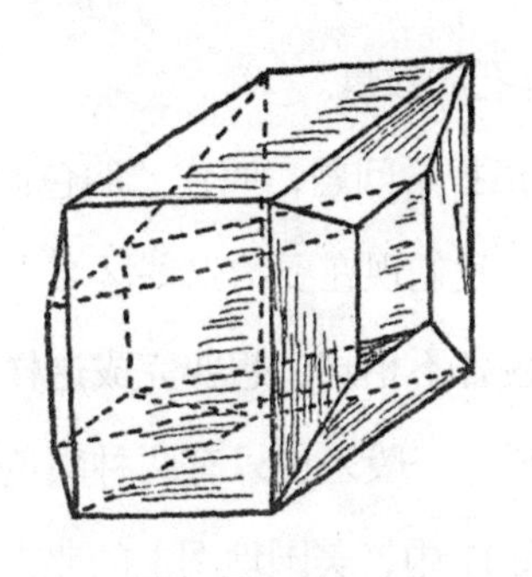
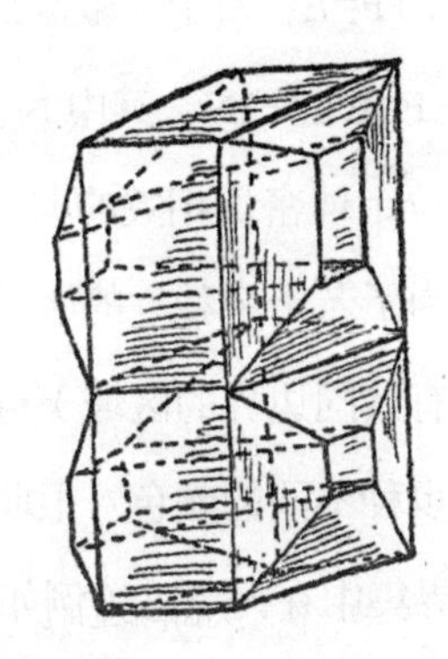

图 16　两个“另类”立方体，内部分别有一个洞和两个洞。它们的表面也不是严格意义上的矩形，但正如我们前文所说，这在拓扑学里并不重要。

现在我们来看看欧拉定理是否适用于这两个新的多面体。

第一种情况下，我们可以数出共有 16 个顶点、32 条棱和 16 个面，因此 V+F=32，而 E+2=34。而第二种情况下，共有 28 个顶点，46 条棱和 30 个面，因此 V+F=58，而 E+2=48。又错了！

为什么会这样？我们上面给出的具有普遍意义的欧拉定理证明为何会在这里失效呢？

问题显而易见。我们上面考虑的多面体都可以视为足球内胆或气球，但是新的空心多面体更像是轮胎或更加复杂的橡胶工业制品。对于后一类多面体，上面的数学证明是不适用的，因为对于这类多面体，我们在证明过程中的操作步骤根本无法落实。我们之前说过，需要“剪去这个空心多面体的其中一面，就可以把剩下的面展开，平铺到一个平面上”。如果你拿一个足球内胆，用剪刀在它表面剪掉一部分，那么很容易实现这个操作。但是一个轮胎，不论你多么努力，根本没法成功做出这一步。如果只是看一下图 16 还不足以让你确信这一点，那就不妨找一个旧轮胎来试试吧！

不过，不要以为较复杂多面体的 V、E、F 之间不存在关系。三者确实有关系，却是不同于一般欧拉定理的关系。对于甜甜圈形状的多面体，更准确地说，环形多面体，有 V+F=E；对于“椒盐饼”[①]形状的多面体，则有 V+F=E−2。更通用的表达式是 V+F=E+2−2N，其中 N 是孔的数量。

另一个和欧拉定理密切相关的典型拓扑学问题，叫作“四色问题”。假设有一个球面被细分为了若干个独立的区域，我们现在要给这些区域上色，让相邻的两个区域（即拥有共同边界的区域）颜色各不相同。想要完成这样的任务，我们至少需要使用多少种不同的颜色？很明显，一般来说只有两种颜色是不够的，因为当三个州的边界集中在一点时（例如图 17 中，美国地图上的弗吉尼亚州、西弗吉尼亚州和马里兰州），我们就需要用不同的颜色来表示这三个州。

我们也不难找出，在另一个例子中（德国吞并奥地利时期的瑞士）有必要使用四种颜色（图 17）[②]。

但是，不管你怎么努力，无论是在地球仪上，还是在一张平铺的纸上，永远都无法绘制出一张需要四种颜色以上的地图[③]。如此看来，**不论我们把地图画得多么复杂，四种颜色足以避开边界上的混乱。**

---

① 椒盐饼（pretzel）是西方常见的一种饼干，从上面看近似于“8”字形。——译注

② 在吞并之前三种颜色就足够了：瑞士，绿色；法国和奥地利，红色；德国和意大利，黄色。

③ 平面图和地球仪在上色问题上的情况是一样的。因为，如果我们在地球仪上解决了这个问题，就可以在某个上色的区域上钻一个小洞，然后在平面上“摊开”。这里又是一个典型的拓扑变换。

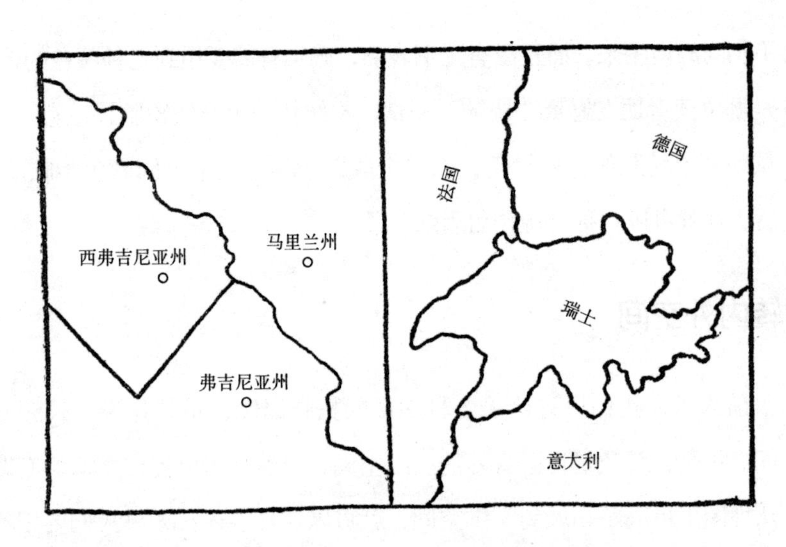

图 17　马里兰州、弗吉尼亚州和西弗吉尼亚州（左图）以及瑞士、法国、德国和意大利（右图）的拓扑地图。

如果最后这个结论是正确的，那么我们应该可以用数学方法来证明它。可惜，经过几代数学家的努力，这个结论迄今还没有得到证明。在此，我们再一次遇到一个实际上无人怀疑，但也无法证明的经典数学命题。如今，数学家们已经证明，五种颜色肯定是足够的，这也是目前已有的最好结果。证明过程中也用到了欧拉定理，计算出了相邻国家的数量、边界线的数量，以及多个国家交界处三重、四重交点的数量。

因为上述证明过于复杂，会使我们偏离讨论的主题，所以在此就不再详述。有兴趣的读者们可以在众多拓扑学主题的书籍中找到它，在思考中度过一个愉快的夜晚（或者是一个不眠之夜）。如果有谁能够证明出来，不但五种颜色够用，就连四种颜色也足够给任何地图上色，或是怀疑这个命题的正确性，画出一张四种颜色不够用的地图——只要成功做到其中任意一条，他的名字就会永载理论数学的史册。

讽刺的是，虽然球面或平面上的“四色问题”还没有成功解决，但是在更复杂的面（如甜甜圈或椒盐卷饼）上，数学家却早已找出了相对简单的证明方法。例如，人们已经证明，只要有七种不同的颜色，就可以在甜甜圈上画出相邻区域颜色各不相同的地图来，而且已有图例表明，确实有需要用到七种颜色的情况。

要是哪位读者朋友愿意“烧脑”一试，不妨找一个充气轮胎，还有一套七彩颜料，试一试给轮胎的表面涂色，画一个颜色和其他六个不同颜色相临的区域。完成之后，你就可以自称“玩转甜甜圈”了。

3. 翻转内外空间

到目前为止，我们只讨论了各种曲面的拓扑属性，也就是说，只涉及二维的亚空间。不过，就我们自己身处的三维空间，显然也可以提出类似的问题。比如说，从地图上色问题拓展到三维空间，就可以这样表述：如果我们要用不同材质、不同形状的碎片来建造一幅“空间镶嵌画”，同时希望任何两块相同材质的碎片表面互不接触，至少需要用多少种不同的材料？

讨论上色问题时，球面或是环形表面在三维空间中的对应物又是什么？我们能否想到一些特殊的三维空间，它们和我们这个普通空间的关系，就如同球面或环形表面与普通平面的关系一样？这个问题初看上去毫无意义。实际上，尽管我们很容易想象出各种形状的面，但是一涉及三维空间，我们就倾向于认为只有一种类型，那就是我们身处其中、对它再熟悉不过的物理空间。不过这种观点实为一种危险的错觉，我们只要稍稍激发自己的想象力，就会得出一个和课本里的欧几里得几何学截然不同的三维空间。

想象这种奇特的空间有一个困难之处：我们自己就是三维生物，只能“从内部”观看这个空间，而不能像在研究各种奇特的面时“从外部”观察。但是，只要动动脑筋，做个思维体操，我们就能轻松地征服这些奇特的空间。

首先，我们试着建立一个三维空间的模型。它的属性应当和球面类似。当然，球面没有固定的边界，但它的表面积是有限的；只要绕上一圈，就可以自我封闭。那么，我们能否想象一种以同样的方式自我封闭、拥有确定的体积，却没有固定边界的三维空间呢？

不妨想象两个被自身球面限制住的球体，就好像苹果的果肉被自己的果皮限制住一样。

现在，这两个球体“透过彼此”，在外表面合为一体。当然，我并不是说两个球体可以像苹果那样，相互挤压穿过彼此，直到它们的外表面黏合在一起。苹果哪怕被挤碎，也没有办法相互穿透。

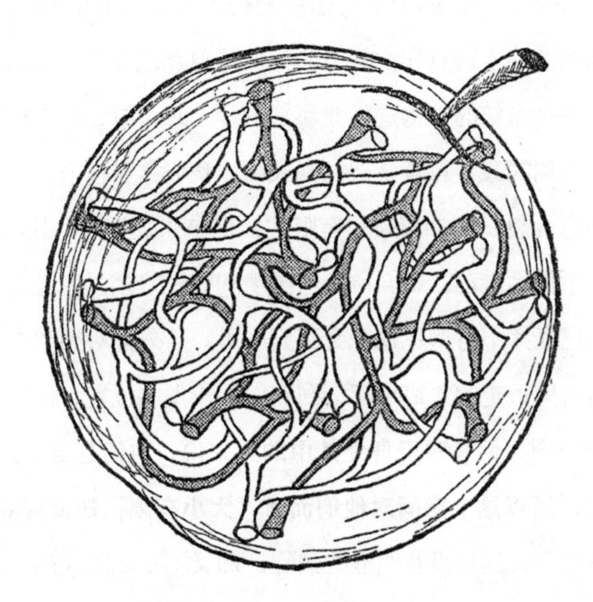

图 18　苹果内部虫蛀出来的复杂通道。

更好的办法，是想象苹果里面被虫蛀出了许多条错综复杂的通道。现在有两只虫子，一黑一白，谁也不喜欢对方，因此，尽管它们在苹果皮上的起点紧挨在一起，但它们在苹果内部蛀出的通道永远也不会相交。假设这两条虫子同时蛀咬了一个苹果，那么这个苹果最后看上去就会像图 18 里的一样，两条紧密交织在一起的通道，填满了苹果的整个内部空间。不过，虽然黑白两条通道紧贴在一起，但要从其中一条迷宫进入到另一条，还是要先回到苹果表面上，这是唯一的路径。如果通道越来越细，数量越来越多，那么最终可以想象到，苹果内部会有两条彼此缠绕又相互独立的空间，它们仅通过共同的表面彼此相连。

如果你讨厌虫子，那么可以想一想，在纽约世界博览会那座巨型圆形场馆的内部，有两套由走廊和楼梯构成的封闭系统。每个楼梯系统都贯穿了整个球体内部，但是要从一套系统走到另一套系统，哪怕是在相邻的位置，唯一的办法就是穿过整个场馆来到外面，到达两套系统交汇之处，然后再沿另一套楼梯系统返回。这两个球体相互交叠，但互不干扰，你的一个朋友可能位于离你很近的位置，但是想要看见他，和他握个手，你可能得走上相当长的距离！需要留意的是，这两套楼梯系统的连接点和空间里的其他任何点也许没有什么不同，因为我们随时都可以把整个系统的结构进行变形，这样一来，原先的连接点就会被挤到内侧，而原先在内侧的某个点就会被拉到表面。我们这套模型的第二个重要特征是，尽管所有通道的总长度加起来是有限的，但是永远没有“死胡同”。你可以在走廊和楼梯间不停地走动，不会被任何围墙和栅栏阻挡，而且只要你走得足够远，就会发现自己最终不可避免地又会回到原点。从外面观察整个结构，人们可以说，在这个迷宫里行走的人最终都会回到他们出发的位置，仅仅是因为这条通道渐渐地绕成了一圈，但是**对于身处其中的人来说，他们甚至不知道有“外部”这种东西的存在，所以这个空间对他们而言，大小有限，却没有标志性的边界。**我们会在下一章看到，这种没有明显的边界，却又不是无限大的“自我封闭的三维空间”可以很好地帮助我们探索宇宙的普遍属性。实际上，科学家们发现，在望远镜所能观测到的最远处，空间似乎已经开始弯折，明显地呈现出回转且自我封闭的属性，就像上面的例子中苹果内部被虫蛀出的通道一样。但是，在讨论这些激动人心的问题之前，我们必须先来了解一下空间的其他属性。

苹果和虫子的故事还在继续。我们接下来要问一个问题：有没有可能把一个虫蛀的苹果变成一个甜甜圈？哦，别误解，我的意思不是要把它的口味变成甜甜圈，只是要让它看起来像甜甜圈的形状。我们讨论的是几何学，不是烹饪手艺。现在准备一个此前讨论过的“双重苹果”，也就是两个“透过彼此”并且沿表皮“黏合在一起”的新鲜苹果。假设虫子已在其中一个苹果内部吃出了一条宽阔的圆形通道，如图 19 所示。请注意，通道位于其中一个苹果内部，因此，通道外的每一点都是同属于“双重苹果”的双重点，而通道内只剩下没被虫蛀的那个苹果的果肉。现在，我们的“双重苹果”拥有了一个由通道内壁构成的自由面（图 19a）。

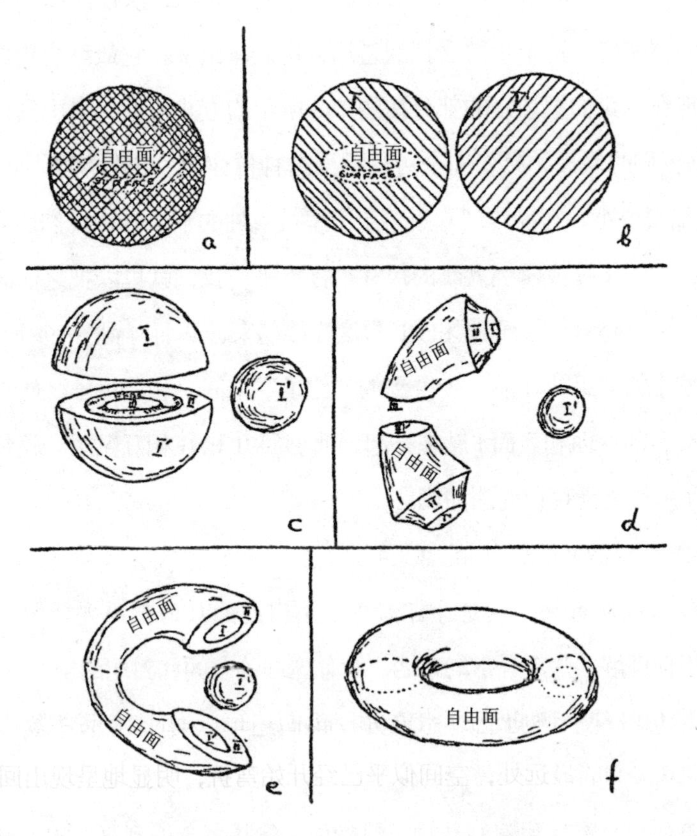

图 19　如何把虫蛀的“双重苹果”变成好吃的甜甜圈？不需要魔法，只要用拓扑学！

你能改变这个虫蛀苹果的形状，把它变成一个甜甜圈吗？当然可以，不过得假定这个苹果的材质相当可塑，你可以用任何方式塑造它，但是绝对不能把它弄破。为了方便操作，我们也可以把苹果先切开，在完成所需的变形之后，再把它给粘回去。

第一步操作是从粘住的表皮位置，把“双重苹果”拆开，让它成为两个独立的苹果（图 19b）。我们可以用数字 I 和 I′ 来标记这两个表面，这样可以在接下来的操作中跟踪它们的位置，完成前再把它们重新粘回原位。现在，横着切开虫蛀过的通道，这样切面就会穿过通道的横截面（图 19c）。这步操作得到了两个新的表面，我们用 II、II′ 和 III、III′ 来分别标记上下切面，以便此后准确地知道该把它们粘回到哪里。这个步骤会把通道的自由面露出来，它最终会构成甜甜圈的自由面。现在，我们把切好的部分按图 19d 所示的方式拉伸。自由面被拉得很长（不过根据我们的假设，材质完全可以承受这种拉伸），与此同时，切面 I、II 和 III 的尺寸缩得很小。在操作“双重苹果”里被虫蛀的苹果时，我们还必须缩小另一个苹果，把它压缩成樱桃大小的尺寸。接下来，我们就可以把之前的切面粘回去了。第一步很简单，将面 III 和 III′ 再度连接起来，从而得到图 19e 所示的形状。接着，把缩小的苹果放在前一步得到的“钳子”中间，和“钳子”两端粘合在一起——标有 I′ 的球面和表面 I 粘在一起，而切面 II 和 II 相互贴紧。这样一来，我们就得到了一个光滑可口的甜甜圈。

话说回来，我们做这一切的意义到底是什么呢?

——没有任何意义，就是让你锻炼一下自己的几何想象力。做一做思维体操，有助于你理解一些不寻常的东西，比如弯曲的空间和封闭的空间。

如果你想继续放飞自己的想象力，我们还可以对上述思考做一些“实际应用”。

你的身体里也有甜甜圈的结构，尽管你可能从未意识到这一点。其实，每个生命体在发育的早期（胚胎阶段）都会经历一个“原肠胚”期，这个阶段的胚胎呈球形，还有一条宽阔的通道从内部穿过。食物会从通道的一端摄入，在机体吸收营养之后，剩下的再从另一端排出。在完全发育的有机体中，内部通道会变得更细也更复杂，但它的工作原理没有改变，几何属性也和此前一样，是甜甜圈的形状。

好吧，既然你是个甜甜圈，那么就按照图 19 的方法做一个反向的变形，试着让你的身体（当然是在想象中！）变成一个内嵌通道的“双重苹果”吧！你会发现，身体的不同部位彼此重叠在一起，形成“双重苹果”的果肉，而包括地球、月亮、太阳和星星在内的整个宇宙，都会被挤压到你体内的环形通道中！

你也可以试着将这幅画面描绘出来。如果画得好，或许就连萨尔瓦多·达利（Salvador Dali）本人也会承认你在超现实主义绘画上的成就！（图 20）

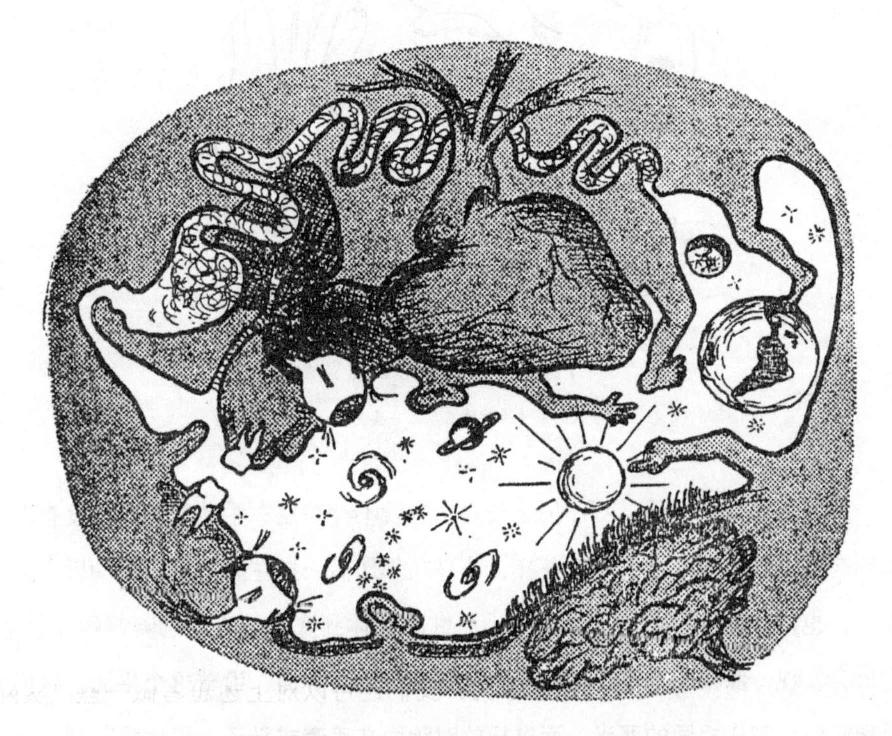

图 20　内外翻转的宇宙。这幅超现实主义画作表现了一个在地表行走、抬头仰望星空的人。它根据图 19 展示的方法进行了拓扑变换，这样一来，地球、太阳和星体都被压进了一个相对狭窄的通道，而这个通道就位于人体内部，被各个内脏所环绕。

这一节讲了很多内容，但此刻我们还不能结束讨论。最后这部分，我们再来谈谈左手性和右手性的物体，以及它们和空间普遍属性的关系。想要说清这个问题，最好的方法就是拿一双手套出来，比较左右两只手套（图 21），你会发现，它们在各项测量数据上完全一致，同时又有巨大的差异——因为你无法把左手套戴到右手上，反过来也不行！你可以任意翻转扭扯，但是右手套还是右手套，左手套还是左手套。不只是手套，在鞋子、方向盘装置（美国和英国的驾驶位置差异）、高尔夫球杆等各种物品上，我们都可以看到左手性和右手性的明显区别。

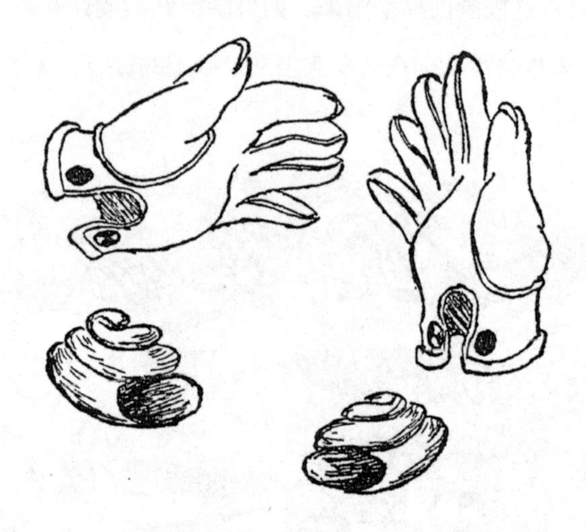

图 21　右手性和左手性物体看起来一模一样，又差异巨大。

另一方面，像帽子、网球拍之类的东西就不存在左右手性的差别。没有人会笨到向商店订购一打左手用的茶杯，或是向邻居借一把左撇子用的活动扳手，如果有，也肯定是恶作剧。那么，有无手性的物体到底有什么区别呢？稍加思索，你就会发现，**像帽子或茶杯这样的物体都有一个对称面，沿着这个平面，我们可以把它们分割成相同的两半。而这样的对称面在手套或鞋子上根本找不到**，无论你怎么努力，都没法把手套分割成两个完全相同的部分。如果物体不具有对称面，或是说不对称，那么它就注定会有两种不同的形态——一种是右手性的，一种是左手性的。这种差异不仅会出现在手套、高尔夫球杆等人造物品上，而且在自然界中也经常出现。比如说，有两种蜗牛，它们在其他方面完全一样，但在“建造房子”的方式上却完全相反：一种蜗牛的外壳呈顺时针螺旋，而另一种则呈逆时针螺旋。即使是分子，即构成所有物质的微小粒子，也常具有左右手性的形态，这一点和戴在左右手上的手套或是顺时针和逆时针的蜗牛壳非常相似。当然，你不能用肉眼看到分子，但这种不对称性会表现在物质的晶体形态和光学属性上。例如有两种不同的糖，一种是右旋糖，一种是左旋糖，此外还有两种以糖为食的细菌，不管你信不信，但是据说每一种细菌都只吃它对应的那种糖。

我们上面说过，想要把像手套这样的右手性物体变成左手性的，似乎不大可能。但事实真是这样吗？换句话说，人们可不可以想象出一个能够实现这一点的魔法空间来呢？要回答这个问题，不妨站在二维居民的角度来思考一下，这样一来，我们就可以从更高的三维视角来观察他们。举个例子，图 22 里居住着几个平面居民，他们生活的空间只有两个维度。我们可以把手里拿着一大串葡萄的人称作“正面人”，因为他只有“正面”，没有“侧面”。这个动物则是一头“侧面驴”，更确切地说，是“右侧面驴”。当然了，我们也可以画一头“左侧面驴”，由于这两类驴子都被困在平面上，所以从二维视角来看它们是不一样的，就像在我们的空间里，左右手套是不一样的。你不可能把“左驴”叠放在“右驴”身上，因为要把它们的鼻子和尾巴都叠在一起，你就必须得把其中一头驴子的头和脚颠倒位置，这样它就会四脚朝天，没办法稳稳地站在地上了。

图 22　有一种生活在平面上的二维“影子生物”。这种二维生物不太“实用”。这个男人只有一张正脸却没有侧面，也不能把他手里拿的葡萄塞进嘴里。驴子倒是可以吃到葡萄，但它只能向右走，如果往左的话，就只能倒着走。这对驴子来说或许不稀奇，但总归是不方便的。

然而，如果你把一头驴子从平面上拿出来，把它在空中转一圈再放回去，两头驴子就会变得一模一样。同理，我们可以说，把一只右手套从我们的空间里拿出来，在第四个维度上以适当的方式进行旋转，然后再把它放回到我们的空间中，它就变成了一只左手套。可是，既然我们的物理空间没有第四维，那么上述的方法必然也无法实现。难道就没有其他的方法了吗？

好吧，让我们再回到二维世界。不过我们这次不是像图 22 那样，思考一个普通的平面，而是要来研究“莫比乌斯面”的属性。这种特殊的面得名于一百多年前的德国数学家莫比乌斯（Möbius）。制作莫比乌斯面非常简单，只需要将一张普通的长纸条弯成一个环形，在两端粘上之前，将其中一端扭转 180 度即可。图 23 会告诉你制作它的方法。莫比乌斯面有许多奇特的属性，其中一个很容易发现。你可以用一把剪刀沿着平行于纸条边缘的中心线（沿着图 23 里的箭头线）剪一圈。这么做的时候，你肯定会以为能把这个面剪成两个独立的圆环，可你一旦试过以后，就会发现这个猜测是错的：根本没有出现两个环，只有一个长度是原来两倍，宽度是原来一半的细环！现在我们来看看，一头“影子驴”在莫比乌斯面上行走时会发生什么。假设它从位置 1（图 23）出发（这时它还是一头“左侧面驴”），一直往前走，从图中可以清楚地看到，它分别经过了 2 和 3 两个位置，最终靠近了自己的出发点。但是，此刻的你和它肯定都会大吃一惊，因为这头驴子陷入了一个尴尬的处境（位置 4）——它竟然四脚朝天，倒了过来！当然，它可以翻转一下，让自己的腿回到地面上来，但是这样一来，朝向我们的就是它的右侧脸了。

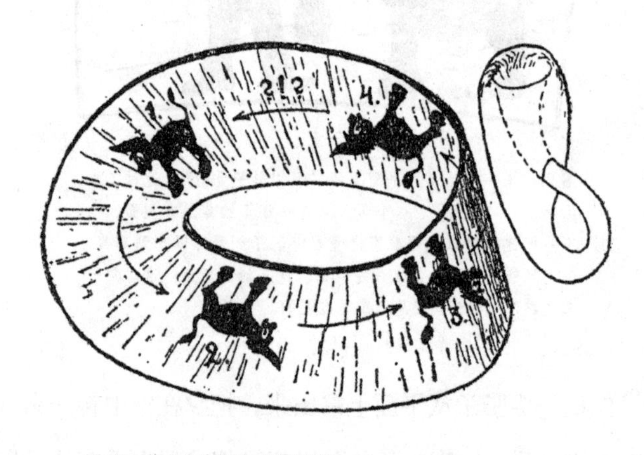

图 23　莫比乌斯面和克莱因瓶。

简而言之，在莫比乌斯面上走完一圈后，我们的“左侧面驴”就变成了“右侧面驴”。而且你会注意到，尽管驴子一直待在这个面上，没有被我们从平面上拿出来在空间里转一圈，但是这种情况还是发生了！因此，我们会发现，**在一个扭曲的面上，右手性的物体可以变成左手性的，反之亦然**——只需让它绕着扭曲的面转上一圈就可以。实际上，莫比乌斯纸条是一种更普遍意义的曲面的一部分，我们把这种曲面称为克莱因瓶（图 23 中右图所示）。它只有一个面，而且自身是封闭的，没有明晰的边界。如果这种面在二维空间里是可能的，那么在我们的三维空间中也一定可以找到类似的，当然，前提是要以适当的方式对当下这个空间进行扭曲。想象空间中的莫比乌斯扭曲的确不容易。我们不能像观察驴子所在的平面一样，从外部观察我们的空间：当你身处其中时，总是很难看清楚事物的样子。但是，天文空间其实完全有可能是自身封闭，且以莫比乌斯的方式扭曲的。

如果事情真的是这样，那么环游宇宙的旅行者在回到地球时，就会从右撇子变成左撇子，心脏也会跑到右侧的胸腔。手套和鞋子的制造商们则会有一个算不上好消息的好消息，那就是他们可以简化生产，只生产一种手套和鞋子，然后把其中的一半运到宇宙中去，变成另一只手或脚需要的那只。

在这些奇思妙想中，我们有关奇特空间的奇特属性的讨论也到此为止了。

第四章 四维世界

1. 时间即第四维

“第四维空间”这个概念通常既神秘莫测又令人疑惑。我们这些只有长度、宽度、高度的生物，怎么敢对四维空间妄加谈论？用我们这些三维的大脑，有可能想象出四维的超空间吗？四维的立方体或球体又会是什么样？当我们“想象”一条拖着鳞光闪闪的长尾巴，鼻里喷出烈焰的巨龙时，或是“想象”一架内部配备游泳池，机翼上装有网球场的超豪华飞机时，其实是在头脑里描绘了一幅心理图画，画面上是这些事物突然出现在自己面前的样子。而这幅图的背景仍是我们熟悉的三维空间，包括你我在内的所有人和事，全都置身于这个背景当中。如果以上就是“想象”一词的含义，那么想要在普通的三维空间背景中想象一个四维的形象，就像是把一个三维物体压进平面一样，根本做不到。不过，先别着急下结论。某种意义上，我们确实可以把一个三维物体压进平面里，那就是把它画到平面当中。不过在这种情况下，我们当然不是依靠液压机或物理上的作用力来完成这项工作，而是采用了几何“投影”或影子构造的方法。看看图 24，你就能立刻明白这两种方式（比如说把一匹马压进二维空间）的区别了。

出于同样的道理，我们现在可以说，把一个四维物体完完全全地“压”进三维空间确实无法实现，肯定会有些枝杈留在外面，不过，我们倒是可以谈论各种四维物体在我们这个三维空间里的“投影”。需要记住的是，**就像三维物体在平面上的投影是二维的，四维物体在我们空间中的投影也只能呈现出三个维度。**

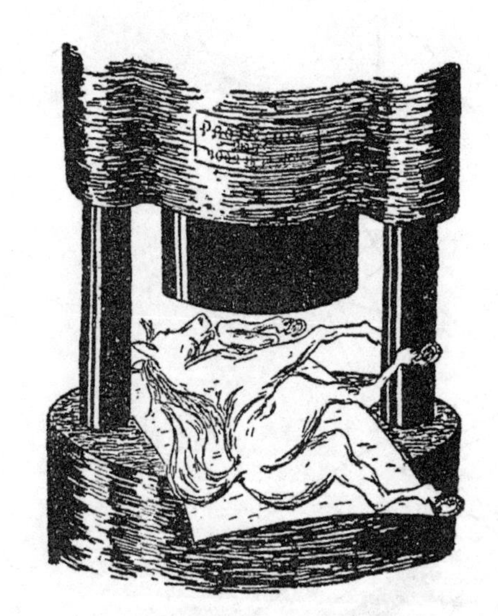

图 24　把三维物体“压”进二维空间的方法。左图：不可行；右图：可行。

为了更清楚地理解这个问题，我们先来想一想，一个生活在平面上的二维影子生物会怎样构想三维立方体的概念。这对我们来说非常容易，因为我们是超越二维存在的三维生物，可以从上面（也就是第三个方向上）观察整个二维世界。此前我们说过，要把一个立方体“压”进平面，唯一的办法就是把它像图 25 上展示的那样，“投射”到平面上。立方体在旋转时，会在平面上呈现出不同的投影：通过观看这些投影，我们的二维朋友至少能对“三维立方体”这个神秘图形的属性有一些基本的认知。他们没有办法“跃出”自己的平面，用我们的方式来观看这些立方体。但只要仔细观察投影，他们也能得出类似“这个立方体有 8 个顶点、12 条边”的结论。现在再来看图 26，你会发现人类在遇到四维物体时，和可怜的二维影子生物观察普通立方体投影时的情形完全一样。图上满脸惊诧的一家人正在认真研究的奇特复杂结构，就是四维空间里的超立方体在三维空间里的投影①。

① 更确切地说，图 26 描绘的是四维超立方体在我们空间中的投影在这张纸上的投影。

图 25　二维生物惊讶地看着投射到它们世界里的三维立方体的影子。

仔细观察图 26，你会发现，图 25 中令影子生物感到困惑的某些特征，同样出现在这张图里：立方体在平面上的投影由两个嵌套的四边形组成，它们的顶点两两相连；而超立方体在我们空间中的投影也是由两个嵌套的立方体组成，二者的顶点也以类似的方式相连。数一数不难发现，这个超立方体总共有 16 个顶点，32 条棱和 24 个面，真是个神奇的物体。

图 26　来自四维空间的访客！一个四维超立方体的正面投影。

下面我们再来看看四维球体是什么样子的。先来看一个大家熟悉的例子，即普通球体在平面上的投影。打比方说，我们把一个上面标着大陆、海洋的透明地球仪投影在白墙上（图 27）。投影中两个半球自然会相互重叠，如果单从投影上看，观察者可能会认为从纽约（美国）到北京（中国）的距离很近。但这只是一种直觉，实际上，投影上的每一个点都代表着实际球体上相对的两个点。如果地球仪上有一架从纽约飞往中国的客机，那么在平面投影中，它会一直移动到图形的边缘，然后再移动回来；如果两架客机的投影在平面上相互重叠，只要它们“实际”位于地球仪的不同面上，就不会发生碰撞。

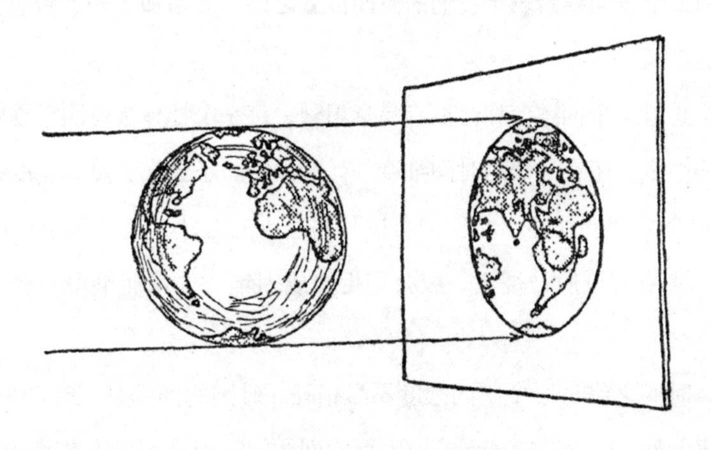

图 27　地球仪的平面投影。

这就是普通球体的平面投影属性。只要我们稍作想象，就可以轻松拓展到四维超球体的空间投影上。普通球体的平面投影是两个叠放在一起（点对点）的圆盘，二者仅沿着外圈的圆周连接在一起；那么，超球体的空间投影必然可以被想象成两个相互穿透的球体，而且它们会沿着外表面连接在一起。实际上，这种奇特的构造我们已经在上一章中讨论过了，当时是在找一个类似于封闭球面的封闭三维空间例子。因此，我们在这里只要补充一句就足够了：**四维球体的三维投影就是我们此前讨论过的，像连体双胞胎的“双重苹果”——它由两个沿着表皮生长在一起的苹果组成的。**

通过类似的类比方式，我们还可以回答许多有关四维图形属性的问题。不过，无论我们多么努力或许都无法“想象”，我们这个物理空间里还有第四个独立的方向。

但是，只要稍加思索，我们就会发现根本不需要把第四个方向想象得那么神秘。我们大多数人每天都在使用的一个词，就可以用来指代，而且实际上也应该被视作物理世界里的第四个独立方向：那就是时间。它常常和空间一起，用来描述我们周围发生的事件。无论是在街上和朋友偶遇，还是谈论遥远恒星的爆炸，我们在聊宇宙里的任何事情时，通常既会说发生的位置，也会说发生的时间。因此，**除了用三个方向要素表示我们的空间位置之外，又增加了一个新的要素，那就是时间。**

进一步思考这个问题，你会很容易意识到，每一个物体都有四个维度，其中三个是空间维度，还有一个是时间维度。你所住的房子会在长度、宽度、高度和时间上这四个维度上延伸，而我们衡量时间之维的方法，是从房子建成之日开始计起，一直到它最后被烧毁、被公司拆掉或因年久失修而倒塌的那个时间点为止。

当然，时间之维与三个空间维度不尽相同。时间的间隔是用时钟来测量的，嘀嗒嘀嗒表示秒，叮咚叮咚表示小时，而空间的间隔则是用尺子来度量的。我们可以用同一把尺子来测量长、宽、高，但是没法把尺子变成时钟来测量时间的长短。此外，你可以在空间上向前走、向右走、向上走，然后再走回来，但是你不能在时间里回头，它会把你从过去强行拉向未来。不过，尽管时间之维和空间的三个维度存在如此差异，我们仍然可以把时间当作是物理世界中的第四个方向，只要多加留意，记得它们并非完全相同即可。

把时间选为第四个维度之后，我们会发现，本章开头所说的“想象四维物体”这件事简单多了。你还记得四维超立方体的那个奇怪投影吗？它竟然有 16 个顶点，32 条棱，24 条边！难怪图 26 里的一家人都在惊诧地盯着这个几何怪物。

不过，如果以新的视角来看，这个四维立方体就是存在于特定时间段的一个普通立方体而已。假如你在 5 月 7 日用 12 根金属丝做了一个立方体，一个月后又把它给拆掉了，这样一个立方体的每个顶点就可以看成是一条沿着时间方向延伸、长度等于一个月的线。你可以在每个顶点上贴一本小日历，每天翻一页，记录时间的流逝。

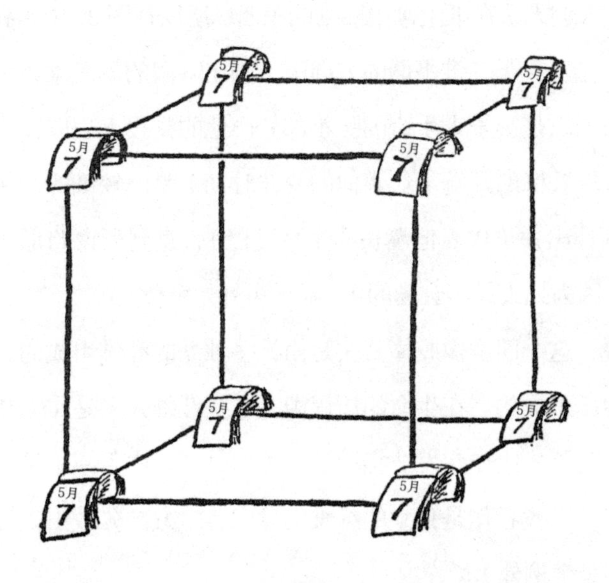

图 28　用 12 根金属丝连接 5 月 7 日，形成一个立方体。

现在不难数出四维物体中有多少条棱。它在诞生时有 12 条空间棱，存在过程中有 8 条“时间棱”表示每个顶点的持续时间，在被拆掉前又有 12 条空间棱，共计 32 条。[①] 用类似的方法，我们可以数出它一共有 16 个顶点——5 月 7 日有 8 个空间顶点，6 月 7 日还是 8 个空间顶点。要计算出四维物体有多少个面也不难，这个问题就留给各位读者们吧。做这个练习时需要牢记一点，其中一些面是立方体自身具有的普通正方形，而其他的面则是由立方体的棱从 5 月 7 日到 6 月 7 日，在时间维度上延伸出来的“半空间半时间”的面。

① 如果你还有些不明白，不妨想一想一个正方形有 4 个顶点、4 条边。现在我们垂直于它所在的面（在第三个方向上）将它移动一条边长的距离，它就变成了一个正方体。

我们此处讨论的四维立方体的属性，当然也适用于任何其他几何体，或是任何有形的物体，无论它是生命体还是非生命体。

特别值得一提的是，你也可以把自己看成是一个四维物体。在时间之维上，你就像是一根长长的橡胶棒，从出生的那一刻开始，一直延伸到自然寿命的尽头。遗憾的是，人们无法在纸上画出四维的东西，所以在图 29 中，我们试着以二维影子人为例，在垂直于二维平面的方向上，画出时间的第三维，由此传达出类似的观念。这张图只是影子人生命的一小部分。他的整段人生应该用一根更长的橡胶棒来表示：橡胶棒的开端（代表他的婴儿时期）是比较细的，然后，橡胶棒不停地扭动着延伸出去（代表他漫长的生命过程），直到死亡的那一刻保持在一个恒定的形状（因为死人是不会动的），最后再开始解体。

更准确地说，这个四维橡胶棒其实是由许多独立的纤维组成的，每一根纤维又是由独立的原子组成的。在生命的历程中，这些纤维大多是作为整体聚合在一起，只有少数会脱落，比如头发或指甲被剪掉的时候。由于原子是不灭的，人体死后的分解其实可以被看作是独立的纤维细丝向各个方向分散出去的过程（构成骨骼的纤维可能是个例外）。

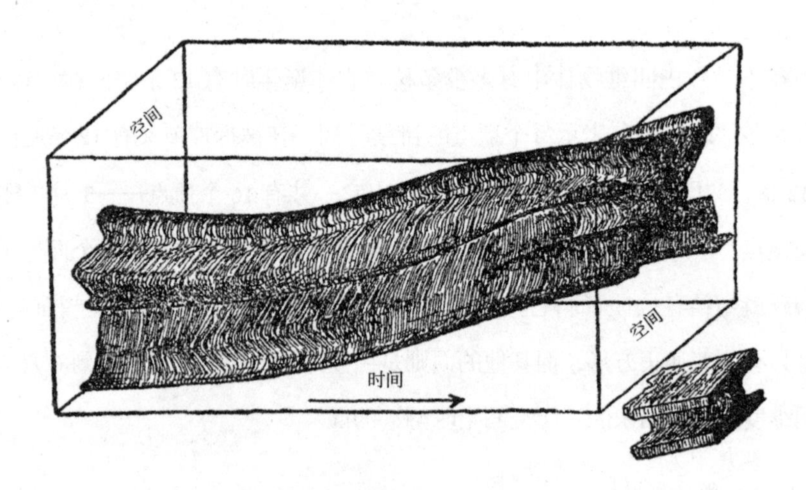

图 29　四维空间中影子人生命的一小部分。

如果我们使用四维时空几何学的语言，那么每个物质粒子的历史线就叫作它的“世界线”。同样的思路，由一组世界线组成的复合体就叫作“世界带”。

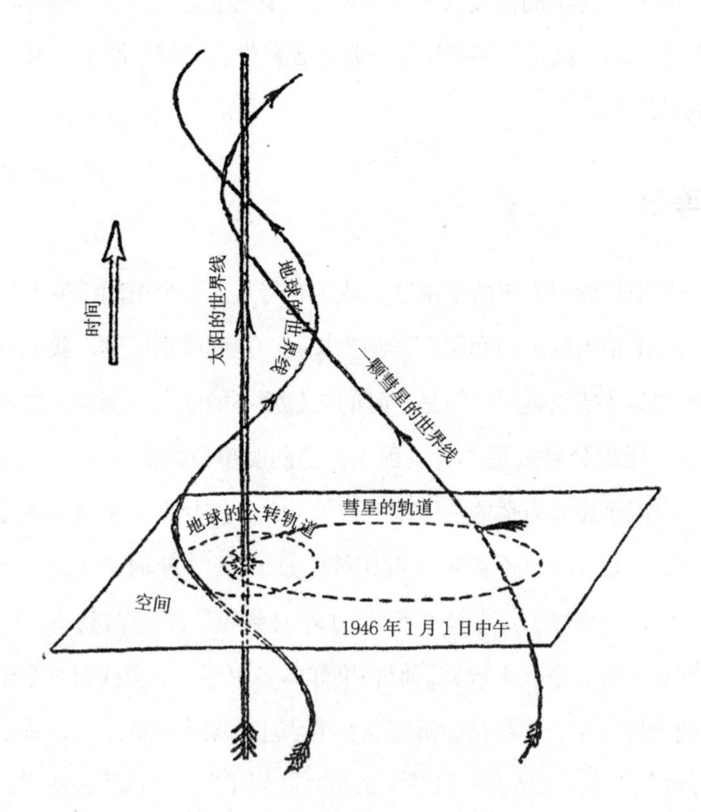

图30　太阳、地球以及彗星各自的世界线。

图30中，我们举了一个天文学的例子，展现了太阳、地球以及一颗彗星各自的世界线[①]。和之前影子人的例子一样，我们选取了一个二维空间（图中的平面是地球公转轨道）和垂直于它的时间轴。图中太阳的世界线用一条平行于时间轴的直线来表示，这是因为我们把太阳视为不动的参照系[②]。地球的公转轨道非常接

① 此处准确的说法应该是“世界带”，但是从天文学的视角，我们可以把恒星和行星看成是一个点。

② 实际上，太阳相对于其他恒星来说是在运动的。所以说，如果参照恒星系统，太阳的世界线应该会有点倾斜。

近圆形，所以地球的世界线是一根绕着太阳线上升的螺旋线，而彗星的世界线一度很接近太阳线，随后又远离了它。

以四维时空几何学的视角，宇宙的形态及其历史融合成了一幅和谐的图景，而我们所要考察的，就是一束缠绕在一起，各自代表着每个原子、每个动物或是每个星体的世界线。

2. 时空等效

我们一旦把时间视为第四个维度，认为它与其他三个空间维度大体相同，就会立刻面临一个相当棘手的问题。在测量长度、宽度或高度时，我们可以用相同的单位，比如英寸或是英尺。但是，时间的长短不能以此来衡量，需要一个完全不同的单位，比如分钟或是小时。那么，这两类单位之间究竟该如何进行比较呢？如果一个四维超立方体的三个空间尺寸均为 1 英尺，它在时间维度上要持续多长的时间，才能满足四个维度全都相等？是 1 秒，1 小时，还是 1 个月（就像之前的例子假设的那样）？比起 1 英尺，1 小时到底是长还是短？

这个问题乍听起来毫无意义，但如果你再多想想，就会找到一个比较长度和时间跨度的合理方法。你经常会听到这样的表述：某人住的地方“乘公交车到城中心 20 分钟”，或者“坐火车只要 5 个小时就到了”。在这些说法中，我们把距离表示成了搭载特定交通工具所需的时间。

因此，如果人们能够约定某种速度标准，那么时间的间隔就可以用长度单位来表示，反之亦然。显然，被选为空间和时间基本转换因子的速度标准，必须具备恒定的普遍特性，不受人的主观因素和物理环境的影响。在物理学中已知的，唯一具有这种普遍性的速度，就是光在真空中的传播速度。虽然人们通常称它为“光速”，但是“物理相互作用的传播速度”（propagation velocting of physical interactions）这个表述更加确切，因为**任何一种物体间的作用力，无论是电磁力还是引力，都以同样的速度在真空中传播**。此外，我们后面还会看到，光速是任何物体可能达到的速度上限，没有什么物体能够超越光速在空间中穿行。

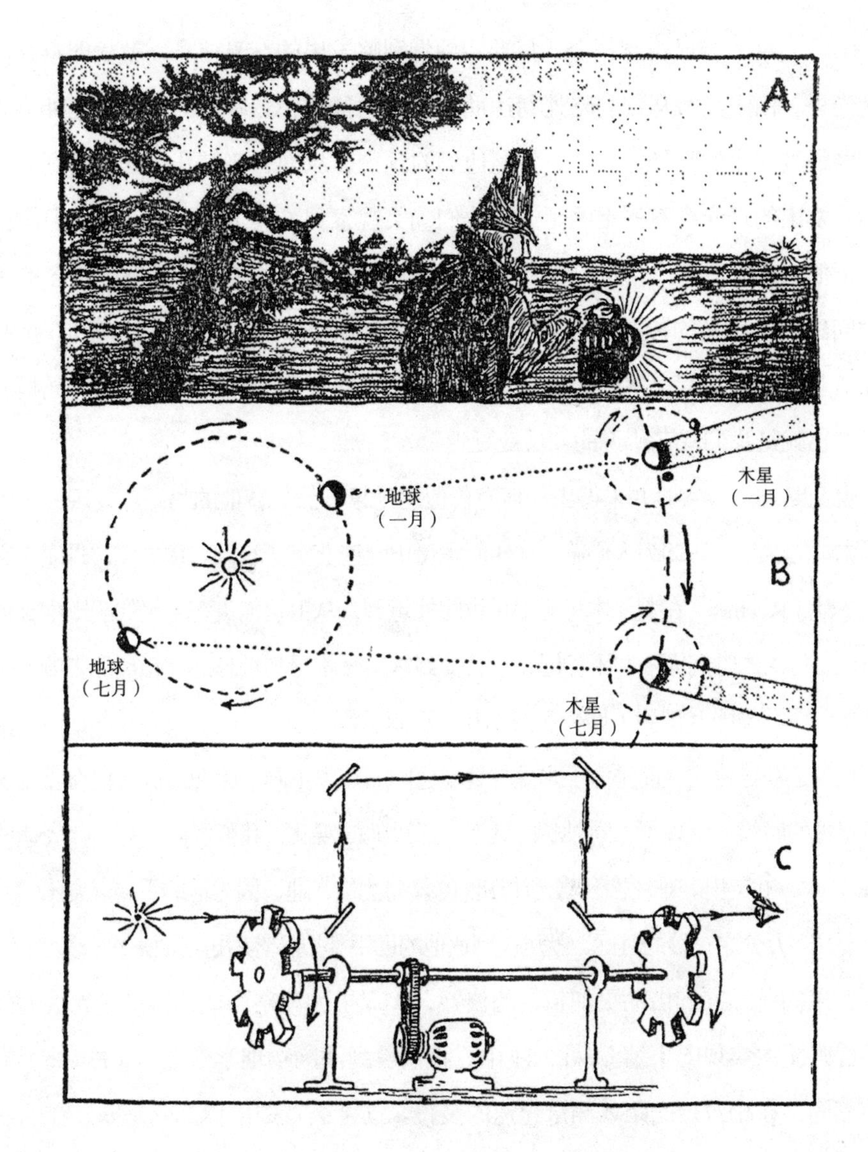

图 31　测量光速试验。

17 世纪意大利著名的科学家伽利略 · 伽利雷（Galileo Galilei）是第一个试图测量光速的人。一个漆黑的夜晚，伽利略和他的助手带着两盏装有机械遮光板的手提灯，来到佛罗伦萨郊外的空旷场地。二人在相隔几英里的地方各就各位，某个指定的时刻，伽利略打开了遮光板，朝他的助手方向发出了一束光信号

（图 31A）。助手早已得到指令，只要看到伽利略发出的灯光信号，就立即打开他的遮光板。由于光线从伽利略处到达助手所在的位置，然后再回到伽利略处，必然需要经过一定的时长，因此，依照他们的预测，从伽利略打开遮光板，到他看到助手发出的灯光会有一定的延迟。他们确实观察到了一个微小的延迟，但当伽利略把他的助手派到两倍远的位置，并重复这项实验时，并没有观测到更多的延迟时间。显然，光的传播速度太快了，几英里的距离几乎不会耗费它任何时间，而此前观测到的延迟，实际上是伽利略的助手无法在看到光的同时打开遮光板所致——也就是我们现在所说的“反应延迟”。

伽利略的这项实验并未得出任何有价值的结果，然而，他的另一项发现——发现了木星的卫星——却为人们第一次实际测量出光速奠定了基础。1675 年，丹麦天文学家罗默（Roemer）在观测木星的卫星蚀时注意到，从卫星消失在木星的阴影中到再次出现，每次的时间间隔并不相同，它会受到观察时木星与地球之间距离的影响，时长时短。罗默当即意识到（你会在图 31B 上看到这幅场景），这个效应并不是由卫星的不规则运动导致的，而是由于木星与地球之间的距离不同，因而造成我们在看到这些卫星蚀的时候，出现了不同时长的延迟。通过他的观测，我们能够计算出，光速约为每秒 185,000 英里。难怪伽利略无法用他的仪器测量光速，因为他的手提灯发出的光只需要几十万分之一秒的时间，就可以到达他的助手那里，然后再返回来！

后来的科学家们借助更加精密的仪器，实现了伽利略用他那盏带遮光板的简陋手提灯无法实现的事情。从图 31 中，我们看到法国物理学家斐索（Fizeau）最先使用的，在相对短的距离测量光速的装置。这个装置的主体部分是安装在同一根轴上的两个齿轮，如果你平行于轴线观看，会发现第二个齿轮的齿轮缝会被第一个齿轮的齿遮挡住，所以无论这根轴怎样转动，平行于轴的细光都无法穿过这两层齿轮。现在，我们假设由两个齿轮构成的系统开始高速旋转，因为穿过第一个齿轮的光在到达第二个之前需要经过一定的时间，因此，如果在这段时间内，系统转动的距离是齿距的一半，这束光就能穿过第二个齿轮。这就像是一辆车以恒定的速度行驶在一条装有红绿灯同步系统的大路上一样。如果齿轮的旋转速度加倍，等到光到达第二个齿轮的时候，它的下一颗齿就会出现在光通过的位置，再度阻碍那光的前行。不过，只要系统的旋转速度再加快，光就可以再次通过，因为之前挡住去路的那颗齿已经转了过去，此刻适时出现在光的路径上的是下一个齿缝……因此，我们只要观察光出现和消失的情况，以及它们对应的轮轴转速，就可以估算出光在两个齿轮之间行进的速度。为了更好地完成实验，降低轴的转速，我们可以借助图 31C 里的镜子，加长光通过两个齿轮之间的距离。斐索在实验中发现，当仪器以每秒 1000 转的速度旋转时，他第一次观察到光从离自己最近齿缝中穿过，这说明，光从一个齿轮运动到另一个齿轮的时间里，齿以上述速度转动的距离等于齿距的 1/2。每个齿轮都有 50 个大小相同的齿，这个距离等于轮子周长的 1/100，所以运转的时间就等于轮子转一圈所需时间的 1/100。结合这些数据，以及光通过两个齿轮经过的距离，斐索得出结论：光的传播速度为每秒 30 万公里，即每秒 18.6 万英里，这和罗默观测木星的卫星得出的结果大体相同。

继这些先驱的伟大成果之后，科学家们利用天文学和物理学手段，进行了大量的独立观测。目前，对真空中光速（通常用字母 c 表示）的最佳估计值为：$c = 299,776$ 千米 / 秒，或者说 186,300 英里 / 秒[①]。

光速数值巨大，因而适合成为天文测量的计量标准，因为天体间的距离常常大得超乎想象，如果以英里或公里作为单位，数字可能要写满整张纸。所以，天文学家们常说，某颗恒星距离我们 5 个“光年”，这就像我们说坐火车到某地需要 5 个小时一样。因为一年等于 31,558,000 秒，所以一光年等于 $31,558,000 \times 299,776 \approx 9,460,000,000,000,000$ 千米，即 5,879,000,000,000 英里。通过用“光年”来表示距离，我们实际认识到，时间确实是一个维度，时间单位也是空间的测量单位。我们还可以颠倒一下这个概念，创造一个新单位“光英里”，表示光传播 1 英里距离所需的时间。借助上面的光速值，我们会发现 **1 光英里约等于 0.0000054 秒，同理，1 光英尺约等于 0.0000000011 秒**。这也回答

① 目前，最精准的光速测量值为：299,792.458 千米 / 秒。——译注

了我们在上一节中讨论的四维超立方体的问题。如果这个立方体的三维空间尺寸是 1 英尺 ×1 英尺 ×1 英尺，那么它对应的时间跨度就是 0.000000001 秒左右。如果这个超立方体的时间跨度足足有一个月，那么它看起来就更像一根特别长的棍子，因为它在第四维上被拉得太长了。

3. 四维距离

解决了空间轴和时间轴上单位的问题之后，我们不妨来问问自己，该怎样理解四维时空世界中两个点的距离。一定不要忘了，四维时空里的每个点对应的就是我们通常所说的“事件”，即地理位置和时间的结合体。为了解释清楚这个问题，我们以下面两个事件为例：

事件一：1945 年 7 月 28 日上午 9 时 21 分，纽约市第五大道与 50 街交汇处街角，有家位于一楼的银行遭到抢劫[①]。

事件二：同一天上午 9 时 36 分，一架在雾中失去方向的军用飞机在纽约市第五大道和第六大道之间的 34 街，撞上了帝国大厦 79 层的外墙（图 32）。

从空间上看，这两个事件相隔 16 个南北街区，1/2 个东西街区，78 层楼高，时间上相隔 15 分钟。显然，如果只是为了描述这两个事件的空间距离，我们没有必要专门记下它们之间相隔多少条大道、多少个街区，乃至多少层楼。因为通过著名的**毕达哥拉斯定理，即空间中两点之间的距离等于两点在三维方向上的距离平方和的平方根**（图 32 右下角），我们可以把上面三个距离合并成一个直线距离。实际应用中，我们必须把所有的距离转换成同一个单位，比如说英尺。如果一个街区在南北方向上长 200 英尺，东西方向上宽 800 英尺，帝国大厦的平均层高是 12 英尺，那么这两个点在三个空间方向上的距离分别为：南北方向 3200 英尺，东西方向 400 英尺，垂直方向 936 英尺。利用毕达哥拉斯定理，我们可以计算出两地之间的直线距离：

$$\sqrt{3200^2+400^2+936^2}\approx\sqrt{11,280,000}\approx 3360\text{ 英尺}$$

---

① 如果这个街角真的有一家银行，那纯属巧合。

图 32　通过将两个事件中的空间距离和时间距离相结合，可以得出一个数值，用来描述两个事件的四维距离。

如果“时间作为第四维度坐标”这个概念在现实中确有意义，那么我们应该可以把两个事件中的空间距离（3360 英尺）和时间间隔（15 分钟）结合在一起，从而得出一个单独的数值来描述两个事件的四维距离。

根据爱因斯坦最开始的想法，我们只要将毕达哥拉斯定理简单推广至时间之维，便可以求出四维距离，而且比起单独描述的空间距离或时间间隔，四维距离在描述事件的物理关系上更具普遍性。

想要把空间和时间上的数字结合起来，首先就要把它们统一成可比的单位，这就像是上面必须把街区的长度、宽度，以及楼层间的距离都统一成英尺一样。我们已经说过，将光速作为转换因子，这一点很容易做到，15 分钟的时间间隔相当于 800,000,000,000 光英尺。再利用毕达哥拉斯定理的推广，我们就可以把四维距离定义成两个点在四个坐标方向上（三个空间方向和一个时间方向）距离平方和的平方根。然而，如若这样做，我们就完全抹去了空间和时间的差异，而这实际上就等于承认了空间度量转化成时间度量的可能性，反之亦然。

然而，包括伟大的爱因斯坦在内的任何人，都不可能仅凭用布盖住尺子的把戏，挥舞着魔术杖，嘴里念叨着诸如“空间走，时间来，核变”的神奇咒语，就能够变出一个闪闪发亮的新闹钟出来！（图 33）

图 33　爱因斯坦不会变魔术，但是他做的远比魔术神奇。

因此，如果我们要在毕达哥拉斯公式中把时间和空间区别开来，就必须使用一些非常规的方式，保留它们之间的一些自然差异。

根据爱因斯坦的观点，为了强调空间距离和时间间隔的物理差异，我们可以在广义的毕达哥拉斯定理中，在时间坐标的平方前面加个负号。这样的话，我们就把两个事件的四维距离定义成了三个空间坐标的平方和，减去时间坐标的平方，所得结果的平方根。当然了，时间坐标首先也要转换成空间单位。

因此，银行抢劫和飞机失事这两个事件四维距离的计算公式为：

$$\sqrt{3200^2+400^2+936^2-800,000,000,000^2}$$

第四项比前三项在数值上要大很多，这是因为此处的例子取材于“日常生活”，按照日常生活的标准，合理的时间单位实在是太小了（这才导致数值巨大）。如果我们选取的不是两起发生在纽约市的事件，而是宇宙中的例子，那么时间和空间的数字应该更具有可比性。比如说，我们把 1946 年 7 月 1 日上午 9 点整，比基尼环礁的原子弹爆炸定义为第一个事件，把同一天上午 9 点 10 分，一颗陨石在火星表面坠落定义为第二个。那么，这里的时间间隔就应该是 540,000,000,000 光英尺，与此对应的空间距离约为 650,000,000,000 尺。这两个事件的四维距离为：$\sqrt{(65\times10^{10})^2-(54\times10^{10})^2}=36\times10^{10}$ 英尺，得出的数值与单独的空间距离和时间间隔都有很大的差异。

当然，人们完全有理由拒绝这种看起来不合常理的几何学，因为它区别对待了其中一个和另外三个坐标。但别忘了，任何用来描述物理世界的数学体系都要和它所描述的事物相适应，如果在结合成四维时空的时候，时间和空间确实表现不同，那么四维几何学的法则也必须适应这一点。此外，还有一个简单的数学优化方式，它是德国数学家闵可夫斯基（Minkovskij）提出来的，可以让爱因斯坦的时空几何学看起来就和我们在学校里学的欧氏几何一模一样。优化的方式就是把第四维坐标视为一个纯粹的虚量。大家或许还记得，第二章中我们说过，只要将一个实数乘以 $\sqrt{-1}$，就可以把它变成一个虚数，这样的虚数能够帮助我们简化解决各类几何学问题。根据闵可夫斯基的观点，想要把时间作为第四维坐标，我们不但要把它转化成空间单位，还应该给它在数值上乘以 $\sqrt{-1}$。因此，第一个例子中的四维距离可以写成：

第一维度坐标：3200 英尺

第二维度坐标：400 英尺

第三维度坐标：936 英尺

第四维度坐标：8.1011×i 光英尺。

现在，我们可以把**四维距离定义为：所有四个维度上坐标距离平方和的平方根**。实际上，因为虚数的平方永远为负，所以我们用闵可夫斯基的坐标系计算出来的广义毕达哥拉斯表达式，与爱因斯坦有些不合理的坐标系计算出来的毕达哥拉斯表达式在数学层面是等价的。

有这么一个故事，讲的是一个患有风湿病的老人咨询他身体健康的朋友，如何才能不受风湿的困扰。

朋友回答说："我这辈子每天早上都会洗一个冷水澡。"

患病的老人大呼："啊！那你不过是用冷水澡来取代风湿病罢了。"

好吧，如果你真的不喜欢患风湿的毕达哥拉斯定理表达式，那么就用虚数时间坐标这个"冷水澡"来取代它吧！

由于时空世界中的第四维坐标是个虚数，这让我们有必要思考一下两种在物理层面不同类型的四维距离。

在上面讨论的纽约市的案例中，两个事件之间的三维空间距离在数值上小于时间间隔（使用统一后的单位），所以毕达哥拉斯定理根号下的表达式是负的，我们最终得到的广义四维距离就是个虚数。但在另一些情况下，时间间隔小于空间距离，所以我们在根号下得到的就是个正数。当然，这意味着在这样的情况下，**两个事件之间的四维距离就是个实数**。

如上文所言，既然人们将空间距离表示为实数，时间间隔表示为虚数，那么我们可以说，实数的四维距离与普通的空间距离关系较为紧密，而虚数的四维距离和时间间隔更紧密一些。用闵可夫斯基的术语，前一种四维距离被称为"类空"（raumartig）距离，后一种四维距离被称为"类时"（zeitartig）距离。

我们将会在下一节中看到，类空距离可以转换成一般的空间距离，而类时距离可以转换成一般的时间间隔。然而，由于它们一个用实数表示，另一个用虚数表示，二者就有了一个不可逾越的障碍，因此我们不可能把尺子变成时钟，也不可能把时钟变成尺子。

第五章 时空相对论

1. 时空转换

在上一章中，我们试着从数学层面证明了四维世界中的空间和时间具有统一性。虽然这样并未完全消除空间距离和时间间隔的差异，但是它前所未有地揭示了二者的相似性，相比于爱因斯坦之前的物理学又往前推进了一大步。实际上，我们现在有必要把各类事件的空间距离和时间间隔，看作是这些事件的四维距离在空间轴和时间轴上的投影，这样一来，如果我们旋转四维时空坐标轴，就会导致空间距离和时间间隔的相互转化，反之亦然。但是，旋转四维时空坐标轴的含义究竟是什么?

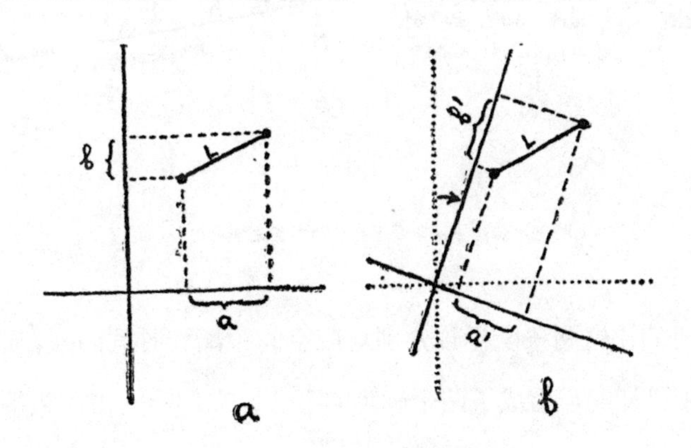

图 34　旋转四维时空坐标轴。

我们先来考察由两个空间坐标组成的二维坐标系（如图 34a）。假设我们有两个已知的点，它们之间的距离是 L。把这个距离投影在坐标轴上，不难发现，这两个点在横坐标轴上相距 *a* 英尺，在纵坐标轴上相距 *b* 英尺。现在我们把坐标轴旋转一定的角度（图 34b），同样一段距离 L 在两条新坐标轴上的投影也会发生变化，得到两个新的长度 a′ 和 b′ 。然而，根据毕达哥拉斯定理，新旧两个投影平方和的平方根没有改变，因为它们都等于两点间的实际距离，而在坐标轴旋转时，距离 L 是不变的。因此，$\sqrt{a^2+b^2}=\sqrt{a'^2+b'^2}=L$。我们可以得出结论，旋转坐标系并不会影响平方和的平方根，但是投影后的新坐标值会发生变化，具体的值取决于坐标系的选择。

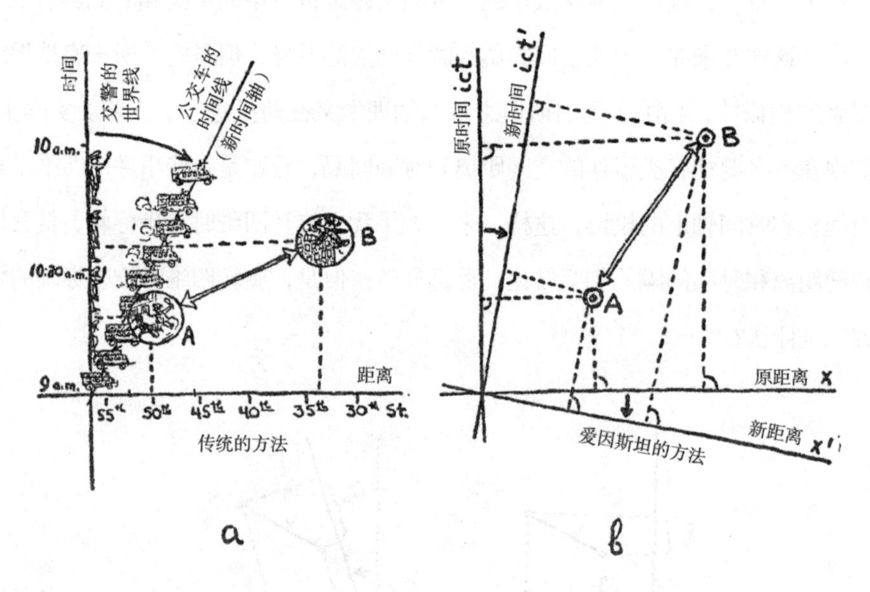

图 35 传统方法与爱因斯坦的方法之间的比较。

接下来，我们让这两条坐标轴分别对应空间距离和时间间隔。这种情况下，上述例子中两个已知的点就成了两个确定的事件，它们的间距在两条坐标轴的上的投影则分别代表着它们在空间和时间上的间隔。以上一章讨论的银行抢劫和飞机坠落这两个事件为例，我们可以画出一幅新的示意图（图 35a），它和之前的二维空间坐标轴（图 34a）非常相似。现在，要旋转这个时空坐标轴，我们应该怎么做呢？答案相当出人意料，甚至令人费解：想要旋转时空坐标轴的话，就得搭乘一辆公交车。

好吧，假如我们现在确实坐在一辆公交车的上层车厢里。现在是 7 月 28 日，一个危机四伏的早晨，公交车正沿着第五大道一路南行。站在我们自身的立场上，这种情况下我们最关心的莫过于银行抢劫、飞机坠落这两件事情的发生地距我们的公交车有多远，因为（我们假定）距离决定着我们能否看到正在发生的事情。

现在来看一下图 35a，公交车的“世界线”是一条不间断的位置连线，它和抢劫、坠机这两个事件共同展现在这幅图里。你会立刻注意到，这个距离与在街角执勤的交警记录下的距离是不同的。公交车沿着大道前行，我们假设每经过一个街区需要 3 分钟（纽约交通拥堵的时候，这么慢的速度不稀奇！），那么在车上看到的这两个事件的空间距离要更短一些。比如，上午 9 点 21 分，公交车正在通过 52 街，而此刻发生的银行抢劫案就在 2 个街区以外。而到了飞机坠落的时候（上午 9 点 36 分），公交车已经开到了 47 街，也就是距离坠机现场 14 个街区的位置。因此，以公交车为参照系，测量两个事件的相对距离，我们可以得出结论：抢劫和坠机的空间距离是 14−2=12 个街区；而以城市建筑为参照，二者的距离则是 50−34=16 个街区。再回过头来看图 35a，我们会发现，从公交车上记录的距离肯定不能用之前的纵坐标（交警静止的世界线）来计算，而是要用表示公交车世界线的那条斜线来计算，这条斜线就成了新的时间轴。

刚才讨论的“一大堆琐碎事”可以用一句话来概括：想要绘制从移动的交通工具上观察到的事件时空图，就必须把时间轴旋转一定的角度（取决于交通工具的速度），而空间轴保持不变。

从经典物理学和“常识”的角度来看，这个结论毫无问题，堪称真理，但是它却和我们四维时空世界的全新观念截然对立。如果要把时间看作是独立的第四维坐标，那么无论我们是在公交车上、电车上，还是在人行道上，**时间轴都必须始终和其他三条空间轴保持垂直**！

在这个问题上，我们需要在如下两条道路中做出抉择：要么保留传统的时空观念，不再对时空统一的几何学做任何进一步的思考，要么打破“常识”支配的旧观念，并假设在我们的时空图景里，空间轴必须随着时间轴旋转，这样它们才能始终保持相互垂直（图 35b）。

我们此前旋转时间轴的物理意义在于，从移动的交通工具上和静止时观察到的两个事件的空间距离不同（分别是 12 个和 16 个街区）。同理，旋转空间轴的意义在于，在两种视角下观察到的两个事件的时间间隔也不同。因此，如果市政厅的大钟上显示，银行抢劫和飞机坠落的时间间隔是 15 分钟，那么公交车上乘客手表记录的时间间隔肯定会不一样——不是因为机械不够精密导致两个计时器的运转速度不同，而是因为交通工具的速度不同，时间本身会以不同的速度流逝，而记录时间的机械装置也会相应地变慢，只是在缓慢行驶的公交车上，这种延迟可以忽略不计，人们根本察觉不到（这个现象会在本章后面详细讨论）。

我们再举一个例子，想象有一个人正在一辆开动的火车餐车上吃饭。从餐车服务员的视角，这个人从开始吃前菜，到最后吃甜点，始终都坐在同一个位子上（比如靠窗的第三张桌前）。现在，在铁道沿线有两个相距几英里、各自站在原地的扳道工，第一个人往餐车的窗户里看时，刚好看到他在吃前菜，而第二个看进去时，他正在吃甜点——也就是说，这两件事的发生相距了整整几英里。因此，我们或许可以这样说：其中一个观察者会认为，这两件事发生在同一个地点，但是在不同的时刻；然而，处于不同运动状态的另一个或多个观察者会认为，这两件事发生在不同的地点。

考虑到时空具有等效性，上一段里的“地点”一词可以和“时刻”相互转换。我们也可以这样说：其中一个观察者会认为，这两件事发生在同一时刻，但是在不同的地点；而处于不同运动状态的另一个观察者认为，这两件事发生在不同的时刻。

我们把上面的结论应用到餐车的例子里：服务员发誓说，坐在车厢两端的两位乘客在同一时刻点燃了他们的餐后香烟，而在列车驶过时，站在铁轨上看到车窗里的扳道工却坚持认为，这两位先生中的其中一位比另一位更早点燃了香烟。

因此，一个观察者认为是同时发生的两件事，在另一个观察者看来，有可能具有一定的时间间隔。

四维几何学认为，空间和时间只是一个不变的四维距离在坐标轴上的投影。在这样的视角之下，上述结论都是必然的。

2. 以太风和天狼星之旅

我们现在来问问自己：如果我们的愿望仅仅是学会四维几何学这套语言，那么，为此革命性地颠覆我们原本再熟悉不过的时空概念，这么做到底有没有必要？

如果回答是肯定的，那么我们就会向整个经典物理学体系提出挑战。两个半世纪以前，伟大的艾萨克·牛顿所提出的空间和时间的定义构成了这个体系的基石："就其本质而言，绝对的空间和任何外在的事物无关，它恒常不变，静止不移"；"从其本质来说，绝对的、真实的、数学上的时间均匀地流逝，与任何外在的事物无关"。写下这几行文字的时候，牛顿绝不会认为自己在陈述什么新的东西，也不会认为这里面有什么可争论的地方。他只是在用准确的语言陈述出空间和时间的观念，因为对于任何一个有常识的人来说，这些概念都是显而易见的。实际上，当时的人们对这些经典的时空观念深信不疑，就连哲学家也将它们视为先验的存在。从来没有科学家（更别提外行人士）思考过，这些概念有可能是错的，需要重新审视和表述。那么，我们现在为什么要重新思考这个问题呢？

我们之所以放弃经典的时空观念，还要把它们统一在一幅四维图景里，并不是因为爱因斯坦的理论从审美角度希望我们这么做，也不是因为他在数学上的天才不安分地推动着我们这么做。真正的答案在于，经典的独立时空观念已经无法解释科学家们在实验研究中不断发现的事实了。

经典物理学这座美轮美奂、表面上固若金汤的城堡遭受的第一次冲击，来自1887年美国物理学家A.A. 迈克尔逊（A. A. Michelson）所做的一个平淡无奇的实验。这个实验撼动了这座精巧城池里的每一块砖石，使它像约书亚吹响号角之前的耶利哥城墙一样，近乎摇摇欲坠。迈克尔逊的实验思路非常简单。当时人们认为，光会以一种波动的状态穿过所谓的"光介质以太"，而以太则是人们假想的物质，从整个星际空间，到所有物体的原子间隙，它都均匀地填充其间。

把石子丢进池塘，波纹就会向四面八方荡开；任何一种明亮的物体发出的光，也会泛起类似的波纹；振动音叉，发出的声音也有同样的效应。我们清楚地知道，水面的波浪是水分子的运动，声波意味着声音的传播需要空气或其他物质的振动，但是我们却找不出是什么介质在承载着光波的传播！实际上，光在穿透空间时显得如此轻松（相较于声音而言），这让空间看起来就好像是完全的虚空！

然而，明明空无一物，却又有东西在振动，这似乎不太符合逻辑。物理学家为此引入了一个新的概念，“光介质以太”。这样一来，在解释光的传播时，“振动”这个动词之前就有了一个实质性的主语。从纯粹的语法角度，任何动词前面都必须要有一个主语，因此“光介质以太”的存在必不可少。但是（这个“但是”再怎么强调都不为过），语法规则并没有规定，也不能规定这个为了满足语法要求而引入的主语应该具有怎样的物理属性！

如果我们说，“因为光是在以太中传播的波，所以我们把以太定义成光波传播的介质”，那么我们就是在陈述一个毫无破绽的真理，也是在记录一句毫无意义的同义反复。要找出这种传播光的以太是什么，它有怎样的物理属性，这是完全不同的问题。在这里，任何语法知识都帮不了我们（哪怕是希腊语也不行！），必须得由物理学给出答案。

我们会在下面的讨论中看到，19 世纪的物理学犯的最大错误，就是假设了以太和我们熟悉的普通物质具有相似的性质。科学家们会去讨论以太的流动性、刚度、各种弹力属性，甚至还有它的内摩擦力！比如说，以太在传播光波时，一方面好像是一种振动的固体[①]，另一方面又表现出完美的流动性，对天体的运动完全没有产生任何阻力，所以人们经常拿以太同封口蜡这样的材料相比。在作用力的快速撞击下，封口蜡和其他同类物质会变得坚硬且易碎，但如果放置足够长的时

---

① 人们证明，光波的振动方向与光传播的方向相互垂直。在一般的物质中，这种垂直振动只发生在固体中，而在液态和气态物质中，振动的粒子只能沿着光波运动的方向移动。

间，它在自身重量的作用下又会像蜂蜜一样流动。依照这个类比，过去的物理学家认为，对于光的传播这种高速的扰动，填满整个星际空间的以太表现得像是一种坚硬的固体，而对于行星和恒星的天体运动（其速度是光速的几千分之一），以太又像是流动性很好的液体，任由这些星体将自己推开，在其中任意穿行。

这种“形态同一即性质同一”的思路，试图把我们熟知的普通物质的属性，套用到一个迄今为止我们除了名字之外，对其一无所知的事物上去。可以说，从一开始，这个尝试就彻底的失败了。而且，尽管人们做了许多尝试，但是对这种神秘的光波介质，仍然无法给出合理的力学解释。

以我们现有的知识，不难看出这些尝试到底错在了哪里。实际上，我们知道，普通物质的所有力学属性都可以归因于构成物质的原子之间的相互作用。因此，水有良好的流动性、橡胶有弹性、金刚石很坚硬，这是因为水分子之间在滑动时没有太多的摩擦力，橡胶的分子很容易变形，构成金刚石晶体的碳原子牢牢地结合成为刚性的晶格。因此，其实是原子结构决定了各类物质常见的力学属性。既然科学家们把以太定义为一种绝对连续的物质，那么这些规律就无法应用在它身上了。

以太是一种特殊的实体。它和我们熟悉的，通常被称为“物质”的分子镶嵌结构毫无相似之处。既然我们可以把以太称为一种“实体”（仅仅是因为它可以在语法结构上充当“振动”的主语），那么，我们也可以把它称为“空间”。要知道，我们以前说过，以后还会再次说到，空间可能会具有某些形态或结构上的特征，因而它比欧几里得几何学里定义的空间概念要复杂得多。实际上，在现代物理学中，“以太”（抛开所谓的力学属性）和“物理空间”根本就是同义词。

我们花了太多篇幅谈论“以太”的知识论，或对它进行哲学分析，现在必须回到迈克尔逊实验的正题上来。我们之前说过，这个实验的思路其实非常简单。如果光是一种在以太中传播的波，那么我们在用地球上的仪器记录光速时，肯定会受到地球在宇宙中的转动的影响。站在绕太阳公转的地球表面，我们应该能够感受到“以太风”，这就像是一个人站在快速移动的轮船甲板上，尽管海面风平浪静，但他还是会感觉到有风吹拂在他的脸上。当然，我们之所以感受不到“以太风”，那是因为科学家们假定，这种物质可以不费吹灰之力地穿透构成我们身体的原子，但是，如果去测量和地球运动处于不同方向上的光速，我们就应该能够检测到它的存在。每个人都知道，顺风而行的声音比逆风而行的声音传播速度要快，那么，顺着以太风传播的光和逆风的光的速度似乎也理应遵从相同的道理。

由此推理，迈克尔逊教授着手打造一个可以记录光在不同方向上传播速度差异的仪器。当然，最简单的方法是用上面说过的斐索设计的装置（图 31C），在不同的方向上对光速进行测量。然而，由于现在的实验要求很高的精度，所以斐索的装置并不是一个明智的选择。实际上，因为预想中不同方向上的速度差值（相当于地球转动的速度）只有光速的百分之一，所以必须在每一次测量时保持极高的精度。

如果你有两根长度大致相当，但特别长的棍子，想要知道它们之间究竟相差多少，最简单的办法就是将两根棍子的一端并排放置，然后在另一端测量差值。这就是所谓的“零点法”。

图 36 就是迈克尔逊实验仪器的原理示意图。它就是利用零点法，比较了两个相互垂直方向上的光速。

这个仪器的中心装置是一块玻璃板（图中的 B），上面覆盖着一层薄薄的、半透明的银镀层，能够反射 50% 的入射光，让另外 50% 的光径直通过。如此一来，来自光源 A 的光束会被 B 等分成为相互垂直的两束，之后被和 B 等距的两面镜子 C 和 D 反射回来。来自 D 的光束部分会透过 B 的镀层，和来自 C 镜、被 B 反射的部分光束合二为一。所以从仪器中心分开的两束光在进入到观察者的眼睛时，会重新结为一束。根据著名的光学定律，两束光束会相互干涉，形成肉眼可见的明暗交错的光斑[①]。如果 BD 和 BC 的距离相等，两条光束能够同时回到中心装置 B，那么光斑就会出现在图像的正中。如果距离发生微小的变化，其中一条光束

---

① 参见第六章第二节。

相对另一条延迟到达，那么这些光斑就会向右或向左偏移。

如果仪器放置在地球表面，由于地球在宇宙中高速转动，我们必然可以做出假设：以太风吹过设备的风速和地球运动速度相等。假定这阵风是从 C 向 B 的方向吹的（如图 36 所示），那我们可以想一想，它会如何影响这两束光到达最终交汇点时的速度呢？

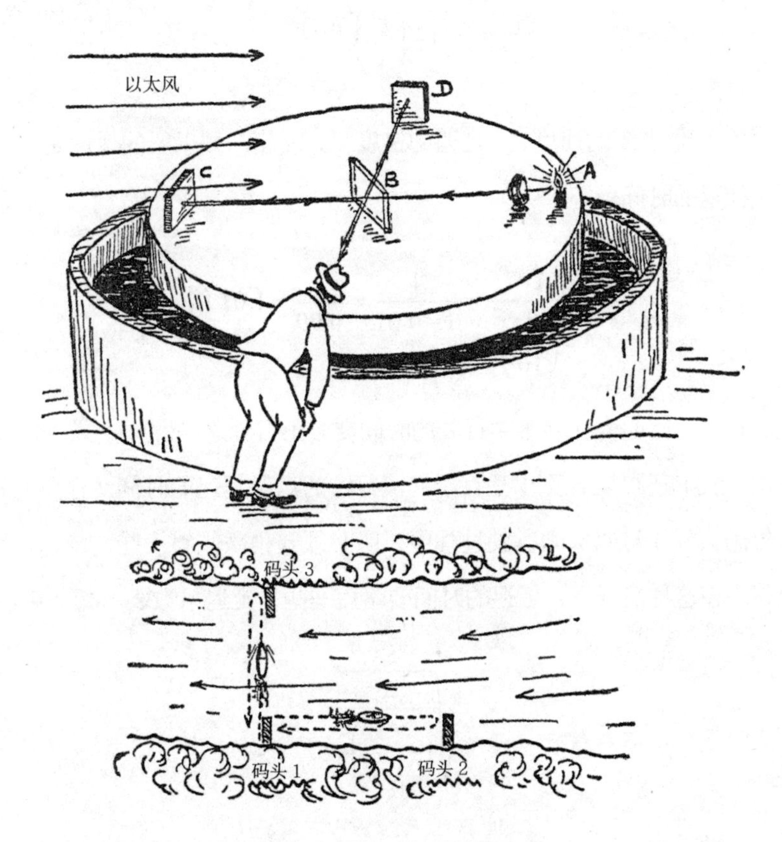

图 36　以太风对运动速度的影响。

请记住，有一束光先是逆风而行，然后顺风而回，另一束来回都和风向垂直。谁会先到达终点？

想象一条河，有一艘汽船从 1 号码头逆流行至 2 号码头，然后再顺流回到 1 号码头。水流在去程会阻碍船的行驶，在返程却有助于航行。你可能会认为，这两种影响会相互抵消，但事实并非如此。为了理解这一点，我们假设船的速度与水流的速度相等。在这种情况下，1 号码头的船永远无法到达 2 号码头。不难看出，在任何情况下，水流本身的速度都会增加来回的时间，需要用静水中的行驶时间乘以如下的系数（后面简称为延迟系数）：

$$\frac{1}{1-\left(\frac{V}{v}\right)^2}$$

这里的 V 是水流的速度，v 是船的速度[①]。因此，如果船的速度是水流的 10 倍，那么往返的时间就等于：

$$\frac{1}{1-\left(\frac{1}{10}\right)^2}=\frac{1}{1-0.01}=\frac{1}{0.99}=1.01\text{倍}$$

也就是说，比原先在静水中行驶的时间要多出百分之一。

同理，我们还可以计算出垂直于河流行驶的汽船延迟的时间。这里的延迟是指从 1 号码头到 3 号码头的行驶过程中，船必须要稍微倾斜一些，以补偿水流带来的漂移。在这种情况下，延迟的时间要略短一些，延迟系数表示如下：

$$\sqrt{\frac{1}{1-\left(\frac{V}{v}\right)^2}}$$

也就是说，船速 10 倍于水流速度的情况下，时间只增加了千分之五。证明

---

① 我们把两个码头之间的距离定义为 l，顺流而下的整体速度是 v+V，而逆流而上的速度是 v-V，由此可以计算出往返的总时间：

$$t=\frac{l}{v+V}+\frac{l}{v-V}=\frac{2vl}{(v+V)(v-V)}=\frac{2vl}{v^2-V^2}=\frac{2l}{v}\times\frac{1}{1-\frac{V^2}{v^2}}$$

这个公式也很简单，我们把它留给求知欲十足的读者自己完成。现在，我们把例子中的河流换成以太风，把河流中的汽艇换成在以太风中传播的光波，把码头换成图 36 中的镜子，这样我们就回到了迈克尔逊的实验方案中。光束从 B 到 C，再回到 B，时间的延迟系数如下：

$$\frac{1}{1-\left(\frac{V}{c}\right)^2}$$

其中，c 代表光在以太中的传播速度，而光从 B 到 D，再回到 B，延迟系数是：

$$\sqrt{\frac{1}{1-\left(\frac{V}{c}\right)^2}}$$

由于以太风的速度等于地球的转速，即 30 千米 / 秒，而光速是 3×10^5 千米 / 秒，那么这两束光理论上应该分别延迟 0.01% 和 0.005%。因此，使用迈克尔逊的仪器观测到相对于以太风顺行和逆行的光束的速度差值，应该是一件很简单的事情。

你可以想象，当实验中的迈克尔逊就连最微小的干涉条纹偏移都观察不到时，他该有多么得惊讶。

很显然，无论以太风和光的传播方向是平行还是垂直，它对光速都丝毫没有影响。

这个事实太令人震惊了，最初迈克尔逊根本无法接受。但是，经过悉心地反复实验，尽管难以置信，但他也不得不承认这个结果是准确无误的。

想要解释这个出人意料的结果，唯一可行的方式是做出一个大胆的假设：迈克尔逊用于安装仪器的石头底座在地球运动的方向上略微收缩了一点儿（即所谓的菲茨杰拉德[①]收缩）。事实上，如果 BC 间的距离缩小至：

---

① 这个效应得名于第一个提出这个概念的物理学家菲兹杰拉德。在他看来，它纯粹是由机械运动产生的。

$$\sqrt{1-\frac{v^2}{c^2}}\text{（即收缩系数）}$$

同时 BD 间的距离保持不变，那么两束光的延迟时长就会变得一致，干涉的条纹也不会发生偏移。

但是，“实验底座收缩”这种说法说起来容易，理解起来却没那么简单。诚然，我们确实会认为，物体在有阻力的介质中运动时，会发生一定的收缩。比如，一艘在湖面上行驶的汽船，在船尾螺旋桨的推动力和船头水的阻力的共同作用下，会受到轻微的挤压。但这种机械收缩的程度取决于船的材料强度。同等情况下，铁船受挤压的程度就要比木船小一些。但是在迈克尔逊的实验中，哪怕我们把未出现预想的结果归因于底座的收缩，收缩的程度也只取决于运动的速度，与底座材料的强度完全无关。如果安装镜子的底座材料不是石头，而是铸铁、木头或其他材料，收缩程度也是完全一致的。由此可见，我们在此讨论的是一种普遍的效应，它会使所有的运动物体都以完全相同的程度收缩。也许我们可以援引一下爱因斯坦的观点，他在 1904 年对这个现象做了如下的描述：**我们在此讨论的是空间本身的收缩，所有具有同样速度的物体都会以同样的方式收缩，仅仅是因为它们被嵌进了同一个收缩的空间中。**

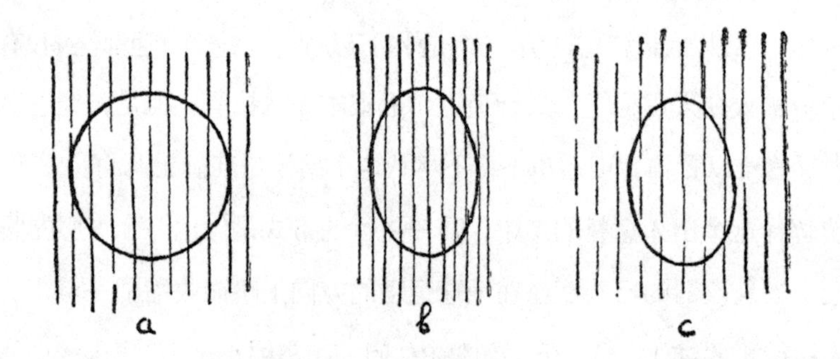

图 37　外力在变形物体中产生的力和应变。

在前两章，我们谈论了不少有关空间属性的内容，这让上面的菲茨杰拉德假设听上去很有道理。为了帮助理解，我们可以想象，空间和弹性十足的果冻具有相似的属性：我们可以清晰地看见空间内部不同物体的边界，当空间受到挤压、拉伸，或因扭曲而变形时，嵌入其中的所有物体形状也会自发地产生相应的变化。我们必须分清楚由空间变形导致的物体变形和由各种外力造成的个体变形（后一种情况下，外力会在变形的物体中产生内应力和应变[①]），图 37 中的二维示例或许有助于解释这个重要的区别[②]。

然而，尽管空间收缩效应对我们理解物理世界的基本原理至关重要，但我们在日常生活中却很少会留意到它。这是因为和光速相比，我们日常能够体验到的最高速度也小到可以忽略不计。举例来说，一辆时速 50 英里的汽车乘以收缩系数会减少到原先的 $\sqrt{1-(10^{-7})^2}=0.99999999999999$，相当于前后保险杠之间缩短了一个原子核直径的距离；一架时速超过 600 英里的喷气式飞机，只会减少一个原子直径的距离；而一个长 100 米、时速大于 25,000 英里疾驰的星际火箭，它的长度也只会减少百分之一毫米！

不过，我们可以想象，如果一个物体能以光速的 50%、90% 和 99% 的速度运动，那么它们的长度就会相应地减少到静止时的 86%、45% 和 14%。

一位不知名的作者写了一段打油诗，纪念所有高速运动的物体身上这种相对的收缩效应：

年轻小伙菲斯克，

剑法超群特利索。

动作迅捷无人比，

菲茨杰拉德收缩——

长剑缩成圆盘落。

---

① 简单地说，应力是指在外力作用下，物体内部产生的力，反映的是物体内部某一点的受力程度；而应变是指在外力作用下，物体的相对变形，反映的是物体单位长度的形变程度。——译注

② 图 37b 和 37c 分别对应上一句所说的空间变形和个体变形。——译注

这位菲斯克先生一定是在用闪电般的速度挥舞着长剑！

从四维几何学的角度，运动物体可被观测到的普遍缩短，都可以简单地解释为：四维距离不变的情况下，由时空坐标轴的旋转引起的空间投影变化。实际上，你肯定记得，我们在上一节的讨论中说过，如果想要描述以一个运动的系统为参照系做出的观测，那么坐标的空间轴和时间轴都需要旋转一定角度，而具体角度则取决于系统自身的运动速度。因此，如果在一个静止的系统中，四维距离在空间轴上的投影是百分之百（图 38a），那么它在新的空间轴上的投影（图 38b）必然会缩短。

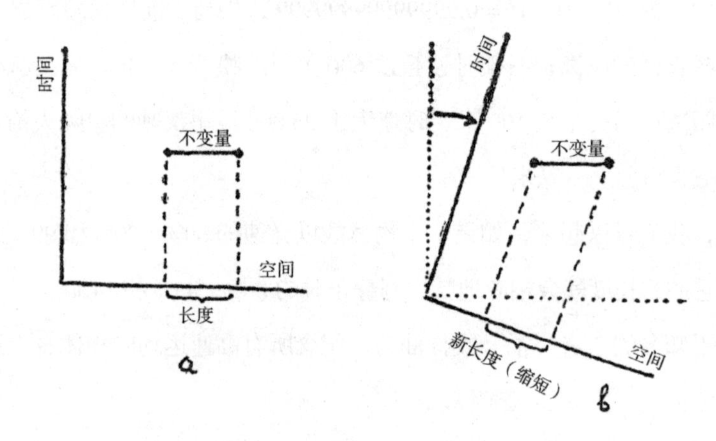

图 38　四维距离在新的空间轴上的变化。

一定要记住，收缩的程度完全是针对两个系统的相对运动状态而言的，这一点非常重要。如果一个物体相对于第二个系统处于静止状态，它的四维距离就是一条平行于新坐标系空间轴的线段，而它在旧坐标轴上的投影也会以同样的系数缩短。

因此，我们没有必要（这从物理学角度也没有意义）区分这两个系统哪一个在运动。唯一重要的是它们相对于彼此的运动关系。所以说，如果未来某个“星际交通公司”运营的两艘超高速载客火箭飞船在地球和土星之间的某个地方相遇，那么每艘飞船上的乘客都会通过侧窗发现另一艘的船体大大缩短，而不会注意到自己的船有没有缩短。争论哪艘船“实际上”缩短了毫无价值，因为每艘船的收缩程度，都是从另一艘船上乘客的角度观测到的，与自己这艘船上乘客的角度无关[①]。

引入四维的思考方式后，我们能够理解，为什么只有当物体的运动速度接近光速时，物体才会出现相对明显的收缩效应。实际上，时空坐标轴的旋转角度是由运动系统经过的距离和它经过这个距离所需的时间之比决定的。如果我们用英尺为单位来衡量距离，用秒来衡量时间，那么这个比值可以用英尺 / 秒来表示，和普通的速度计算没什么区别。然而，由于四维世界中的时间间隔是由普通的时间间隔乘以光速来表示的，所以决定旋转角度的，实际上是以英尺 / 秒为单位的运动速度除以相同单位的光速得出的结果。因此，只有当两个系统的相对运动速度接近光速，旋转的角度和它对距离测量的影响才会变得明显。

旋转时间轴和空间轴不但会影响长度的测量，还会以相同的方式影响到时间间隔的测量。**第四维坐标实质上是一条虚数轴[②]，空间距离缩小，时间间隔就会增大。**如果你在高速行驶的汽车上挂一个时钟，它会比地面上的时钟走得慢一些，与此同时，秒针不停发出滴答声的时间间隔也会被拉长。和长度缩短一样，运动中时钟减速是一种普遍效应，它只取决于物体运动的快慢。现代的手表、带钟摆的旧式“老爷钟”，或是带沙漏的计时器——只要它们以同样的速度运动，时间就会以同样的方式变慢。当然，这种效应并不局限于我们所说的“时钟”“手表”这种特定的机械设备，所有的物理、化学乃至生物进程都会以同样的速度变慢。因此，在高速行驶的火箭飞船上做早餐时，不会因为手表走得太慢而导致鸡蛋煮得太熟；鸡蛋内部的变化也会相应地变慢，这样，以手表计时，把鸡蛋放在沸水中煮五分钟，就可以得到一直以来同样口感的“五分钟鸡蛋”。我们在此之所以用火箭飞船而不是火车餐车为例，是因为和长度收缩的原理一样，只有在接近光速时，时间的膨胀才会变得明显。这种时间的膨胀系数和长度的收缩系数一样，同为：

---

① 当然，这只是一幅理论图景。如果两艘飞船真的以如此快的速度从彼此旁边经过，那么任何一艘飞船上的乘客都不会看到另一艘的身影——来复枪子弹运动的速度还不到这两艘飞船运行速度的零头，人类也看不到子弹的身影。

② 或者你也可以说，这是因为四维空间引入时间维度之后，毕达哥拉斯定理本身也受到了影响。

$$\sqrt{1-\frac{v^2}{c^2}}$$

但是我们这里做的不是乘法，而是除法。如果某个物体的运动速度快到让它长度减半的地步，那么时间间隔也会变成原先的两倍。

在运动的系统中，时间减慢还会对星际旅行产生一个有趣的影响。假设你决定探访天狼星的某颗卫星，它离太阳系有 9 光年之遥，那你肯定会选择一艘能以近乎光速飞行的火箭飞船。你自然而然地认为，往返天狼星至少需要 18 年的时间，所以打算带足大量的食物补给。然而，如果你的飞船真的能以接近光速的速度飞行，那么完全没有必要带这么多的食物。实际上，如果你以光速 99.99999999% 的速度移动，你的手表、心脏、肺部、消化系统和心理活动都会放缓到现在的七万分之一，而从地球到天狼星再回到地球所需的 18 年（以地球上的人的视角），对你来说仿佛只有几个小时。实际上，吃完早饭后，你从地球出发，而当飞船降落在天狼星的行星上时，你可能刚刚打算吃午饭。如果你很赶时间，一吃完午饭就启程回家，那么你很有可能会在晚饭时间赶回到地球。但是，如果你忘记了相对论法则，回家之后很可能会大吃一惊——你的亲朋好友还以为你早已迷失在了星际空间之中，在这期间，他们已经吃了足足 6570 顿饭！这是因为，你以接近于光速的速度行驶，18 个地球年对你来说只是 1 天的时间。

如果移动速度比光速还快，那会怎样？我们可以从另一首相对论打油诗中寻找到部分答案：

年轻姑娘叫光芒，

光速被她远远抛。

某晚姑娘离家走，

爱因斯坦相对论——

回到家中前一宿。

可以肯定的是，如果接近光速会让运动系统中的时间变慢，那么超光速就会让时间倒流！此外，由于毕达哥拉斯根式下代数式的正负号发生变化，时间坐标会变成实数，从而成为空间中的距离。同样的方式，超光速系统中的所有长度都会越过零点变成虚数，从而变成时间间隔。

如果这一切可能的话，图 33 中爱因斯坦把尺子变成时钟的画面也可能成为现实——前提是在魔术过程中，爱因斯坦可以超光速旅行。

尽管这个物理世界确实挺疯狂的，但它还没有疯狂到这种地步。显然，这种黑魔法表演是无法做到的。原因可以简单概括成一句话：任何物体的运动速度都不可能达到或超过光速。

这个自然界基本定律的背后有其物理学基础：无数直接的实验业已证明，运动的物体有一种所谓的“惯性质量”，即物体为获得进一步的加速度所遇到的机械阻力，而它在运动速度接近光速时会增长至近乎无穷大。因此，如果一枚左轮手枪子弹的速度达到光速的 99.9999999999%，那它进一步加速的阻力相当于一枚 12 英寸的炮弹；如果它的速度达到了光速的 99.99999999999999999%，这枚小子弹的惯性质量就会相当于一辆满载的货运汽车。无论对这枚子弹施加多大的力，我们都永远无法征服最后一个小数点，让它的速度完全等于光速——这个宇宙中所有运动的速度上限。

3. 弯曲的空间，万有引力之谜

我要向各位可怜的读者深表歉意，之前的几十页，你们一定在四维坐标系的世界里跌跌撞撞，摸不到方向了吧。现在，我想邀请大家进入弯曲的空间散个步。每个人都知道曲线和曲面是什么，但是“弯曲的空间”这个说法又意味着什么？我们之所以难以想象四维空间，不是因为这个概念非同寻常，而是因为我们可以从外部观察曲线和曲面，却只能在内部观察三维世界的弯曲——因为我们自己就身在其中。为了理解人类这种三维生物如何构想自己身居其中的空间的弯曲，我们不妨先来思考一下生活在二维世界里“影子人”所面临的情况。在图

39a 和 39b 中，我们看到，生活在平面和曲面（球面）这两种“面世界”的影子科学家们，正在研究他们所在的二维空间的几何学。可供研究的最简单的几何图形当然是三角形，它是由三条直线连接三个几何点所构成的图形。大家在高中几何学课本上都学过，画在平面上的任何三角形的内角和总是等于 180 度。然而，显而易见的是，上述定理并不适用于画在球面上的三角形。实际上，从极点出发，两条地理上的经线和一条纬线所构成的球面三角形，其底边有两个直角，而顶角可以是从 0 度到 360 度的任意角度。图 39b 里，两个影子科学家正在研究的这个案例中，三个角之和等于 210 度。因此，我们会发现，通过测量二维世界的几何图形，影子科学家无需从外部进行观察，就可以测得它的曲率。

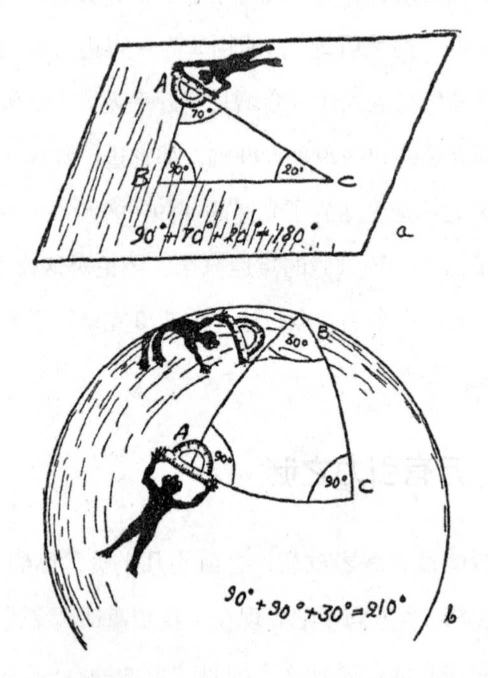

图 39 来自平面和曲面这两种“面世界”的二维科学家正在用三角形的内角和检验欧几里得定理。

我们将上面的观察结果应用到多一个维度的世界，就会自然得出结论：生活在三维空间里的人类科学家根本无需跃入第四个维度——只需连接其空间中的三个点，测量由此得出的线段间的夹角，就可以确定空间的曲率。如果三角之和等于 180 度，那么这个空间就是平坦的；否则，它一定是弯曲的。

但在进一步论证之前，我们必须仔细讨论一下直线的含义。观察图 39a 和 39b 上的两个三角形，读者可能会说，平面上的三角形（图 39a）的边才是真正的直线，而球面上的三角形（图 39b）的边实际上是弯曲的，是与球面相合的大圆[①]上的一段弧线。

这种基于几何学常识的说法，会让影子科学家为发展二维空间几何学所做的所有努力化为泡影。我们需要对直线的概念下一个普遍性的数学定义，让它不仅能够适用于欧几里得几何学，也可以扩展到更复杂的面和空间中的线。可以将这个定义概括为：**“直线”是两点之间距离最短的线，同时要和它所在的面或空间相合**。平面几何学中，上述定义刚好就是我们通常理解的直线，而在更复杂的曲面上，会出现符合定义的一组直线，它们在曲面上扮演的角色和欧氏几何里的普通“直线”是一样的。为了避免误解，人们通常会把曲面上距离最短的直线称为“测地线”或“大地测量线”，因为这个概念最早是从大地测量学（即测量地球表面的科学）而来的。实际上，在我们谈论纽约和旧金山间的直线距离时，我们是指沿着地球弯曲的表面“像鸟笔直飞过”的那种直线，而不是说有一台假想的巨型矿工钻头，从地球内部一路笔直地钻过去。

上述定义中，我们把“广义的直线”或“测地线”作为两点之间最短距离，这意味着，只需简单的物理方法就能构造出这样一条线来，那就是在两点之间拉一条细绳。如果你在平面上这么做，你会得到一条普通的直线；在球体上这么做，将这条线沿大圆的弧线方向拉直，就会得到球面上的测地线。

通过类似的方法，也可以查明我们所在的三维空间到底是平坦的还是弯曲的。我们需要做的，就是在空间中的三点之间拉三条线，然后检查它们组成的三角形的内角和是否等于 180 度。然而，在设计这样的实验时，我们必须记住两个要点。其一，实

① 大圆是指经过球心的平面在球面上切割出的圆形。赤道和经线都是这样的大圆。

验必须具有一定的规模，因为曲面或弯曲的空间中的一块小的区域对我们而言很可能是平的，很显然，我们不能在自家后院测量地球表面的弯曲程度。其二，曲面或弯曲空间可能在某些区域内是平的，而在其他区域是弯曲的，因此需要进行全面的测量。

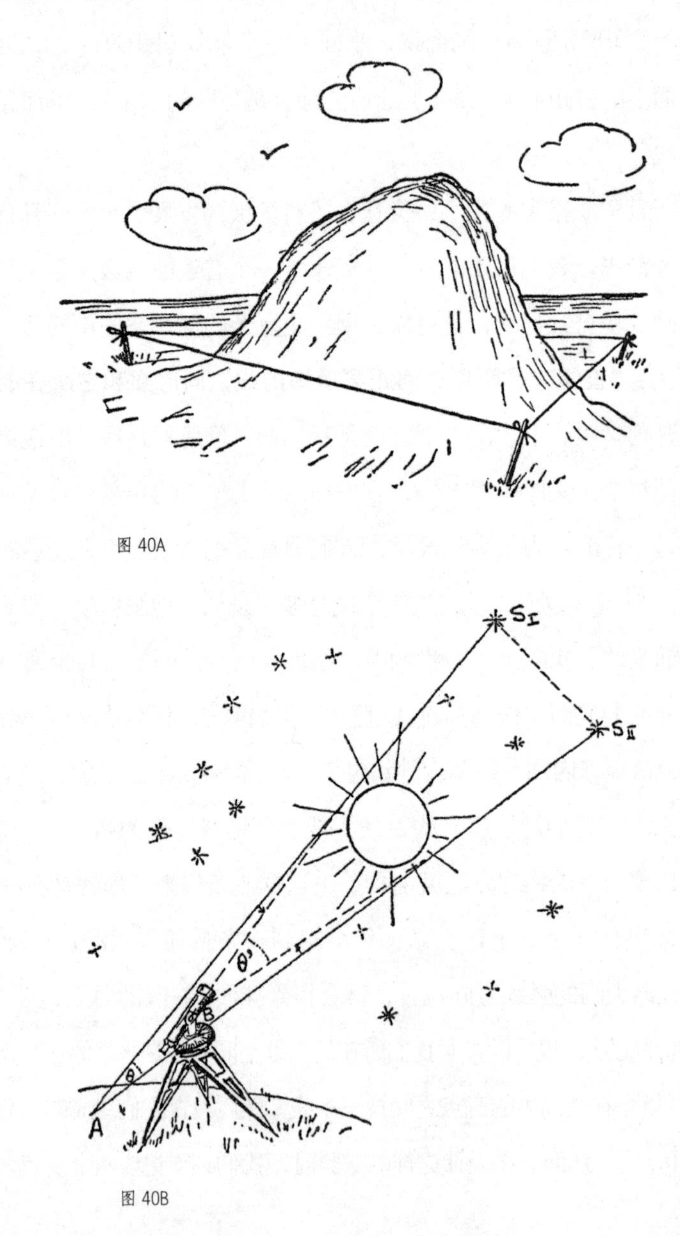

图 40A

图 40B

爱因斯坦在他开创的弯曲空间广义理论中，提出了一个伟大的想法，它假定

物理空间会在大质量的物体附近变弯曲，而且质量越大，曲率就越大。如果想用实验来验证这样的假设，我们或许可以围绕一座风景优美的大山，在山脚打三根木桩（图 40A），然后测量拴在木桩上的三根绳子在木桩处形成的夹角度数。选一座你能找到的最大的山（甚至可以是喜马拉雅山脉中的某座）做这个实验，你会发现，考虑到测量中可能出现的误差，三根绳子的夹角之和恰好是 180 度，根本不会有变化。但是，这个结果并不意味着爱因斯坦犯了错，也不能说明大质量的物体不会让它周围的空间发生弯曲。或许，就连喜马拉雅山脉这样的庞然大物对周围的空间造成的弯曲，通过迄今为止最精密的测量仪器也无法观测到。你还记得伽利略在尝试用手提灯测量光速时遭遇的惨败吗？（图 31）

所以，你千万不要气馁，我们一定要用更大质量的物体去做实验，比如说太阳。

看吧，这次成功了！如果你把一根绳子从地球上的某一点拉长到某颗恒星的位置，再从那里把绳子拉到另一颗恒星所在的地方，最后拉回到地球上的起点，同时要让太阳处在三根绳子构成的三角形的包围中，那么你会发现，这个三角形的内角和明显不等于 180 度。如果你找不到足够长的绳子做这样的实验，就用一束光来替代，这样做的效果是一样的，因为光学告诉我们，光总是沿最短的路线传播。

这个测量光束夹角的实验如图 40B 所示。在我们观测的时候，来自两颗恒星和的光束分别位于太阳的两侧，我们可以用经纬仪测量出二者汇合于此的夹角。当太阳离开这个区域之后，我们再来重复这一实验，并将前后两次测量到的夹角进行对比。如果这两次的夹角不同，我们就可以证明，太阳的质量会改变周围空间的曲率，致使光线偏离原来的轨迹。这个实验最初是爱因斯坦为了检验他的理论而提出来的，我们在图 41 中画了它的二维示意图，希望读者可以借此更好地理解上面的描述。

正常情况下，爱因斯坦提出的这项实验有一个操作上的阻碍：“由于太阳过于耀眼，我们看不到它附近的恒星；不过在日全食期间，哪怕在白天，这些恒星也清晰可见。”利用这个背景知识，1919 年，英国的一个天文考察队前往西非的普林西比岛进行了实验，因为在那一年，这里是观测日全食的最佳地点。科学家们最后发现，在有太阳和没有太阳的情况下，两颗恒星之间的夹角相差了

1.61″ ±0.30″，而爱因斯坦理论得出的预测值是 1.75″。后续的各种考察也得出了类似的结果。

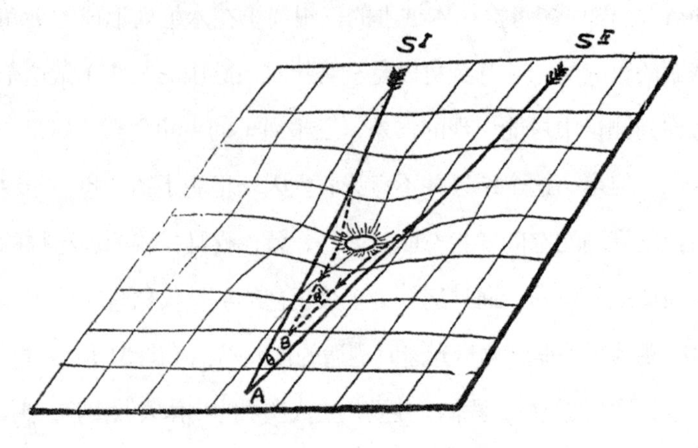

图 41　爱因斯坦检验理论的二维示意图。

当然，1.5″的夹角算不了什么，但这足以证明太阳的质量确实会迫使周围的空间发生弯曲。

如果我们可以用其他质量更大的恒星替代太阳，那么三角形的内角和就会和 180 度出现以“分”乃至“度”为数量级的差异。

对于我们这些内部观测者而言，必须要花费足够长的时间，还有非凡的想象力，才能习惯“弯曲的三维空间”这个概念。不过，一旦你把它想清楚了，它就会像你所熟悉的任何经典几何学概念一样，既清晰又明确。

想要更透彻地理解爱因斯坦的弯曲空间理论，以及它与万有引力这个基本问题之间的关联，我们只需要向前再走一步。在此之前我们必须牢记，我们所讨论的三维空间只是四维时空世界的一部分，而后者才是一切物理现象发生的大背景。因此，空间曲率本身反映了更普遍的四维时空世界的曲率；由于四维世界线代表了光线和物体在世界中的运动，它在超空间中必然也是弯曲的。

顺着这条思路研究下去，爱因斯坦得出了一个惊人的结论：**引力现象只是四维时空世界的弯曲引发的效应！**实际上，我们或许可以抛弃此前不准确的说法，认为引力是太阳直接作用于行星上，并让行星绕着它的圆形轨道运行的作用力。更准确的说法是：太阳的质量使它周围的时空世界发生了弯曲，而行星的世界线之所以看上去像图 30 中的样子，仅仅是因为这些世界线就是弯曲空间中的测地线。

因此，“引力是一种独立的作用力”这一概念已经从我们的推理中完全消失了，取而代之的是纯粹的空间几何概念，它是指所有物体都会沿着“最直的线”或测地线运动，而大质量物体会造成空间自身的弯曲，所以物体的运行轨道也是弯曲的。

4. 封闭空间，开放空间

在结束本章之前，我们还要简要地讨论一下爱因斯坦时空几何学里的另一个重要问题：无限宇宙和有限宇宙的两难困境。

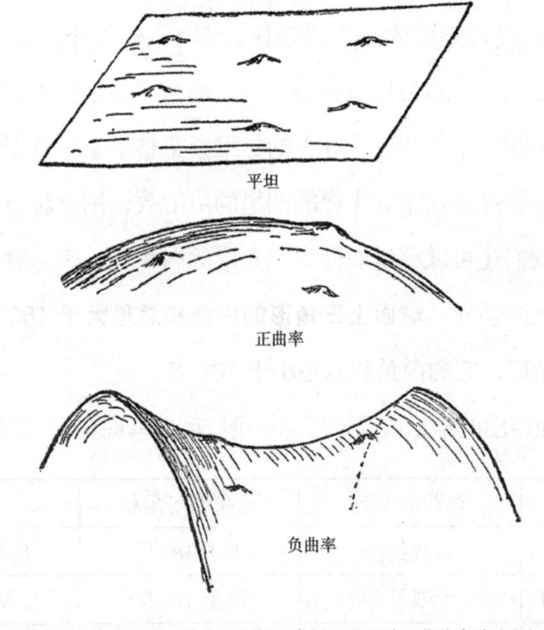

图 42 “痘痘”的二维平面空间示意图以及两种可能的弯曲空间。

到目前为止，我们一直在讨论大质量物体附近空间的局部弯曲，它们就像是分散在宇宙这张巨大的面孔上的“空间痘痘”。但是，除了这些局部弯曲之外，宇宙这张面孔本身是平坦的还是弯曲的？如果是弯曲的话，又是如何弯曲的？图42中，我们画了一张长“痘痘”的二维平面空间示意图，还有两种可能的弯曲空间。所谓的“正曲率”空间对应于球体的表面，或是其他任何封闭的几何图形，无论你朝哪个方向走，这种空间都会以“同样的方式”弯折。另一种“负曲率”空间会在一个方向上往上弯曲，却在另一个方向上往下弯曲，这和西式的马鞍表面十分相似。如果你分别从足球和马鞍上剪下来一块皮面，试着在桌面上把它们弄平整，就可以非常清楚地看出这两种弯曲之间的区别。你会发现，如果不对它们进行拉伸，或对压皱进行处理，哪一张皮面都无法弄平整，然而区别在于，足球的边缘需要拉伸，而马鞍则需要压皱才行。原因在于，足球中心以外一圈的材料太少，无法将它们弄平整；而马鞍的材料太多，我们想要将它弄平整，就必须折叠它。

我们还可以换一种方法说明同样的观点。假设我们可以数一数某个点周围1英寸、2英寸、3英寸（沿着曲面计算）以内的痘痘数量。在平坦的、没有弯曲的面上，痘痘的数量和距离的平方成正比，即1、4、9个，以此类推。在球面上，痘痘的数量会比这个趋势增长得慢一些，而在“马鞍”表面上则要比这一趋势增长得更快。因此，生活在这个面上的二维影子科学家尽管无法从外部观察它的形状，仍然可以计算落在不同半径的圆里的痘痘数，用这种方法来检测面的弯曲情况。另外，我们还可以测量曲面上三角形的内角和，来考察“正曲率”空间和“负曲率”空间的差异。**球面上三角形的内角和总是大于180度，相反，如果在马鞍面上画三角形，它的内角和总是小于180度。**

上述针对曲面得出的结论可以推广至三维空间。弯曲空间的属性请参考下表：

空间类型	远距离形态	三角形内角和	体积增长
正曲率（类似球面）	自我封闭	大于180度	比半径的立方慢
平坦（类似平面）	无限延伸	等于180度	相等于半径的立方
负曲率（类似马鞍）	无限延伸	小于180度	比半径的立方快

这个表格可以帮助我们解决一个实际的问题，那就是我们所处的空间究竟是有限的还是无限的——这个问题我们将会在第十章讨论宇宙大小的时候再做讨论。

PART3
微观世界

第六章 下降的楼梯

1. 古希腊人的观点

在分析物体的属性时，一个不错的办法是从我们熟悉的“正常尺寸”物体开始，逐步深入到它们的内部结构，寻找隐藏在人视线之外的所有物体属性的最终源头。那么，我们就先从一碗端上餐桌的蛤蜊浓汤开启本章的讨论。之所以选择蛤蜊浓汤，并不是因为它美味且营养丰富，而是因为它很好地说明了什么是“异质材料”。哪怕没有显微镜的帮助，你也可以看清楚，它是由大量不同原料构成的混合物：小片的蛤蜊肉、洋葱、西红柿、芹菜、土豆丁、胡椒粒和小滴的油脂，全部材料都混合在咸味的汤汁中。

大多数物质，尤其是我们在日常生活中遇到的有机物，通常都是异质的，不过在很多情况下，我们需要用显微镜才能认识到这一点。比方说牛奶，哪怕是用低倍显微镜，我们也能看到，它是由均匀的白色液体和悬浮其中的小滴黄油构成的稀乳液。

普通的花园土壤是由石灰石、白陶土、石英、氧化铁、盐分和其他矿物质，以及来自腐烂动植物的有机物混合而成的。如果我们打磨普通花岗岩的表面，就会发现，这种石头是由三种不同物质（石英、长石和云母）的微小晶体组成的，它们紧密地黏合在一起，形成一个坚实的整体。

在研究物质的内部结构时，分析出“异质的材料”只是第一步，或者说是我们位于下降的楼梯的最顶端。在这种情况下，我们可以直接往下走，探索这种材料中每种“均质”的原料。在显微镜下，真正均质的物质——比如一根铜丝、一杯水或是充满整个房间的空气（当然，不包括悬浮的粉尘）——里面找不出不同成分的踪迹，呈现出均匀如一的连续性。的确，以铜线为例，它和几乎所有的固体一样（玻璃这种非结晶材料除外），我们在高倍望远镜下总能看到其内部的微晶结构。但是，在均质材料里，每个晶体的性质都是相同的，无论是铜线中的铜晶体，还是铝锅中的铝晶体，它们就像我们手里紧紧攥着的一把食盐，在里面只能找到氯化钠的晶体。通过缓慢结晶这种特殊的技术，我们可以将盐、铜、铝或是其他任何均质的物质晶体聚合成我们需要的尺寸大小，不过每一片这类“单晶”物质仍会像水或玻璃一样均质如一。

我们通过肉眼和现有最好的显微镜都观测到了这些现象。那么，是否能因此得出结论，无论使用多么高倍的放大镜，我们所谓的均质物质看起来都始终如一？换句话说，我们能否这样认为，无论铜、盐、水的数量有多么得少，它们总是保持这类物质的特性不变，并且总是可以进一步细分为更小的碎片呢？

最早提出这个问题并试图予以解答的人，是在两千三百多年前生活在雅典的希腊哲学家德谟克利特。他给出的回答是否定的。德谟克利特倾向于认为，无论一个物质看上去多么均匀，也一定是由大量（这个量有多大他并不知道）独立的、极小的粒子（粒子有多小他也不知道）组成的，他将这些粒子称为“原子”或“不可分割的微粒”。不同的物质中，原子或者说不可分割的微粒的数量是不同的，但它们在性质上的差异只是表面上的，实际并非如此。**火原子和水原子其实是一种东西，只是外表有所不同。实际上，所有物质都是由相同的、永恒不变的原子组成的。**

德谟克利特的同时代人恩培多克勒的观点与此不同，他认为存在着几种不同的原子，它们以不同的比例混合在一起，就会形成世间所有的物质。

根据当时粗浅的化学知识，恩培多克勒提出了四种不同类型的原子，分别对应四种不同的基本物质（他称之为“四根”）：土（石）、水、气和火。

举例而言，根据恩培多克勒的观点，土壤就是土和水这两种物质的原子紧密结合形成的混合物：结合得越好，土壤就越好。从土壤中生长出来的植物，是土和水的原子，与太阳光里的火原子结合的产物，共同形成了复合的木分子。而干燥的木头在燃烧时，失去了水原子，因此这一过程被看作是木分子分解成了火原子（它从火焰中逃离出来），还有化为灰烬的土原子。

在科学发展的早期，这种关于植物生长和木头燃烧的解释听起来相当合乎情理，不过如今我们知道，它们实际上都是错的。植物在生长过程中所需的大部分物质不是来自土壤，而是来自空气——古人不知道这点，如果没有人告诉过你，你可能也不知道。土壤本身除了给植物的生长提供支撑，并且储存植物所需的水分之外，只为植物生长贡献了少量必需的盐分。实际上，一颗顶针大小的土壤里，就能长出一株非常大的玉米。

实际的情况是，空气是由氮气和氧气组成的混合物（并不是古人认为的那种简单元素），同时还包含一定量的二氧化碳（它的分子由氧原子和碳原子结合而成）。在阳光的作用下，植物的绿叶吸收了大气中的二氧化碳，使其与根部供给的水分发生反应，形成了各种有机物——植物机体的重要组成部分。这个过程中，植物会将部分氧气释放回大气中，难怪人们会说："房间里的绿植能让空气保持清新。"

而在木材燃烧时，木头材料里的分子与空气中的氧气再度结合，转变成二氧化碳和水蒸气，从熊熊的火焰中回归到大气。

至于古人认为能够进入植物结构内部的"火原子"，它根本就不存在。阳光只提供了分解二氧化碳分子、使这种大气"养料"被生长中的植物消化的能量。既然火原子不存在，显然火也不能被解释为火原子的"逃离"。火焰只是大量的受热气体在燃烧过程中因释放出的能量变得可见而已。

我们现在再举一个例子，说明古代人和现代人对化学变化的认识分歧。大家都知道，不同的金属是将相应的矿石放在高炉中通过高温冶炼获得的。乍看上去，大多数矿石似乎与普通岩石没有什么区别，因此，古代科学家认为矿石和其他岩石是一样的石料，这一点儿都不稀奇。然而，当他们把一块铁矿石放入火中，就会发现铁矿石里有一种和普通岩石截然不同的东西——一种极其耀眼的物质，可以用它来制作上好的刀和矛头。解释这种现象的最简单的说法是，这种金属是由土（石）和火结合形成的，换句话说，金属的分子中结合了土（石）原子和火原子。

如此一来，古代人就解释了金属的普遍属性。他们认为，之所以会出现铁、铜、金这些不同的金属，是因为在金属的形成过程中，土（石）原子和火原子的比例不同，所以就具有了不同的性质。这简直一目了然，闪闪发光的金子里面的火难道不比暗淡无光的铁要多许多吗?

既然情况是这样，那么为什么不在铁里（或是铜里）加入更多的火，从而让它们变成珍贵的金子呢？就是因为这样的推理，中世纪那些讲求实际的炼金术士在烟熏火燎的火炉边耗去了一生的光阴，就是为了尝试利用更廉价的金属制造“人造黄金”。

站在他们的角度，自己的工作就像现代化学家在研发一种制造合成橡胶的工艺一样合理。炼金术士在理论上和实践上的谬误在于，他们认为黄金和其他的金属都是复合物，而不是基本的物质。但是，如果不去尝试，又怎么知道哪种物质是基本物质，哪种是复合物呢？如果不是这些早期化学家在把铁或铜变成金或银的尝试上徒劳无功，我们可能永远也不会知道，**金属是基本的化学物质，而含有金属的矿石是由金属原子和氧原子结合而成的复合物（即现代化学家所说的金属氧化物）。**

铁矿石在高炉的高温中变成金属铁，其原因并非像古代炼金术士所认为的那样是原子——土（石）原子和火原子——的结合。恰恰相反，它是原子分离的结果——氧原子从原先氧化铁的复合分子中脱离了。在受潮的铁器物体表面出现的铁锈，并不是铁在分解过程中火原子逃逸留下的土（石）原子，而是由铁原子与空气或水中的氧原子结合，形成的氧化铁复合分子[①]。

① 炼金术士会用这样的公式表示铁矿石的加工过程：

$\overbrace{\text{石原子}+\text{火原子}}^{\text{铁矿石}} \rightarrow \text{铁分子}$；

而用如下的公式表示铁生锈的过程：

$\text{铁分子} \rightarrow \overbrace{\text{石原子}+\text{火原子}}^{\text{铁锈}}$。

同样的化学过程，如今我们会表示为：

$\overbrace{\text{氧化铁分子}}^{\text{铁矿石}} \rightarrow \text{铁分子}+\text{氧原子}$；

$\text{铁原子}+\text{氧原子} \rightarrow \overbrace{\text{氧化铁分子}}^{\text{铁锈}}$。

从上述讨论中可以看出，古代科学家对物质内部结构和化学变化性质的认识基本上是正确的；他们的错误在于，对基本元素的构成要素缺乏正确的认知。实际上，恩培多克勒所列举的四种物质中，没有一种是基本元素：空气是由不同气体组成的混合物，水分子是由氢原子和氧原子结合而成的，岩石（土）的成分非常复杂，涉及许多不同的元素，而火原子根本就不存在[①]。

其实，自然界中并非只有 4 种化学元素，而是有 92 种[②]不同种类的原子。在这 92 种化学元素中，有些元素如氧、碳、铁和硅（大多数岩石的主要成分）在地球上的储量相当丰富，人们对此也非常熟悉；而有些元素则非常罕见，你可能从未听说过镨、镝、镧等元素。除了自然元素外，现代科学还成功地合成出了几种全新的化学元素，我们将在本书稍后的章节中讨论一种元素——钚，这种元素注定会在原子能的释放过程中发挥重要作用，它既可以被用于战争，也可以作和平之用。92 种基本元素的原子以不同的比例结合在一起，构成了无数种复杂的化学物质，比如水和黄油、石油和土壤、石头和骨头、茶和 TNT 炸药[③]，还有像是氯化三苯基吡喃嗡（triphenylpiriliumchloride）和甲基异丙基环己烷（methylisopropylcyclohexane）这样的东西——优秀的化学家必须把这些单词烂熟于心，但是大多数人甚至无法一口气把它们读出来。为了记录无穷无尽的原子组合，人们正在编写卷帙浩繁的化学手册，总结它们的属性、制备方法等。

2. 原子有多大？

在谈论原子时，德谟克利特和恩培多克勒的论点其实都基于一个模糊的哲学观念：**物质不可能被无限地分割下去，它们必定会到达某个不可分割的最小单元。**

---

① 我们会在本章后面看到，火原子的观念一定程度上在光量子理论中重获生机。

② 截至 2017 年，科学家们总共发现了 118 种化学元素。——译注

③ 原文为：water and butter, oil and soil, stones and bones, tea and TNT，每对单词具有相同的词尾读音，是一个文字游戏。——译注

现代化学家在谈论原子时，所要表达的意思则清晰得多，因为想要理解化学的基本法则，就必须要拥有关于基本原子和它们在复杂分子中组合的精确知识。根据这些法则，不同的化学元素只会以确定的质量比例结合在一起，而这一比例清楚地反映出不同原子在物质中的相对质量。举个例子，氧原子、铝原子和铁原子的质量分别是氢原子的 16 倍、27 倍和 56 倍。不过，尽管不同元素的相对原子质量（即原子量）是化学中最重要的基本信息，但是原子的实际质量（以克为单位）却无足轻重，它丝毫不会影响任何化学现象，也不影响我们应用这些法则和化学方法。

不过，如果换作是一个物理学家来思考原子，他首先肯定会问这样一些问题："原子的实际尺寸是多少厘米？原子的质量是多少克？一定量的物质中有多少个原子或分子？有没有什么方法可以对原子和分子逐个地进行观察、计数和处理？"

想要估算原子和分子的尺寸，方法数不胜数，其中最简单的一种根本用不到现代的实验室设备。假如德谟克利特和恩培多克勒当时碰巧想出了这个方法，他们也可以试一试。如果说物体（比如说一根铜丝）的最小单元是原子，那么肯定不能用它制造出一片比原子直径还薄的铜片。因此，我们可以试着把铜丝伸长，直到它最终成为一串单个原子组成的铜原子链，或者把它锤打成一片只有原子直径那么厚的薄片。不过，对于铜丝或任何一种固体材料来说，这个任务几乎是不可能实现的，因为在达到所需的最小厚度之前，材料就会不可避免地发生断裂。但是液体材料（如水面上一层薄薄的油）则可以很容易铺成一层油膜，或者说，是由分子组成的一张单层薄膜。在水平方向上，"单个"的分子相互排列在一起，而在垂直方向上，没有任何一个分子堆叠在其他分子上。只要读者有足够的耐心和细心，就可以自己做这个实验，用这个简单的方法测量油分子的大小。

拿一个浅浅的长形容器（图 43），把它放在桌面或地板上，保持绝对的水平。注满水至容器边缘，并在上面横着放一根铁丝，让它接触水面。现在，你在铁丝的一侧滴上一小滴不含杂质的油，油就会在这一侧的水面上扩散开来。如果你把铁丝沿着容器的边缘向没有油层的方向移动，油也会随之扩散，并且越来越薄，直至它的厚度等同于一个油分子的直径。达到这个厚度之后，再移动铁丝，连续的油层就会破裂，产生小孔，露出下面的水面。既然已知滴进水里的油有多少，还有油在破裂之前最大的扩散面积，我们就可以轻而易举地计算出单个油分子的直径。

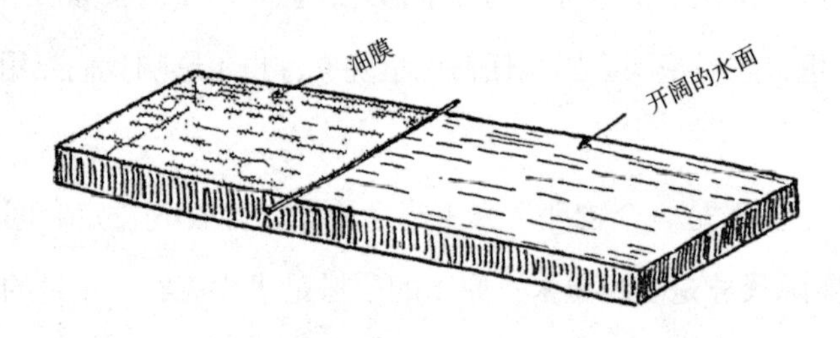

图 43　拉伸过度时，水面上的薄油层就会破裂。

做这个实验时，你可能会观察到另一个有趣的现象。在把油滴在开阔的水面上时，你首先会发现，油层表面出现了我们熟悉的彩虹色，就像轮船频繁进出的港口水面上经常出现的那样。着色的原因我们并不陌生，它源于光的干涉现象，是油层上下边界反射出来的光叠加之后产生的，而不同的地方之所以会有颜色差异，是因为油层从滴油的那一点开始扩散，因而在水面不同的区域厚度不同。如果稍加等待，油层就会变得均匀，整个油层表面也会呈现出一致的颜色。随着油层越变越薄，反射光的波长也会越来越小，油层的颜色会逐渐由红变黄，由黄变绿，由绿变蓝，再由蓝变紫。如果我们继续扩大油层表面，颜色最终会完全消失。这并不是说油层不存在了，而是说它的厚度已经小于最短的可见光波段，这时反射的光超出了我们的视觉范围。但你仍然能够分辨出薄薄的油层和透明的水面，因为油层上下边界发射的两束光会发生干涉，导致总的亮度降低。因此，在颜色消失后，油层会比水面显得更“暗”一些。

在实际做这个实验的过程中，你会发现 1 立方毫米的油可以覆盖大概 1 平方米的水面，而进一步拉伸油层，就会露出清水的区域①。

3. 分子束

还有一种有趣的方法可以展现物质的分子结构：我们可以观察通过小孔进入周围真空中的气体和蒸气。

假设我们有一个真空的大玻璃球（图 44），里面装有一个小电炉。电炉是用黏土制成的，呈圆筒状。筒壁上有一个小孔，周围还缠有一圈用来提供热量的电阻丝。现在我们在电炉里放一块熔点较低的金属，比如钠、钾等，金属蒸气就会充满圆筒内部，接着通过筒壁上的小孔渗到周围的真空中。接触到玻璃球冰冷的内壁后，蒸气会附着在上面，在玻璃球各处形成的薄薄的镜面沉积物，通过这种方法可以清楚地看到蒸气从电炉离开之后的运动轨迹。

此外，我们还会看到，炉温的高低也会影响玻璃球壁上金属膜的分布。炉温很高时，炉内金属蒸气的密度也相对较高——如果有人见过茶壶或蒸汽机喷出的蒸汽，应该对这种现象不陌生。从小孔往外喷出的蒸气会往各个方向扩散（图 44a），充满整个球体，并在整个球壁上形成一层或薄或厚的均匀沉积物。

然而，炉温较低时，金属蒸气的密度也较低，这时就会出现完全不同的现象。从小孔往外溢出的物质并没有向四面八方扩散，而是沿一条直线移动，大部分都沉积在小孔正对着的玻璃球壁上。如果此时在小孔前面放上一个小物件，就会更加清楚地看到这一现象（图 44b）。物件后面的球壁不会形成沉积物，这个透明的区域会呈现出和遮挡物体形状一致的几何轮廓。

① 那么，这层油膜在破裂之前，到底有多薄呢？为了便于接下来的计算，我们不妨把 1 立方毫米的油滴想象成一个边长为 1 毫米的立方体。想要将原先 1 立方毫米的油拉伸到 1 平方米的面积，与水面接触的“油立方体”表面必须增加 1000^2 倍（从 1 平方毫米到 1 平方米）。由于总体积不变，“油立方体”在垂直方向上必须减少到原先的 $\left(\frac{1}{1000}\right)^2=10^{-6}$，这样一来，我们就可以得出油层的最小厚度，也就是实际大小的油分子尺寸，大约是：0.1 厘米 $\times 10^{-6}=10^{-7}$ 厘米。因为一个油分子里包含有多个原子，所以原子的尺寸还要更小一些。

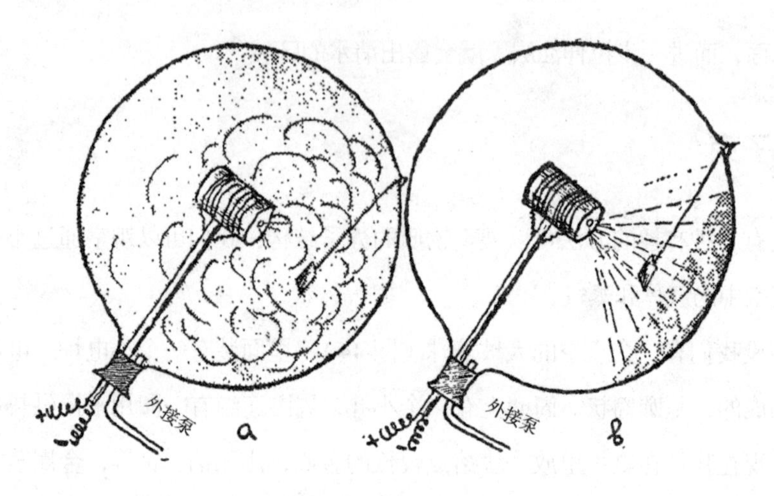

图 44　炉内温度会影响金属蒸气的密度。

蒸气里包含大量独立分子，它们在空间里向各个方向运动，不断地相互碰撞——如果人们明白这一点，那么就很容易理解高密度和低密度的气体在喷出小孔之后出现的差异。蒸气密度较高时，喷出的气流就像是从着火的剧院出口冲出去的慌乱人流，他们即便是出了门，还会在街道上四散奔逃，互相碰撞。反之，蒸气密度较低时，就好像每次只有一个人走出大门，因此他完全不受干扰，大可径直前行。

从电炉小孔处溢出的这股低密度蒸气被称为“分子束”，它是由大量接连不断穿过空间的独立分子组成的。分子束在研究分子的个体属性时十分有用，举例而言，人们可以用它来测量分子热运动的速度。

研究分子束速度的装置最早是由奥托·施特恩（Otto Stern）制作出来的，它与斐索用于测量光速的装置几乎相同（见图 31）。装置的主体部分同样是安装在一根轴上的两个齿轮，并且进行了精心设计：只有在装置处于合适的旋转速度时，分子束才能通过这两个齿轮（图 45）。奥托在装置的终点放置了一块隔板，用于拦截通过齿轮的细分子束。通过这种方式，他证明了分子的运动速度通常很快（钠原子在 200℃时，每秒可以前进 1.5 千米），而且随着气体温度的升高，分子运动的速度也会加快。这为热运动理论提供了直接的证据，因为依据这个理论，**物体热量的增加其实就是它的分子无规则热运动的增加。**

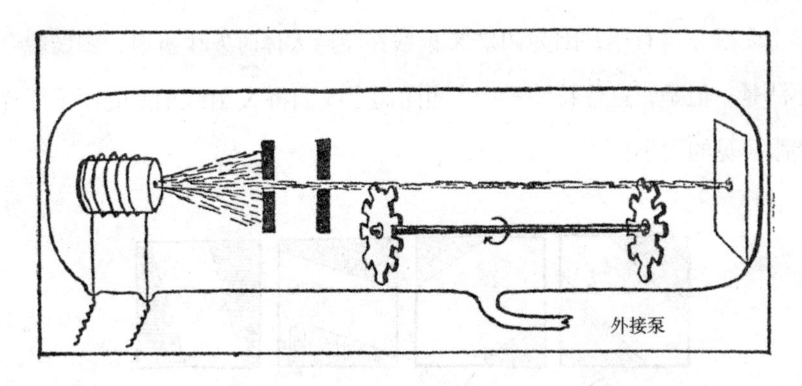

图 45　研究分子束速度的装置。

4. 原子摄影

尽管上述这些实验让人很难质疑原子假说的正确性，但是“眼见为实”才是最有说服力的证据。因此，要证明原子和分子的存在，最可信的证据是让人亲眼看见这个微小的单元。直到最近，英国物理学家 W.L. 布拉格（W.L.Bragg）才成功地完成了视觉层面上的证明，他发明了一种方法，可以拍摄到不同晶体中独立原子和分子的照片。

不过，千万不要以为拍摄原子是一件容易的事情，因为在拍摄这么小的物体照片时，必须要考虑到光的情况：照明光的波长一定比被拍摄的物体尺寸小，否则照片就会模糊不清，这就和不能用油漆刷来画一幅波斯细密画是一个道理！从事微生物研究的生物学家熟知这一困难，因为细菌的大小（约 0.0001 厘米）就和可见光的波长差不多，为了提高图像的清晰度，他们会在紫外线下拍摄细菌的显微照片，这样效果会更好一些。但是，由于分子的尺寸和它们在晶格里的间距还要小得多（0.00000001 厘米），无论是可见光还是紫外线全都派不上用场。想要看清单个的分子，我们只能使用波长比可见光短几千分之一的射线来为它们拍照——也就是说，我们必须使用 X 射线。不过在此，我们遇到了一个看起来无法解决的困难。**X 射线可以几乎不发生折射地穿透任何物体，因此，在使用 X 射线时，透镜和显微镜都没法发挥作用。**诚然，X 射线的这种特性和它巨大的穿透力，在医学上无疑非常有用，因为如果 X 射线在穿透人体时发生折射，图像就会模糊得看不清楚。但是，这些特性看上去也阻碍了我们将 X 射线拍摄的原子照片放大成为肉眼可见的大小!

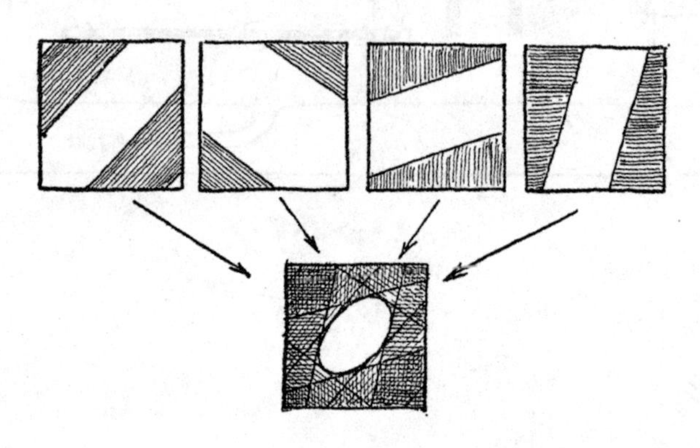

图 46　简化的示例图。

表面上，这种情况似乎根本无法解决，但 W.L. 布拉格想到了一个非常巧妙的方法。他的方法基于阿贝（Abbé）提出的显微镜成像原理。根据这一原理，任何显微图像都可以看成是大量独立图案的叠加，因而每个图案都可以表示为以特定角度穿过成像区域的一组平行暗光带。图 46 是一个简化的示例图，它向我们表明了在暗光区域中央，发光的椭圆图像是如何通过四个独立的光带叠加而成的。

根据阿贝的理论，显微镜的工作原理包括以下环节：（1）将原始图像分解成大量独立的带状图案；（2）分别放大每一个图案；（3）将这些图案再度重叠，从而获得放大后的图像。

这个过程就像是用大量的单色印版来印刷彩色图片。如果只是观看每一种颜色的印版，很可能无法辨别出图片里的内容，但只要将它们以适当的方式叠加起来，整张图片就会清晰、鲜明地显现出来。

既然我们不可能同时使用 X 射线和透镜，让它一步到位地完成所有操作，那么我们就必须按部就班地进行：先从各种不同的角度，给晶体拍摄大量独立的 X 射线带状图案，接着把它们以适当的方式叠加到一张相纸上。这样一来，我们就可以完成“X射线透镜”的任务，区别在于普通的透镜一瞬间就可以完成这项任务，而熟练的实验者需要花上好几个小时才能完成！这就是为什么使用布拉格的方法，我们可以拍出固体分子停留在各自位置上的晶体照片，却不能拍出液体或气体分子的照片，因为液体或气体分子会横冲直撞、到处乱撞。

虽然布拉格的方法不像按一下相机快门就能获得照片那么简单，但是用它拍摄出来的照片效果却不亚于任何一张合成图。这就像是如果出于技术原因，没有人能在一张底片上拍出一整座大教堂的结构，恐怕也没有人会反对用几张照片拼成一张大教堂的完整图像。

图版Ⅰ　放大了175,000,000倍的六甲苯分子照片。
（图片由伊士曼柯达实验室，M.L.郝金斯博士提供）

在图版Ⅰ里，我们可以看到一张熟悉的X射线照片。图上的分子是六甲基苯，化学式如下：

```
         H     H
         |     |
       H-C-HH-C-H
         |     |
    H    C-----C    H
    |   /       \   |
  H-C-C           C-C-H
    |   \       /   |
    H    C-----C    H
         |     |
       H-C-HH-C-H
         |     |
         H     H
```

在这张照片里，我们可以清楚地看到由6个碳原子构成的环，还有紧挨着它们的另外 6 个碳原子，而原子量较小的氢原子却几乎看不到。

亲眼见到这张照片以后，哪怕是爱怀疑的托马斯①，也不会怀疑分子和原子的存在了吧。

5. 解剖原子

“原子”在古希腊语中的意思是“不可分割”。当德谟克利特给这种微粒取名为“原子”时，他想表达的是，这种粒子是物质在分解成更小的部件时最终能够达到的极限，换句话说，原子是所有物质的组成结构中最小的，也是最简单的部分。几千年后，“原子”这个最初的哲学概念成为一个精确的物质科学概念，后者在大量经验证据的基础上，赋予原子以血肉之躯，也更加坚信原子不可分割的性质。人们还假设，各种元素的原子之所以具有不同的性质，是因为它们具有不同的几何形状，比如说，氢原子被认为近似于球体，而钠和钾原子则是拉长的椭圆。

此外，人们还认为氧原子的形状就像一个甜甜圈，中心处有一个几乎完全封闭的洞，两个球状的氢原子从两侧分别放在氧原子的中心洞里，就形成了一个水分子（H_2O）（图 47）。如果把钠或钾丢进水中，它们就会置换出水分子里的氢，人们对此的解释是，钠和钾这类拉长的原子相比于氢的球状原子，可以更好地贴合到氧原子的甜甜圈洞中。

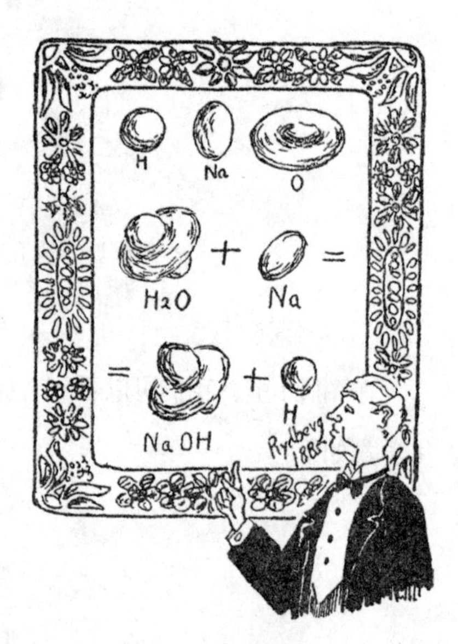

图 47　钠与水的反应。

① “爱怀疑的托马斯”是一个习惯用语，代指怀疑一切的人。托马斯是耶稣十二门徒之一，他在基督受难后，始终不肯相信基督复活的事实，直至基督向他展示自己被钉十字架的伤口才相信。——译著

根据上面这些观点，不同元素发射的光谱之所以存在差异，是因为不同形状的原子拥有不同的振动频率。因此，物理学家还试图通过观察到的光的频率，推演出发射这些光的原子具有怎样的形状，就像我们用声学来解释小提琴、教堂钟和萨克斯风的声音差异一样，但是显然未能取得成功。

想要依据原子的几何形状来解释各种原子化学和物理性质的尝试，最终没能取得任何重大的进展。直到人们认识到，**原子不是具有各种几何形状的简单元素，而是由大量独立的运动部件组装成的复杂装置**时，对原子性质的理解才真正迈出了第一步。

图 48　原子里均匀地分布着正电荷与负电荷粒子。

第一位解剖原子纤巧的身体，并为它进行复杂手术的科学家，是英国物理学家 J.J. 汤姆森（J.J.Thomson）。他成功地证明，各种化学元素的原子是由带正电的部分和带负电的部分组成的，它们因为电磁引力相互结合。汤姆森认为，原子里大体均匀地分布着正电荷，还有大量的负电荷粒子漂浮于其中（图 48）。负粒子（他称之为“电子”）的电荷加起来和正电荷相等，因此原子整体上呈电中性。然而，由于电子和原子的结合相对较为松散，所以其中的一个或多个电子可能会离开原子，留下一个带正电荷的原子，也就是正离子。另一方面，有时几个额外的电子会从外部进入到原子结构中，使它获得多余的负电荷，成为负离子。原子获得多余的正电或负电的过程被称为电离过程。汤姆森的观点深受迈克尔·法拉第（Michael Faraday）经典著作的影响，后者曾经证明，当原子携带电荷的时候，其电量总是等于某个基本电量（其数值为 5.77×10^{-10} 电量单位）的倍数。但是汤姆森比法拉第走得更远，他不但发明了从原子中提取电子的方法，研究了在真空中高速飞行的自由电子束，而且通过这些实验，得出结论：电荷之所以具有成倍增加的性质，是因为电子本身就是一个个微粒！

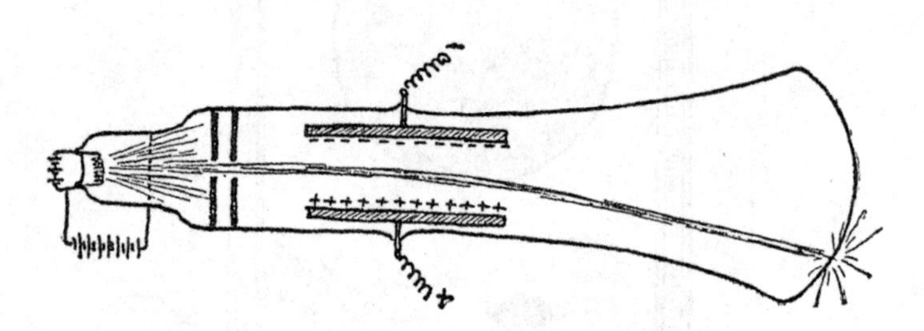

图 49　电子束在通电的电容板之间穿行。

在研究自由电子束时，汤姆森取得了特别重要的成果。他利用强力电子场从炽热的电线等材料中获得电子束，并将其发射到两块通电的电容板中间（图 49）。由于这些电子带有负电荷，更准确地说，由于它们本身就是自由的负电荷，所以电子束会被正极吸引，被负极排斥。

出现偏转的电子束会落在电容后面的荧光屏上，因此很容易被观察到。既然已经知道了电子的电荷，以及它在给定电场中的偏转程度，我们就可以估算出它的质量。事实证明，电子的质量确实很小。汤姆森发现，一个电子的质量大约是一个氢原子质量的 1/1840，这说明原子的质量主要集中在它里面带正电的部分。

虽然汤姆森正确地判断出原子内部具有大量移动的负电子，但他却认为原子内部的正电荷是均匀分布的，这与事实相去甚远。1911 年，另一位科学家卢瑟福（Rutherford）证明了，原子大部分的正电荷及其质量都集中在原子中心一个极小的原子核中。这个结论来自他的一个著名实验，实验主要是研究所谓的“阿尔法粒子”（α 粒子）在穿透物质时发生的散射。α 粒子是某些不稳定的重元素（如铀或镭）的原子自发分裂后释放的微型高速“子弹”。科学家业已证明，它与原子的质量相当，并且带有正电荷，所以我们就可以将 α 粒子看作是原子中带正电荷的部分。在 α 粒子穿过目标物质原子时，会同时受到电子的吸引力和正电荷部分斥力的影响。然而，电子的质量微乎其微，因而它们根本无法影响到入射 α 粒子的运动，就像一群蚊子无法阻碍一只受惊奔跑的大象一样。而原子中的正电荷部分质量占比极高，如果入射的 α 粒子与它足够接近，二者产生的斥力肯定会让 α 粒子偏离正常的轨道，向各个方向散射。

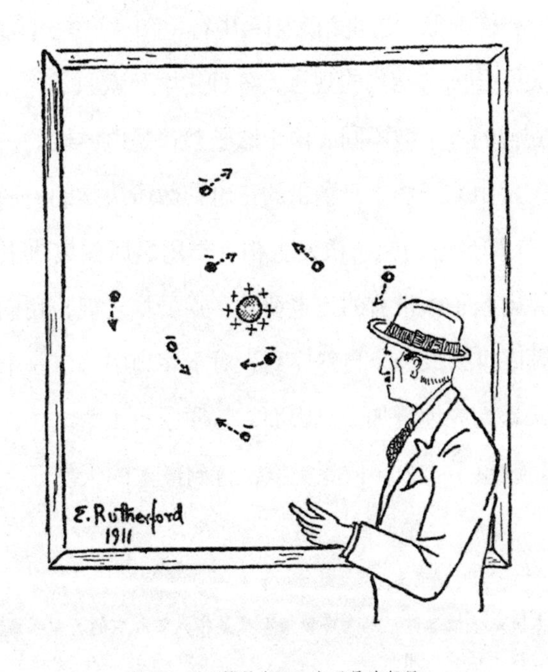

图 50　原子核是太阳，电子是诸行星。

在研究 α 粒子穿透薄铝片的散射时，卢瑟福吃惊地发现，想要解释观察到的结果，他就必须假设入射的 α 粒子与原子的正电荷之间的距离比原子直径的千分之一还要小。而只有当原子的大小是入射的 α 粒子和原子的正电荷部分的几千倍时，这个假设才可能成立。因此，卢瑟福的发现，使原先汤姆森模型中分布**在整个原子中的正电荷，缩小成为位于原子中心的微小原子核，而在原子核的外层则围绕着一大群负电子**。这样一来，原子便不再是西瓜的模样（其中电子扮演着西瓜籽的角色），而更像是一个微型的太阳系（行星系统）[①]：原子核是太阳，电子是诸行星（图 50）。

此外，原子与太阳系还有更多的相似之处：原子核占原子总质量的 99.97%，而太阳系 99.87% 的质量集中在太阳上；电子之间的距离远大于它们的直径（前者大约是后者的几千倍），行星之间的距离和行星直径也有类似的比例关系。

不过二者更重要的相似点在于，原子核和电子之间的电磁力与太阳和行星之间的引力一样，都遵循着和距离的平方成反比[②]的数学规则。电子在原子核周围的运动轨道呈圆形和椭圆形，这也和太阳系中行星和彗星的运动轨道相类似。

根据上述有关原子内部结构的观点，各种化学元素原子之间的差异，必然是因为围绕原子核旋转的电子数不同。由于原子整体是电中性的，所以围绕原子核旋转的电子数肯定是由原子核本身携带的正电荷数所决定的。通过实验，我们可以观察到 α 粒子在和带电的原子核发生相互作用之后偏离轨道的散射现象，从而就能反过来估算出原子核带有的正电荷数。卢瑟福发现，我们可以将化学元素按照质量递增的顺序排列成一个自然序列，对于序列中的每一个元素，原子的电子数都比前一种元素相应地增加一。因而，氢原子有 1 个电子，氦原子有 2 个电子，锂原子 3 个，铍原子 4 个，依此类推，直到最重的天然元素——铀，它总共

---

① 本书在使用行星系统这个概念时，绝大多数情况都是指太阳和它的行星系统，即我们居住的太阳系，为便于理解，以下译为太阳系。——译注

② 也就是说，这种力与两个物体之间距离的平方成反比。

有 92 个电子[①]。

上述这些数字（即原子的电子数）通常被称为元素的原子序数，和它保持一致的，还有原子的位置序号，即化学家根据元素的化学特性对其进行分类时，给它排列的位置。

因此，只要给出一种元素围绕原子核旋转的电子数，我们就能根据这一数字轻松地描述出它全部的物理和化学性质。

19 世纪末，俄国化学家门捷列夫（D. Mendeleev）注意到，按自然顺序排列的元素，在化学性质上具有明显的周期性。他发现，原子序数每隔一定的数字，某些化学性质就会反复出现。图 51 形象地展现了这种周期性：在这幅图中，目前所有已知的元素符号沿圆柱体表面排列成为一条螺旋状的带子，而且具有相似性质的元素都在同一列上。我们看到，第一组只包含 2 种元素——氢和氦；接下来有两组，每组各 8 种元素；剩下的则是每 18 个元素一个周期。如果我们还记得，元素序列每前进一位，原子里的电子数都会加一，那么必然会得出这样的结论：人们之所以会观察到元素的化学性质呈现周期性变化，一定是由于原子里的电子（或是称之为“电子层”）具有某种反复出现的稳定构型。第一个完整的电子层里包括 2 个电子，接下来的两层中，每一层都包括 8 个电子，再之后的每层中包括 18 个电子。从图 51 中，我们还注意到，在第六个和第七个周期，元素性质原本严格的周期性开始变得混乱，两组元素（所谓的稀土元素和锕系元素）必须要从规则的圆柱体中专门拎出来，放在一圈伸出来的带子上。之所以会出现这种反常现象，是由于这两组元素的电子层结构发生了特定的内部重构，因此破坏了原子的化学性质。

---

① 如今，我们已经掌握了这种“炼金术”（见下一章），可以人工制造出更复杂的原子了。比如说，原子弹中使用的人造元素钚就有 94 个电子。

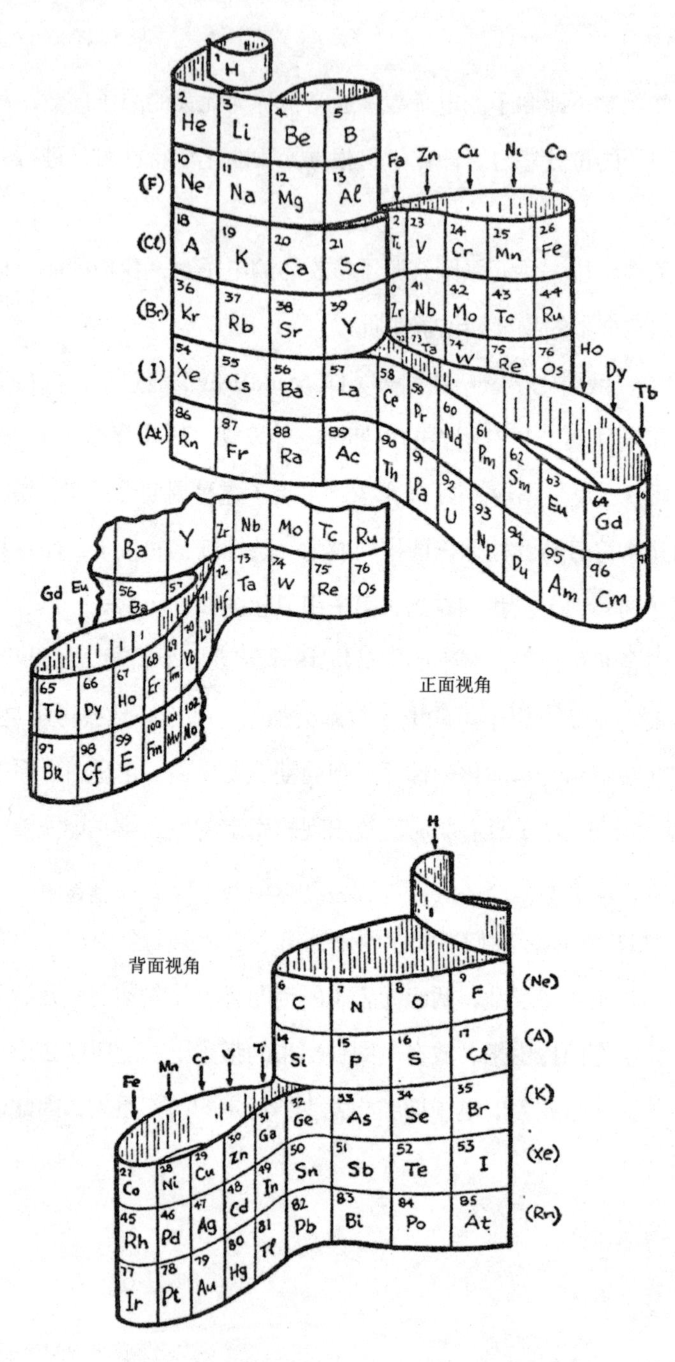

图 51　排列在一条螺旋带上的元素周期表，从上到下的周期分别是 2、8 和 18。正面视角图的下方是不遵循规律周期的元素（稀土和锕系）。

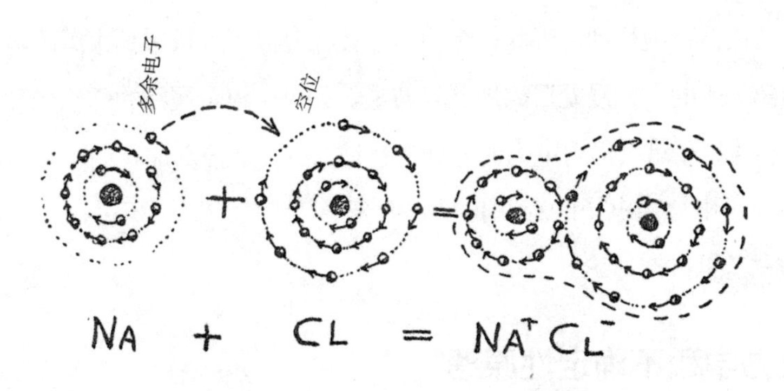

图 52 氯化钠分子中钠原子和氯原子结合的示意图。

我们已经知道了原子的模样，接下来可以试着回答，到底是怎样的作用力让不同元素的原子结合在一起，从而形成无数化合物的复杂分子。举例而言，为什么钠和氯的原子会黏在一起，形成食盐的分子呢？从表示这两种原子电子层结构的图 52 中，我们可以看到，想要填满第三个电子层，氯原子还缺少一个电子，而钠原子在填满第二个电子层后，正好剩下一个多余的电子。因此，钠原子多余的电子必然倾向于跑到氯原子里，这样原先的电子层刚好可以填满。电子移动之后，钠原子成了正电荷（因为失去了一个带负电的电子），而氯原子获得了一个负电荷。在电磁力的作用下，这两个带电的原子（或称为离子）就会紧紧地黏合在一起，形成一个氯化钠分子，也就是通常说的食盐。同样的道理，最外的电子层中缺两个电子的氧原子会从两个氢原子里各"绑架"一个电子，形成水分子（H_2O）。另一方面，无论是氧原子和氯原子，还是氢原子和钠原子之间，都不会有相互结合的倾向，因为在第一种情况下，两者都想获得电子，谁都不愿付出；而在第二种情况下，谁又都不想获得更多的电子。

至于氦、氩、氖、氙这样具有完整电子层的原子，本身就是自给自足的。它们既不需要给出电子，也不需要获得额外的电子。它们宁愿光荣地持守着那份孤独，因而这种元素（所谓的"稀有气体"）在化学上始终处于惰性状态。

这一节我们主要讨论了有关原子和电子层的话题。结束之前，我们还要提一下原子里的电子在"金属"这类物质中发挥的重要作用。金属类物质与其他物质的不同之处在于，前一类原子的外层电子和原子核结合得非常松散，所以经常会有一两个电子自由自在地移动。因此，金属内部往往充满了大量未被束缚的电子，它们像一群流离失所的人，漫无目的地到处游走。如果一根金属线的两端受到电流的作用，这些自由电子就会沿着电力的方向快速地前行，从而形成我们所说的电流。

金属原子中自由电子的存在也是它们高导热性的原因，不过这个问题我们将在下面的章节里再做讨论。

6. 微观力学和不确定性原理

我们在上一节中看到，原子核与围绕原子核旋转的电子共同构成了原子，因为它和太阳系有许多相似之处，所以人们自然会认为，支配着行星围绕太阳运动的天文学定律对原子同样适用。尤其是电磁力和万有引力之间还具有相似性——这两种情况下，力都和距离的平方成反比——这表明，原子中的电子必定会以原子核为中心，沿着椭圆轨道运动（图 53a）。

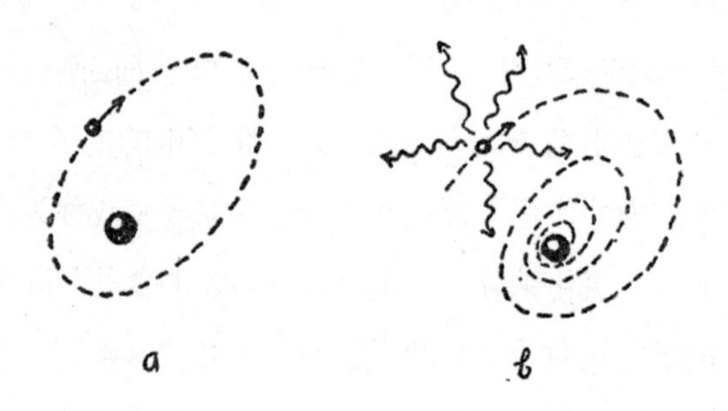

图 53　原子核中的电子运行轨道。电磁力与万有引力之间具有相似性。

然而，直至最近，按照太阳系的运动模式建立的电子运动图景的尝试，全都归于失败，其规模之大，以致在很长一段时间内，人们不禁怀疑要么是物理学家疯了，要么就是物理学自身彻底疯了。问题的主要根源在于，**电子和太阳系里的行星不同，它是带电的。和其他振动或旋转的电荷一样，电子在围绕原子核做圆周运动时，必然也会产生强烈的电磁辐射。**由于辐射会造成一定的能量损失，那么人们完全有理由假设，电子会沿着螺旋形轨迹趋近原子核（图 53b），并在其轨道运动的动能完全耗尽后，最终坠落在原子核上。至于这个过程所耗费的时间，根据已知的电荷和电子的旋转频率，我们可以轻松计算出，电子失去所有能量并且最终坠落的时间应该不会超过百分之一微秒。

因此，根据物理学家新近了解到的原子核知识，如果原子结构和太阳系相似，那么它的存在时间连短短一秒都达不到，刚一形成，就会立即崩塌！

尽管物理学做出了如此可怕的预言，但是实验表明，原子系统其实非常稳定，电子始终快乐地围绕着中心的原子核旋转，没有任何能量损失，也没有任何要崩塌的趋势！

这到底是怎么一回事！为什么将古已有之的完善力学定律应用在电子上，会得出和观察如此矛盾的结论？

想要回答这个问题，我们必须回到最根本的科学问题——科学自身的性质问题。什么是“科学”，我们对自然界中事实的“科学解释”又意味着什么？

举个简单的例子。我们知道，许多古代人都相信地球是平的。我们很难责怪他们拥有这种观念，因为如果你走在空旷的原野上，或者乘船渡过水面，就会发现这千真万确。除了偶然出现的丘陵和群山，地球表面看起来确实很平坦。古代人犯的错误，并不在于他们给出了“从某个观察点看地球是平的”这个说法，而在于他们把这一说法推广到了实际观测的范围之外。实际上，那些远远超出常规范围的观测，比如在日食期间地球在月球上投影的形状，或者麦哲伦在著名环球航行中的考察，都会立刻证明这种推广的错误。我们现在说，地球看起来是平的，仅仅是因为我们所能看到的，只是地球表面很小的一部分。同样的道理，正如第五章所讨论的那样，尽管从有限的观测来看，宇宙空间看起来是平的，而且显然是无限的，但实际上，宇宙空间很有可能是弯曲的，而且是有限的。

但是，刚刚讲的这些，和我们在研究构成原子的电子的运动规律时，遇到的理论与实际观测之间的矛盾又有什么关系？答案是，在这些研究中，我们暗中假定，原子的运动机制与大型天体的运动规律完全相同，或者说，与我们在日常生活中熟悉的“正常大小”物体的运动规律完全相同，因此，我们才会用同样的术语来描述原子世界。实际上，我们熟悉的力学定律和概念全都来自经验，是通过和人类大小相当的物体建立起来的。随后，同样的定律也被用来解释更大的天体如行星和恒星的运动，而天体力学的成功，让我们能够精确地计算出几百万年之前以及之后的各种天文现象——这一切似乎让人根本不会怀疑，在解释大型天体运动时，我们熟悉的力学定律也可以正确地加以推广。

但是，我们又如何能够保证，用以解释巨大天体的运动，解释炮弹、钟摆和玩具陀螺运动的力学定律，同样适用于比我们手中最微小的机械装置还要小几十亿、轻几十亿的电子的运动呢？

当然，我们没有理由提前假定，普通力学定律在解释原子微小组成部分的运动时一定就会失败；但是，另一方面，假如真的失败了，我们也不应太过惊讶。

此前我们在思考电子的运动方式时，采用了天文学家对太阳系中行星运动方式的解释，却从中得出了自相矛盾的结论。因此，我们首先应该考虑，经典力学的基本概念和定律在解释如此微小的粒子时，会不会发生一些变化。

经典力学的基本概念包括运动粒子的轨迹和粒子沿轨迹运动时的速度。**在任意给定时刻，运动的物质粒子都会在空间中占据一个确定的位置，经过一定的时间，这些连续的位置会组成一条连续的线，这就是我们所谓的轨迹**——这个命题一直被认为是不证自明的，是我们描述任何物体运动的基础。而一个物体在不同的时间点占据的两个位置间的距离，除以相应的时间间隔，就可以得出这个物体的速度。所有的经典力学都建立在位置和速度这两个概念上。直到不久之前，恐怕还没有科学家想过，用于描述运动现象的这两个最基本的概念，在某种程度上居然是不正确的，要知道，在此之前的哲学家们可是把它们视为“先验的”。

然而，由于用经典力学定律描述微小的原子系统内部的运动这条路完全走不通，这意味着，在这种情况下有些东西彻底错了，而且人们越发相信，这种“错误”可能来自经典力学赖以建立的最基础观念。基本的运动学概念（即运动物体所具有的连续轨迹，以及它在任何给定的时刻的速度均可定义）在运用到原子内部的微小部件时，似乎有些“过于粗糙”。简而言之，我们在尝试了将熟悉的经典力学思想推广到质量极小的区域之后，发现这种努力并不成功，因而必须要大刀阔斧地改变这些思想。但是，如果经典力学的传统观念不适用于原子世界，那么它们在描述较大物体的运动时，也不可能绝对正确。这样一来，我们就会得出这样的结论：经典力学的基本原理只是比较好地还原了“真实”，一旦我们试着把它应用到比原先的场景更精密的系统中，就会惨遭失败。

通过研究原子系统的力学行为，构造所谓的量子力学，我们为物质科学引入了全新的元素。之所以去构造这门新的力学，是因为科学家们发现，两个不同物体之间的相互作用具有特定的下限值，而这一发现彻底颠覆了有关运动物体轨迹的经典定义。实际上，当我们在说运动的物体在数学层面具有精确的轨迹时，这意味着我们可以通过一些特殊的物理仪器来记录这一轨迹。但是不要忘记，在记录任何运动物体的轨迹时，我们必然会干扰到它们的初始运动；实际上，如果我们使用测量仪器记录物体在空间中的连续位置，运动物体会对测量仪器施加某种作用力，而根据牛顿定律，作用和反作用力相等，仪器也会对运动的物体施加同等的力。经典物理学假设，两个物体之间（在这个情况下是指运动物体和记录其位置的仪器之间）的相互作用可以根据需要减少到忽略不计，如果情况果真如此，一个足够灵敏的理想仪器可以在几乎不受物体运动的干扰下，记录物体的连续位置。

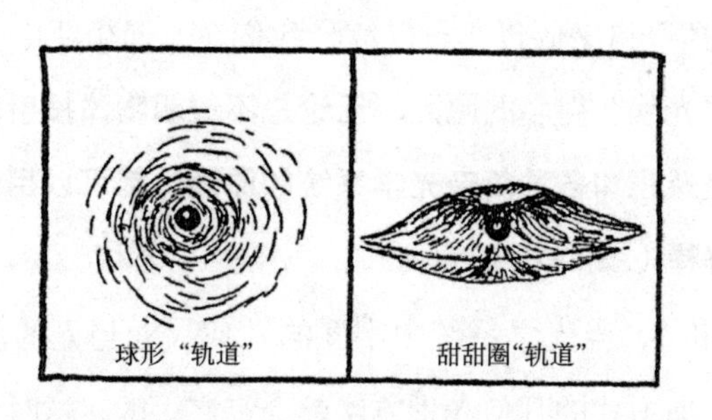

图 54 电子在原子中运动的微观力学图景。

物理相互作用下限值的存在，让情况发生了彻头彻尾的变化，因为我们再也无法将仪器对运动干扰降低到任意小的值。这样一来，观测对运动的干扰，就会成为运动自身的一部分，而且，运动轨迹不能再用无限细的线来表示，而要用有一定厚度、向外扩散的条带来代替。从新力学的角度，经典物理学中具有数学意义的清晰轨迹变成了宽阔的扩散条带。

物理相互作用的最小量，即人们通常所说的“作用量子”数值很小，只有当我们研究非常微小的物体的运动时，它才会起到重要的作用。因此，尽管像手枪弹道这类轨迹不是一条数学意义上的清晰线条，但这条弹道的“厚度”比构成子弹的原子尺寸要小得多，因此可以认为近似为零。然而，如果换成更易受到测量干扰的更轻的物体，我们会发现，其轨迹的“厚度”变得越来越重要。电子在围绕原子核旋转时，轨道的厚度与原子核的直径相当，因此，我们不能再像图 53 里那样用一条线来表示电子的运动，而必须用图 54 所示的方式来表示。在这种情况下，经典力学里的我们熟悉的术语已无法描述粒子的运动，而且它的位置和速度都具有一定的不确定性（海森堡的不确定性原理和玻尔的互补原理）[①]。

新物理学的发展速度令人震惊，它将我们熟悉的运动轨迹、绝对位置和运动粒子的速度等概念扔进了废纸篓，也让我们陷入了迷茫。如果这些公认的基本原理不能用于研究电子，那么，我们又能依靠什么来理解它们的运动呢？为了回应量子力学要求的位置、速度、能量等变量的不确定性，我们必须要有一套数学形式体系来代替经典力学的方法。

经典光学领域遭遇的类似情况，为我们回答这个问题提供了参照。我们知道，“光沿直线传播”这条假设，可以解释我们在普通生活中观察到的大多数光学现象，这也是“光线”得名的原因。**无论是不透明物体投射的阴影、平面镜和曲面镜成像，还是透镜和各种复杂光学系统的原理，都可以用光的反射和折射这两条基本定律来解释**（图 55a、b、c）。

但我们同样知道，当光学系统中小孔的几何尺寸与光的波长相当时，再把光线当成光传播经典方式的几何光学方法就会彻底失败。这时发生的现象被称为“衍射现象”（diffraction phenomena），它完全超出几何光学的解释范畴。在光束通过一个非常小的开口（0.0001 厘米左右）时，它不会沿直线传播，而是以特殊的扇形散射传播（图 55d）。在光束照在有大量平行划痕线（“衍射光栅”）的镜子上时，它并不遵循我们熟悉的反射定律，而是会被投向许多不同的方向，具体则是由划痕线之间的距离和入射光的波长共同决定的（图 55e）。另外，我们之前说

① 有关不确定性原理的更详细讨论，请参阅笔者的另一本书《物理世界奇遇记》。

过，光经水面上的薄油层反射，会产生一系列奇特的明暗条纹（图 55f）。

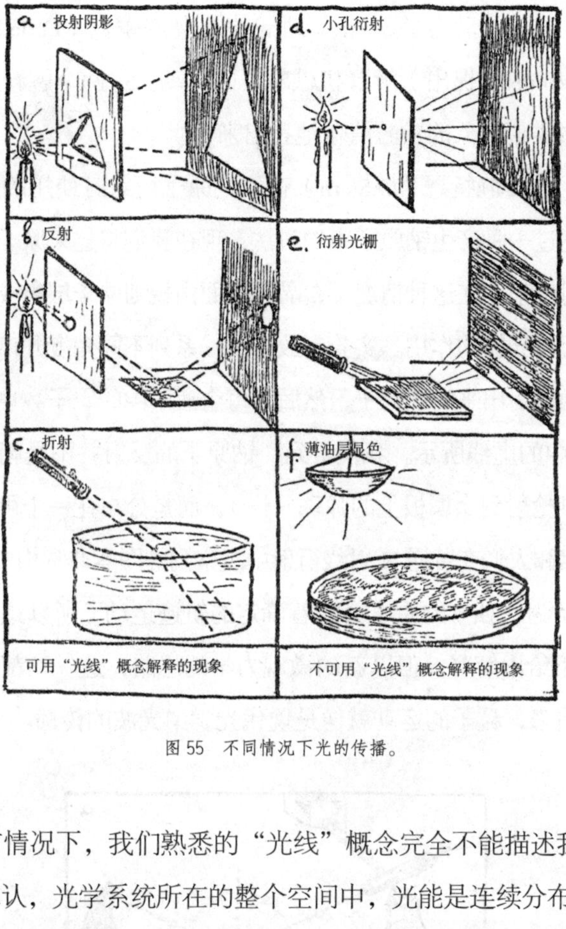

图 55　不同情况下光的传播。

在上述所有情况下，我们熟悉的“光线”概念完全不能描述我们观察到的现象。我们必须承认，光学系统所在的整个空间中，光能是连续分布的。

不难看出，“光线”概念无法解释光的衍射现象，这和轨迹概念无法解释量子力学现象非常相似。正如我们不能把光理解成无限细的光束，量子力学也不允许我们把运动粒子的轨迹看作是无限细。在这两种情况下，我们都不能再说某种事物（光或粒子）沿着特定的数学意义上的线（光线或者运动轨迹）传播。与之相反，我们不得不把观察到的现象解释为：这种“东西”在整个空间中以连续的方式进行传播。就光而言，这个“东西”是光在各个点的振动强度；就力学而言，这个“东西”是新提出的位置不确定的概念，即在任意特定的时刻，发现一个运动粒子的地方不是一个特定的位置，而是在几个可能位置中的任意一个。现在，我们再也无法说出运动粒子在某一时刻的确切位置，但可以用“不确定性原理”的公式计算出这个位置的范围。我们用光具有波动性来解释光的衍射，用新的“微观力学”或“波动力学”——该理论由L. 德布罗意（L. de Broglie）和E. 薛定谔（E. Schrddinger）提出）解释机械粒子的运动。这两个解释之间的关系，可以通过以下两个类似现象的实验清晰地看出来。

图56描绘了O. 施特恩（O.Stern）在研究原子衍射时使用的装置。在本章的前面，我们描述过一种产生钠原子束的方法，现在我们将这束原子射到一块晶体表面，再由它反射出来。在这种情况下，晶体表面由规则原子层组成的晶格对入射的粒子光束起着衍射光栅的作用。实验者放置了一系列不同角度开口的小瓶子，用来收集从晶体表面反射出来的钠原子，然后对每个瓶子中的原子数量进行了测量。实验结果如图56中的虚线所示。我们看到，钠原子的反射并不是朝向一个确定的方向（就像从玩具枪射到金属板上的弹珠一样），而是分布在一个可计算的角度范围内，反射的图案和人们在普通X射线衍射中观察到的图案非常相似。

经典力学认为，独立的原子会沿着确定的轨迹运动，所以这类实验无法在经典力学的思路下给出解释。但以新的微观力学的思路，这一切都是完全可以理解的，因为在它看来，粒子的运动就像是现代光学中光波的传播。

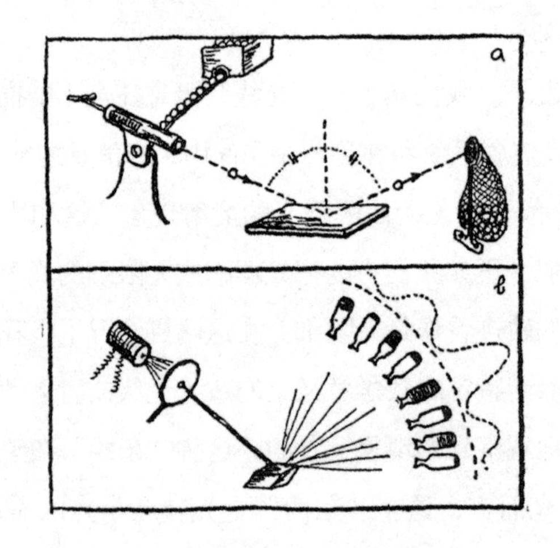

图56
（a）可用轨迹概念解释的现象（弹珠在金属板上的反射）。
（b）不可用轨迹概念解释的现象（钠原子在晶体上的反射）。

第七章 现代炼金术

1. 基本粒子

上一章讲到，在各种化学元素的原子中，大量电子围绕着中心原子核旋转，因此原子是一个相对复杂的机械系统。那么我们不免要问，这些原子核是不是物质最终的、不可分割的结构单元？或者说，它们能否再进一步细分为更小、更简单的部分？有没有可能把所有 92 种不同的原子拆分成几种真正简单的粒子？

早在18世纪中叶，源于对简单性的渴望，英国化学家威廉·普劳特（William Prout）提出了一个假设：所有化学元素的原子都是由数量不等的氢原子“聚合”的产物，这是它们共同的特征。普劳特的假设基于这样一个事实：大多数情况下，化学上已知的元素都可以表示成氢原子质量的整数倍。因此，根据普劳特的观点，既然氧原子质量是氢原子的 16 倍，那么必然可以认为氧原子是由 16 个氢原子粘在一起组成的；原子量为 127 的碘原子一定是由 127 个氢原子组成的聚合体，诸如此类。

然而，当时的化学研究成果并不支持这个大胆的假设。通过对原子质量的精确测量，科学家们证明，它们不完全等同于氢原子质量的整数倍。大多数情况下，这些倍数非常接近于整数，而在少数情况下，算出的倍数甚至离整数相差很多（例如氯的原子量是 35.5）。这些事实看上去确实与普劳特的假说直接相悖，导致根本没有人相信它。普劳特直至去世，也不知道他实际上是正确的。

直到 1919 年，有赖于英国物理学家 F.W. 阿斯顿（F.W.Aston）的发现，普劳特的假说才得以翻身。阿斯顿表明，普通的氯其实是两种不同种类氯的混合物，它们具有相同的化学性质，但原子量不同，分别是 35 和 37。化学家们得到的非整数值 35.5，只是混合物的平均值[①]。

随着对不同化学元素的进一步研究，科学家揭示出一个惊人的事实：**绝大多数元素都是由化学性质完全相同，但原子量不同的几种成分混合而成的。**这些成分叫作“同位素”，是指在元素周期表上位置相同的物质[②]。每一种同位素的质量总是氢原子质量的整数倍，这个事实为普劳特被遗忘的假说注入了新生。正如我们在上一章中所说的，由于原子的质量主要集中在原子核里，用现代语言加以重述，普劳特的假说讲的就是：不同种类的原子核是由数量不等的基本氢原子核组成的，由于氢原子核在物质结构中地位重大，特别给它取名为“质子”。

不过，上面的说法需要做一个重要修正。打个比方，我们来思考一下氧原子的原子核。由于氧是自然序列中第 8 种元素，所以它的原子必然包含 8 个电子，原子核也必须携带 8 个正电荷。但氧原子的质量却是氢原子的 16 倍！这样一来，如果假设氧原子的原子核由 8 个质子组成，那么我们得到的电荷数是对的，质量却是错的（二者都应该是 8）；假设它有 16 个质子，质量倒是对了，而电荷却错了（都应该是 16）。

显然，摆脱上述困境的唯一出路，就是假设复杂的原子核内部，有些质子早已失去了原来的正电荷，现在成了电中性的。

早在 1920 年，卢瑟福就提出存在一种不带电的质子，也就是我们现在所谓的“中子”。但直到 12 年以后，人们才在实验中真正发现了这种粒子。必须指出的是，我们不应把质子和中子看成是两类完全不同的粒子，而应把它们视为不同带电状态的同一种基本粒子，现在统称为“核子”。实际上，如今我们已经知道，质子可以通过失去正电荷变成中子，中子也可以通过获得正电荷变成质子。

---

① 其中较重的氯的含量是 25%，较轻的氯的含量是 75%，所以平均的原子量是：$0.25\times37+0.75\times35=35.5$，早期化学家计算出来的就是这个值。

② 同位素（isotopes）一词来自古希腊语，词根 ισος（isos）是指“相同”，词尾 τοπος（topos）是指“位置”。

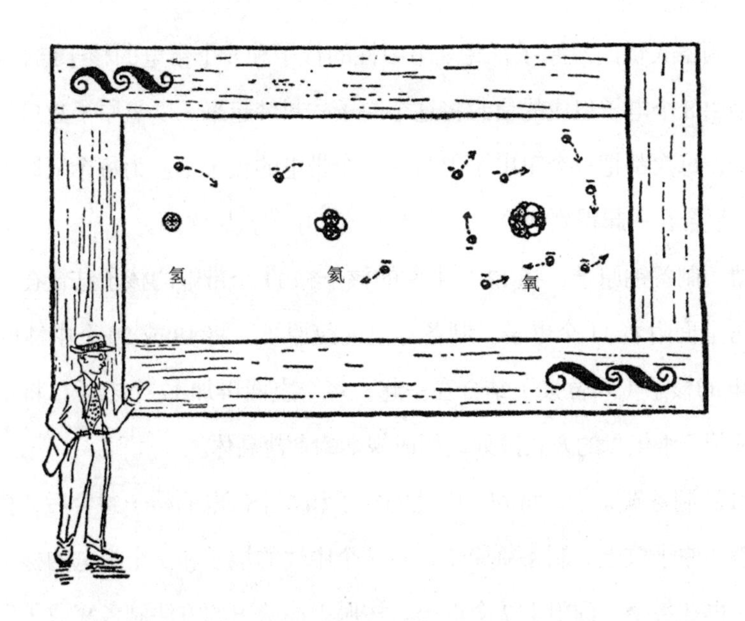

图 57　氢、氦、氧三种原子中带负电的自由电荷分布。

在原子核的结构单元里引入中子之后，我们前几页讨论的困难迎刃而解。想要弄明白为何氧原子的原子核有 16 个质量单位，却只携带 8 个电荷，我们就必须接受这样一个事实：氧原子核由 8 个质子和 8 个中子组成；碘的原子量为 127，原子序号为 53，所以原子核由 53 个质子和 74 个中子组成。至于更重的铀原子核（原子量为 238，原子序号为 92），则由 92 个质子和 146 个中子组成[①]。

因此，普劳特的大胆假说在提出近一个世纪之后，终于得到了应有的承认。我们现在可以说，已知物质近乎无限的多样性，其实只源自两种基本粒子的不同组合：（1）核子，即物质的基本粒子，它既可以是中性的，也可以带正电荷；（2）电子，即带负电的自由电荷（图 57）。

下面是一些选自《物质烹饪大全》的食谱配方，它向我们展示出，宇宙厨房的每一道菜是如何通过储藏室里囤积的大量核子与电子来烹饪的：

---

① 通过对比原子量和原子序数不难发现，位于周期表最前端的元素，原子量一般等于原子序数的两倍，这意味着这些原子核包含的质子和中子数量相等。而对于较重的元素来说，原子量会增加得更快一些，这意味着在这些原子核中，中子的数量比质子多。

水。制备大量的氧原子，将 8 个中性的核子和 8 个带电的核子结合在一起，再用一个由 8 个电子组成的信封将这个原子核封装起来。以氧原子数量的两倍制备氢原子，每次都把一个单电子附着在一个带电的核子上。为每个氧原子配 2 个氢原子，混合在一起得到水分子，在大玻璃杯中冰镇后饮用。

食盐。制备钠原子，将 12 个中性的核子和 11 个带电的核子结合在一起，再在每一份上面附着 11 个电子。制备等量的氯原子，将 18 或 20 个中性的核子和 17 个带电的核子（同位素）结合在一起，每个上面再加 17 个电子。将钠原子和氯原子按照三维棋盘的方式排列，形成规则的食盐晶体。

TNT。制备碳原子，将 6 个中性的核子和 6 个带电的核子组合后，再将 6 个电子附着在原子核上。制备氮原子，将 7 个中性的核子和 7 个带电的核子组成原子核后，再在每个上面附上 7 个电子。按照上面给出的方法制备氧原子和氢原子（参见条目：水）。将 6 个碳原子排列在一个环上，第 7 个碳原子则连在环外。给环上的 3 个碳原子各配上一对氧原子，记得在每对氧原子和碳原子中间，还要放置 1 个氮原子。将 3 个氢原子附着在环外的碳上，再给环中的 2 个空位上的碳上各附上 1 个氢原子。得到的分子按规则排列，组成大量细小的晶体，再将所有这些晶体压在一起。要小心处理，因为这种结构不稳定，爆炸威力很强。

正如我们刚才看到的，想要构成任何物质，只需要中子、质子和电子这几个结构单元就足够了，但是这个基本粒子的清单似乎仍有些不完整。事实上，如果普通电子是带负电的自由电荷，那么我们为何不能拥有带正电的自由电荷，即正电子呢？

另外，中子作为构成物质的一个基本单位，既然可以获得正电荷，成为质子，为什么不能获得负电荷，形成负质子呢？

答案是，正电子在自然界中确实存在，除了电荷的符号相反之外，它和普通的负电子非常相似。负质子确实也有可能存在，尽管实验物理学目前还没有成功地探测到负质子。

在我们的物理世界中，正电子和负质子（如果有的话）之所以没有负电子和正质子那么多，原因在于，这两组粒子是互不相容的。大家都知道，两种不同的电荷（一种是正电荷，另一种是负电荷）放在一起时，会相互抵消。因此，既然这两种电子分别代表正、负两种自由电荷，就不该指望它们共存于同一空间区域内。实际上，只要正电子遇到负电子，它们的电荷就会立即相互抵消，两个电子也不再作为独立的粒子存在。然而，两个电子相互湮灭的过程，会产生强烈的电磁辐射（伽马射线，又表示为 γ 射线），它会携带着两个消失的粒子的原始能量，从二者相遇的位置逃逸出来。根据物理学基本定律，能量既不会凭空产生，也不会凭空消失，我们在这里看到的，只是自由电荷的静电能量转化为辐射波的电动能量。正电子和负电子相遇产生的现象被玻恩（Born）教授[①]描述为“疯狂的婚姻”，而更悲观的布朗（Brown）教授[②]则将其描述为两个电子的“相互自杀”。图 58a 就是这类相遇的示意图。

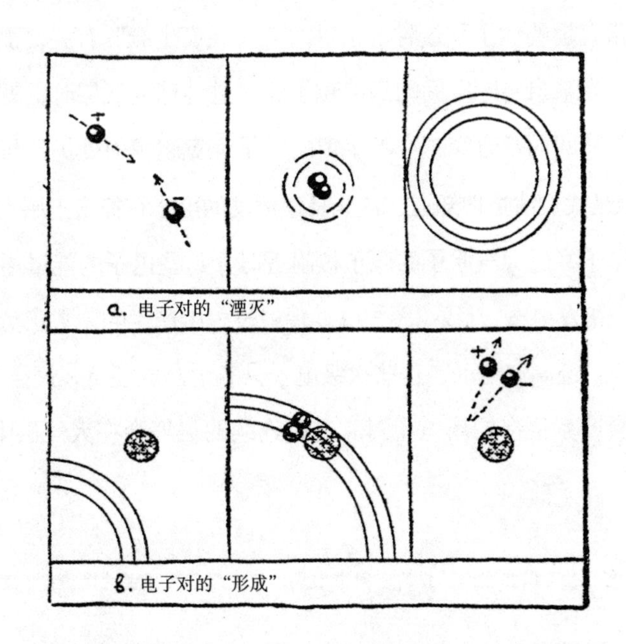

图 58　两个电子在“湮灭”过程中产生电磁波，以及波在接近原子核时“成对形成”电子的示意图。

---

① M. 玻恩，《原子物理》（纽约，1935）。

② T.B. 布朗，《现代物理》（纽约，1941）。

两个带有相反电荷的电子“湮灭”过程和电子的“成对形成”互为逆过程。后一过程是指在强 γ 射线的作用下，会产生一对正电子和负电子，表面上好像“无中生有”，其实每一对新产生的电子都消耗了 γ 射线提供的能量。实际上，为了形成电子对，辐射提供的能量正好和湮灭过程中释放的能量完全相同。图 58b 向我们展示了这对电子的形成过程，它更容易发生在 γ 射线从原子核附近经过的时候[①]。

其实我们不应对从原本没有电荷的地方形成两个相反电荷这一过程太过惊讶，因为橡胶棒和羊毛布在相互摩擦时，也会各自产生相反的电荷。只要有足够的能量，我们就可以随意地产生正负电子对。但是，我们也要充分认识到，正负电子湮灭的过程很快又会让它们消失无踪，“全额”偿还当初制造它们所花费的能量。

有一个非常有趣的例子和这种电子对的“大规模生产”有关，那就是“宇宙线簇射”现象。当来自星际空间的高能粒子流穿过地球大气层时，就会产生这种现象。尽管这些从四面八方穿越空旷宇宙的粒子究竟起源何处仍是科学界的一个未解之谜[②]，但是我们清楚地知道，这些高速运动的电子在撞击上层大气时会发生什么。当高速电子经过大气原子的原子核附近时，这些电子的能量逐渐消耗，并沿着运动轨迹一路发射 γ 射线（图 59）。辐射过程中产生的无数正负电子对也会沿着最初粒子的轨迹高速运动。这些次级电子具有很高的能量，产生了更多的 γ 射线，从而又会产生更多的新电子对。这种连续的倍增会在大气层中多次重复，

---

① 虽然电子对理论上也可以在空无一物的空间中形成，但是原子核周围的电场确实更加有助于电子对的形成。

② 这些高能粒子以高达 99.9999999999999999% 的光速运动。有关这些粒子的起源，最不着边际（同时也是最合理）的解释是，它们或许是通过飘浮在宇宙空间中巨大的气体和尘埃云（星云）间极高的电势获得了加速度。实际上，人们不妨推测，这种星云积累电荷的方式和我们大气层中普通的雷暴云非常相似，不过由此产生的电势差会比雷暴期间云层间闪电的电势差要高得多。

最终在原先的电子到达海平面时，伴随着大量的次级电子，其中一半是正电子，另一半是负电子。毋庸赘言的是，当高速电子穿过更大质量的物体时，也会产生这样的宇宙线簇射，由于物体的密度比空气更高，发生“分岔过程”的频率还会更高（见图版Ⅱ）。

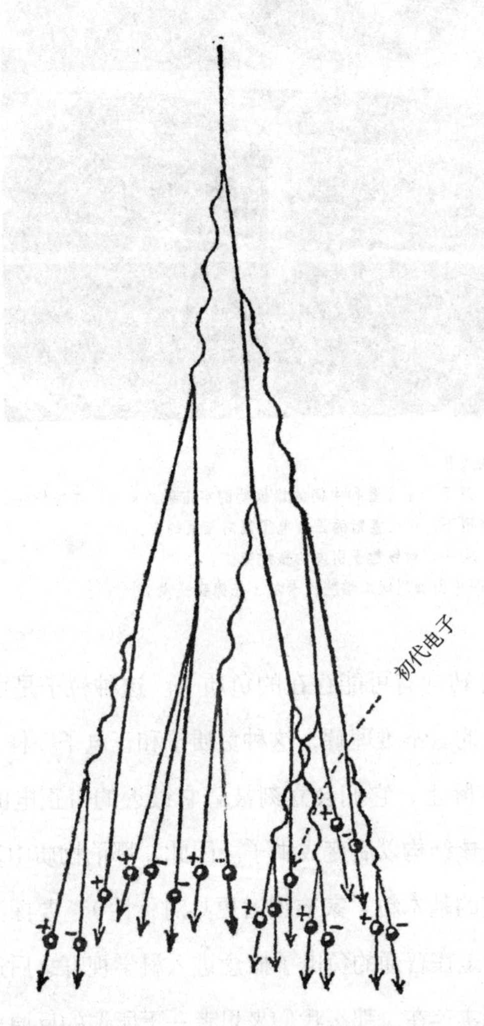

图 59　宇宙线簇射的起源。

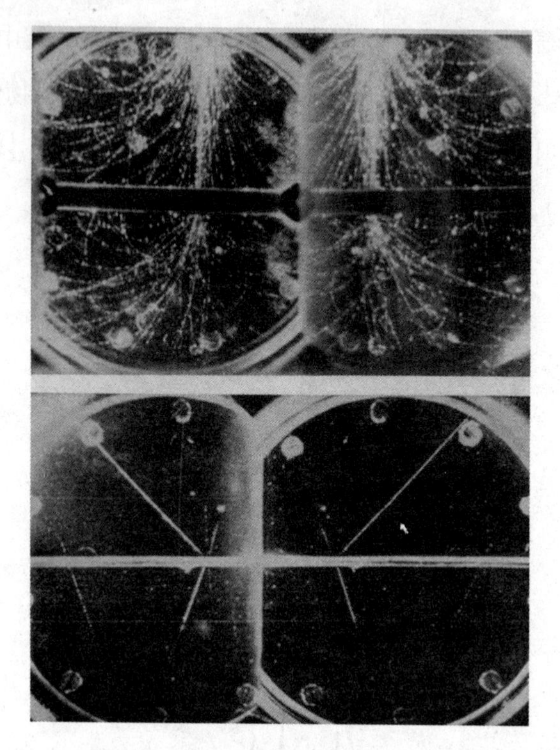

图版Ⅱ
A.源于云室外壁和中间的铅板处的宇宙射线簇射。在磁场的作用下，组成簇射的正负电子偏向相反的方向。
B.由宇宙射线粒子引发的核蜕变。
（图片由加州理工学院，卡尔·安德森提供）

现在我们把目光转向有可能存在的负质子。这种粒子是由中子获得负电荷或失去正电荷而形成的。不难理解，这种负质子和正电子一样，在一般的物质中无法长时间存在。实际上，它们会立刻被离它最近的带正电的原子核吸引，并且很可能在进入原子核结构以后变成中子。因此，哪怕物质中真的存在这样的质子（这无疑会让现在的基本粒子家族图谱更具对称性），要探测到它们也并非易事。别忘了，正电子是在普通的负电子概念进入科学视野之后近半个世纪才被发现的。假设负质子确实存在，那么我们来思考一下所谓的反原子和反分子。它们的原子核由普通的中子和负质子组成，而这种原子核必然会被正电子包围。这些反原子将会具有和普通原子完全相同的性质，你根本无法分辨“反水”“反黄油”和正常的水、黄油有什么区别——除非我们把普通物质和反物质放在一起。然而，一旦将这两种相反的物质结合在一起，相反电荷的电子就会立刻发生湮灭，与之相伴的是带电的核子相互中和，因此，正反物质的混合物会以远超原子弹的威力发生爆炸。我们现在了解到，在我们的星系之外，确实可能存在一个由反物质组成的恒星系统，如果我们把一块普通的石头从太阳系扔到另一个星系（或者反之），那么它一旦落地，就会变成一颗原子弹。

谈论至此，我们必须暂时抛开这些有关反原子的不切实际的猜测，转而考察另一种基本粒子。这些粒子可能也不太常见，但研究它的优势在于，它确实出现在了各种可观测的物理过程中——这就是所谓的“中微子”，一种靠“走后门”才进入物理世界的粒子。尽管各个领域都有人摇旗呐喊，要求抵制中微子，但它如今还是在基本粒子家族中占据了不可撼动的地位。它是如何被发现，又是如何被认识的？这是现代科学中最精彩的探案故事之一。

发现中微子存在的方法，在数学中被称为“归谬法”。这个激动人心的发现，不是因为人们找到了什么东西，而是因为缺少了什么东西。这个“缺少的东西”正是能量，而根据最古老且最牢靠的物理学定律，能量既不会凭空产生，也不会凭空消失，因此，本应存在的能量不存在，这就表明肯定有一个或是一群小偷把能量给偷走了。于是，这些逻辑缜密、又喜欢给事物取名字的科学侦探们，在还没看见能量小偷到底是谁的情况下，就给它们取名为“中微子”。

不过，这个故事讲得有些快了。我们先回过头来，说说这起伟大的“能量抢劫案”。前面我们已经说过，每个原子的原子核都是由核子组成的，其中大约一半是电中性的（中子），其余的带正电。如果在原子核中多增加一个或几个中子或质子[①]，打破中子和质子数量间的相对平衡，就必然会发生电荷的调整。**如果中**

① 通过本章后面所说的轰击原子核的方法就可以实现。

子太多，其中的一些中子就会往原子核外发射出一个负电子，从而变成质子；如果质子太多，其中的一些就会变成中子，同时发射出一个正电子。图 60 显示的就是这两类过程。原子核的这种电荷调整，通常被称为“β 衰变”，从原子核中释放的电子被称为 β 粒子。由于原子核内部的转化是一个精准的过程，因此，它总是会释放出一定的能量，并传递给释放出去的电子。因此，我们原本预想从同一种物质释放出来的 β 粒子必然以相同的速度运动。然而，有关 β 衰变的观测证据却与这一预期直接相悖。人们实际上发现，从特定物质释放出的电子具有不同的动能，取值从零到某一特定的上限。由于没有发现其他的粒子，也没有找到平衡这种差异的辐射，因此，β 衰变过程中的这种“能量缺失情况”变得相当棘手。有一段时间人们甚至认为，这是著名的能量守恒定律不再成立的第一个实验证据，对精心构建的物理理论体系来说这将是一个巨大的灾难。但是，还存在着另一种可能性：也许缺少的能量被某种新的粒子带走了，它已经逃脱，却没有被我们的观测手段捕捉到。泡利（Pauli）认为，这种偷取核能量的“巴格达窃贼”[①]可能是某种假想的粒子（人们称之为中微子），它不带电荷，质量也不超过一个普通电子。实际上，从高速运动粒子和物质相互作用的已有事实，我们可以得出结论，这种不带电荷的轻粒子不可能被现有的任何物理仪器观测到，并且还会毫无困难地穿过任何厚度的屏蔽材料——想要完全阻挡可见光，一片薄薄的金属箔就可以实现；具有很强穿透力的 X 射线和 γ 射线，需要用几英寸厚的铅，才能大幅降低它们的强度。而一束中微子却能顺利地通过厚达几光年的铅层，难怪它们能够逃过任何类型的观测，它们之所以被注意到，只是因为它们的逃逸造成了能量的不足[②]！

---

① 《巴格达窃贼》是 1924 年上映的一部美国电影，被当年的《纽约时报》誉为佳片之一。——译注

② 1956 年，美国科学家在实验中直接观测到了中微子，后来的科学家又陆续发现了另外两种类型的中微子，这三种物质分别被命名为：电子中微子，μ 中微子和 τ 中微子。——译注

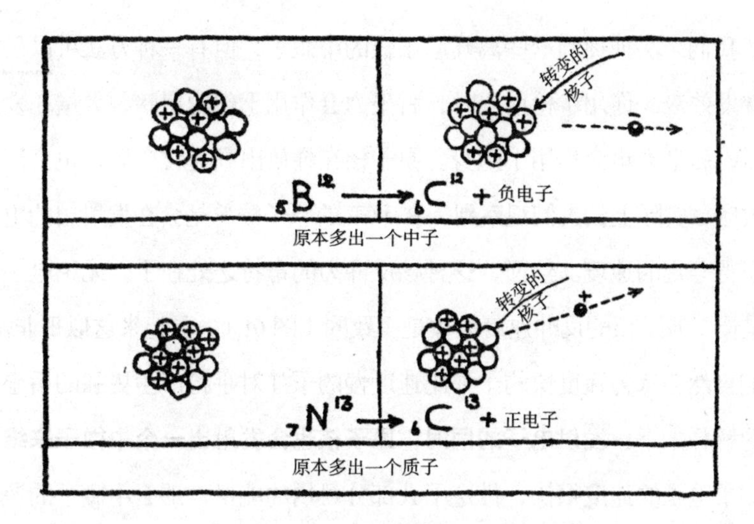

图 60　负 β 衰变和正 β 衰变示意图（为方便展示，所有的核子都画在了一个平面上）。

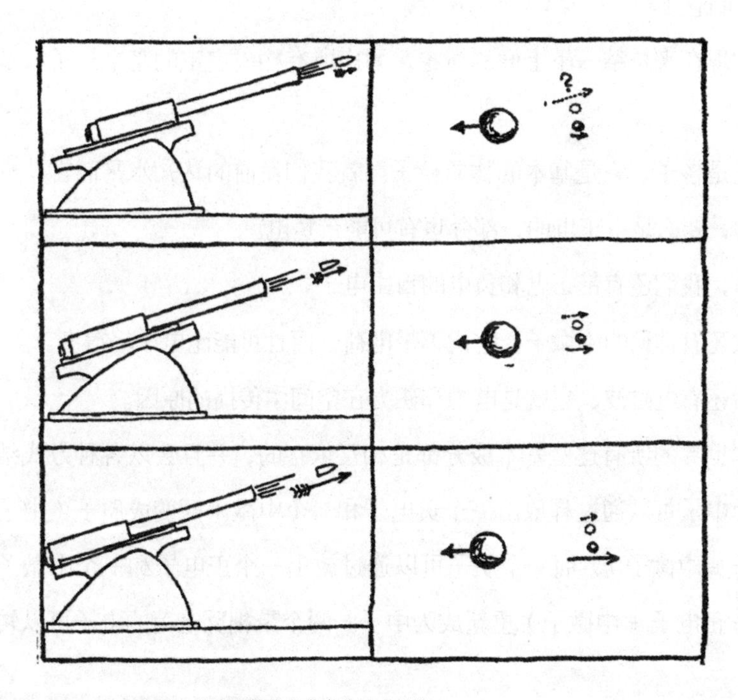

图 61　大炮和核物理学中的反冲问题。

虽然我们无法捕捉到这些离开原子核的中微子，但有一种方法可以研究由此产生的继发效应。你用步枪射击时，后坐力会作用于你的肩膀，大炮在发射出重型炮弹后，后坐力也会作用于炮身。原子核在释放出高速粒子后，也会产生同样的反冲效应。实际上，人们观察到，β 衰变的原子核总是会在发射出的电子的反方向上获得一定的速度。然而，这种核反冲力的奇特之处在于，无论电子的速度是快还是慢，原子核的反冲速度大体是一致的（图 61）。看起来这似乎非常奇怪，因为我们自然会认为速度快的子弹比速度慢的子弹对手枪产生更强的后坐力。这个谜团的解释如下：**发射电子的同时，原子核也会发射出一个中微子来维持能量平衡**。如果电子的速度很快，带走了大部分可用的能量，那么中微子的速度就会慢一些，反之亦然。因此，这两种粒子的共同作用，让人们观察到的原子核总是保持着很强的反冲力。如果这种效应还不能证明中微子的存在，那就没有任何东西能够证明它了！

我们现在来总结一下上面的讨论，列出所有构成宇宙的基本粒子以及它们之间的关系。

首先是核子，它是基本的物质粒子。就我们目前的认知水平而言，它们要么是中性的，要么是带正电的，部分也有可能带负电。

然后，我们还有带正电和负电的自由电子。

其次还有神秘的中微子，它们不带电荷，而且可能比电子轻得多[①]。

最后还有电磁波，它就是电力和磁力在空间中传播的原因。

物理世界的所有这些基本成分都是相互依存的，并且会以各种方式结合在一起。一个中子可以通过释放出一个负电子和一个中微子而变成质子（中子→质子 + 负电子 + 中微子），而一个质子可以通过放出一个正电子和一个中微子（质子→中子 + 正电子 + 中微子）重新成为中子。两个带相反电荷的电子可以转化为电

---

① 关于这一主题的最新实验证据表明，中微子的质量不超过电子的十分之一。（根据德国科学家于 2019 年的测定，中微子的质量可能还不到电子质量的五十万分之一。——译注）

磁辐射（正电子 + 负电子→辐射），反之亦然（辐射→正电子 + 负电子）。最后，中微子还可以与电子结合，形成能在宇宙射线中观察到的不稳定单位介子，或者用一个不太准确的名称“重电子”来称呼它（中微子 + 正电子→正介子；中微子 + 负电子→负介子；中微子 + 正电子 + 负电子→中性介子）。

中微子和电子结合之后，由于承载过多的内能（internal energy），新的粒子质量比原先的质量之和还要重上一百倍。

在图 62 中，我们画出了所有构成宇宙的基本粒子的示意图。

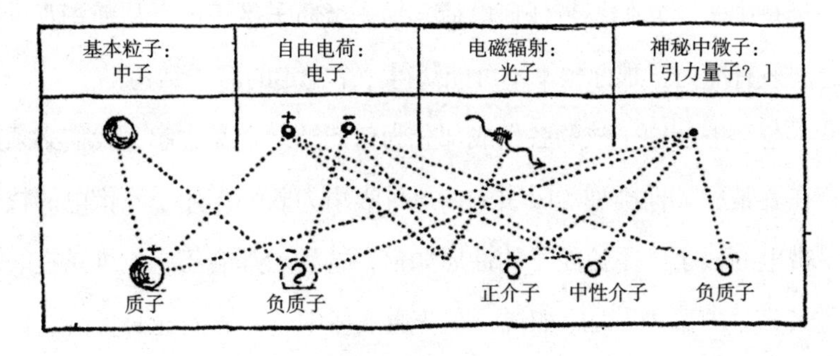

图 62　现代物理学中的基本粒子以及它们之间的各种相互组合。

你可能会问：“这就结束了吗？我们凭什么假设核子、电子和中微子就真的是基本粒子，不能再细分成更小的组成粒子吗？半个世纪前，人们不是还以为原子是不可分割的吗？但如今的原子世界却是那么复杂！”对此我的答案是，当然，虽然我们无法预测物质科学的未来发展，但是我们现在有更充分的理由相信，这些基本粒子的确是基本单位，不能再分了。曾经被认为是不可分割的原子显示出各种各样、相当复杂的化学、光学和其他性质，然而现代物理学中基本粒子的性质却是极其简单的。实际上，它们的简单程度可以和数学中的几何点相提并论。因此，我们现在只剩下三个本质上不同的实体：核子、电子和中微子，而不是经典物理学中一大堆“不可分割的原子”。尽管我们特别希望并且努力将所有东西还原成最简单的形式，但我们不可能将它们还原为无。因此，我们寻找构成物质的基本元素的过程，似乎已经走到尽头了[①]。

2. 原子之心

我们现在已经彻底理解了组成物质的基本粒子的特点和属性。接下来，我们可以更加深入地研究每个原子的心脏——原子核。在一定程度上，原子的外层结构类似于一个微型的太阳系，而原子核自身的结构却呈现出一幅完全不同的景象。首先，毫无疑问的是，把原子核结合在一起的力量并非纯粹的电磁力。因为核子里一半是中子，它们不带任何电荷，另一半质子带正电，从而相互排斥。如果它们之间只有斥力，那你根本不可能获得一个稳定的粒子结构！

因此，想要理解原子核的各组成部分为何能够结合在一起，我们必须假定它们之间存在着某种其他类型的吸引力，这种吸引力既能作用于不带电的核子，也能作用于带电的核子。不论粒子的性质如何，这种力都会将它们维系在一起，我们一般称其为“内聚力”，比如说，在普通液体中就会遇到这种力，它们能够防止各个分子向各个方向飞散。

在原子核中，类似的内聚力作用于各个核子之间，防止原子核因质子之间的斥力分崩离析。因此，原子核里的图景与原子外层结构截然不同：原子核外，电子在原子层中拥有足够的活动空间；而在原子核里，大量的核子就像罐头里的沙丁鱼一样紧紧地挤在一起。笔者首度提出了一个观点，认为原子核内部粒子的组建方式就像是普通液体里的分子一样。同样，正如普通液体存在着表面张力，原子核内部也存在表面张力。大家或许还记得，液体中之所以出现表面张力的现象，是因为液体内部的粒子会在各个方向上受到身边粒子的拉力，所以，表面的粒子就只会有把它们拉向内部的力量（图 63）。

---

① 根据最新的标准模型理论，已知的基本粒子可以分为费米子（包含夸克和轻子）以及玻色子（包含规范玻色子和希格斯粒子）几个大类，像质子这样的粒子已不再被视为基本粒子。——译注

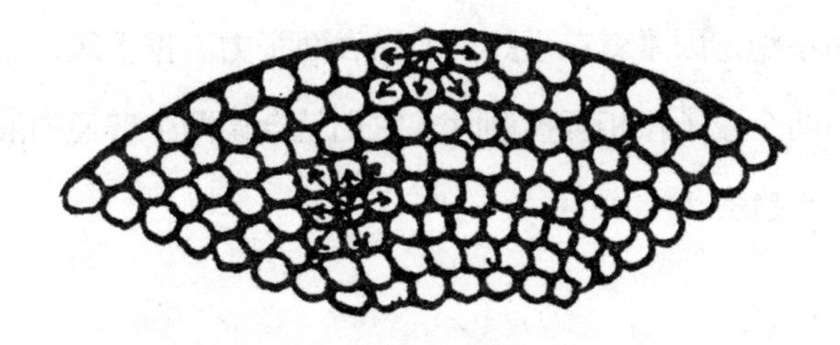

图 63　对液体表面张力的解释。

这样的话，一切液滴在不受任何外力的作用下都趋向于保持球状，因为球体是在给定的体积下表面积最小的几何图形。由此可以得出这样的结论：我们可以简单地把各种元素的原子核看成是性质相同的“核液体”中大小不一的液滴。但是不要忘记，核液体虽然在性质上和普通液体非常相似，但它们在量级上却有相当大的不同。实际上，它的密度是水的 240,000,000,000,000 倍，表面张力大约是水的 1,000,000,000,000,000,000 倍。为了帮你更好地理解这些大数字，我们来看看下面的例子。假如我们有一根大致弯成倒 U 形的铁丝，面积约为 2 英寸见方，如图 64 所示，然后在底边搭上一根笔直的金属丝作为横梁，并且在形成的正方形铁框上蒙上一层肥皂膜。薄膜的表面张力会把横梁往上拉，我们可以在横梁上挂一点儿重物，来抵消这种表面张力。如果薄膜是用普通的肥皂水制成的，厚度是 0.01 毫米（打个比方），那么薄膜自身的重量大约就是 1/4 克，可以承受的重物总重量约 3/4 克。

现在，如果我们能用核液体来制造类似的薄膜，那么薄膜的总重量将达到 5000 万吨（大约相当于 1000 艘远洋巨轮的重量），并且可以在金属丝上挂上大约 1 万亿吨的载重，差不多等于火星第二颗卫星，即“火卫二”的质量！不过，想要用核液体吹出肥皂泡，你必须要有相当强大的肺活量才行！

在把原子核视为核液体的微小液滴时，我们绝不能忽视这个重要的事实，那就是这些液滴是带电的，因为构成原子核的粒子中约有一半是质子。组成原子核的粒子之间存在着电斥力，这会让原子核具有一种分裂成两个或更多部分的趋势，但是这种趋势会被表面张力——倾向于使原子核结为一体的力——所抵消。

原子核最主要的不稳定因素就在于此。如果表面张力占据上风，原子核就永远不会自行分裂，在两个原子核相互接触时，它们就会像两个普通的液滴一样，有发生聚合（聚变）的趋势。

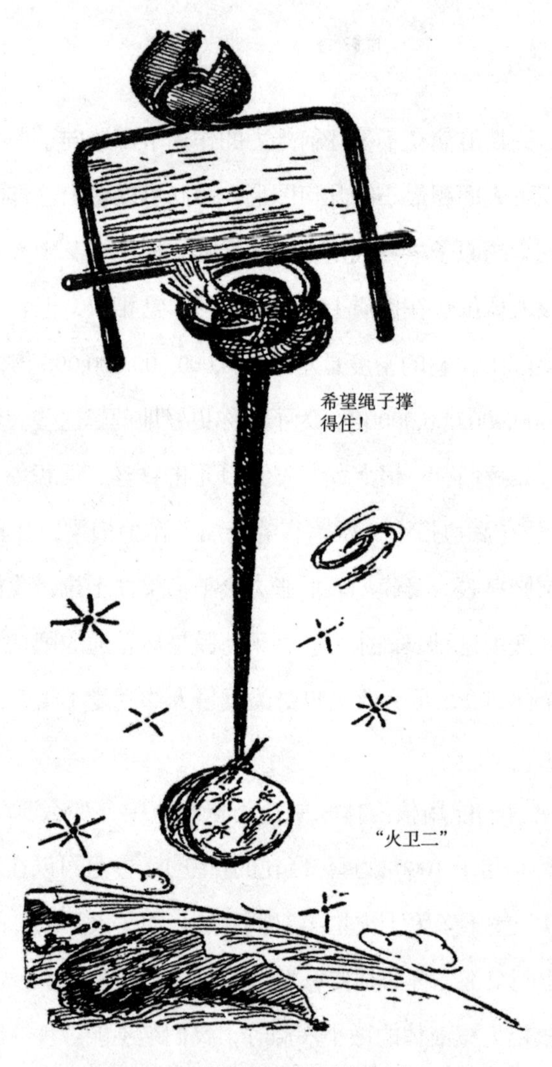

图 64　挂上重物能够抵消薄膜的表面张力。

如果情况相反，带电粒子的斥力占据上风，那么原子核就会表现出自行分裂的趋势，变成两个或更多的部分，并以极高的速度飞散出去，这种分裂过程通常被称为“裂变”。

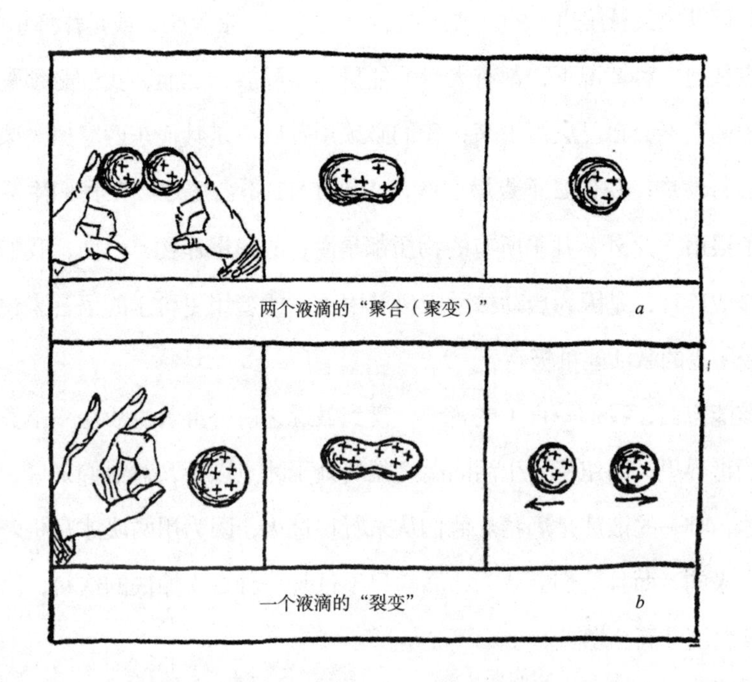

图 65　液滴“聚变”和“裂变”。

1939 年，玻尔和惠勒（Wheeler）精确地计算了不同元素原子核的表面张力和电斥力间的平衡状态，并得出一个极其重要的结论：周期表前半部分（大致到银结束）的元素，原子核都是表面张力占上风，而所有较重的原子核则普遍存在着更强的电斥力。因此，**所有比银重的元素，原子核的状态都是不太稳定的，**在受到足够强的外部刺激下，就会分裂成两个或更多的部分，并且释放出大量的核能（图 65a）。相反，**当两个原子量加起来小于银的轻核子相互靠近时，二者或许能够发生一个自发的核聚变过程**（图 65b）。

但必须要记住的是，无论是两个轻核间的聚变，还是重核的裂变，通常情况下都是不会发生的，除非我们对它们做些什么。实际上，为了引发两个轻核的聚变，我们必须克服电荷之间的斥力作用，把它们紧靠在一起，而为了迫使重核发生裂变，我们必须施加给它一个强大的轰击力，使它以足够大的幅度开始振动。

必须要有初始的激发才会发生某种过程——这种状态在科学上一般称为亚稳态。我们可以想象悬崖边上的一块石头、口袋里的一根火柴，或是炸弹里的TNT炸药。在任何一种情况下，都有大量的能量等待释放，然而，我们必须踢上石头一脚，否则它不会自己滚落下来；我们必须用鞋底或是其他东西摩擦火柴，否则它不会自行燃烧；我们必须点燃引线，否则TNT不会爆炸。在我们生活的世界里，除了银币[①]之外，几乎所有的物质都是潜在的核爆炸物，然而，我们之所以没有被炸成碎片，是因为启动核反应极其困难，或者用更科学的语言来说，是因为核反应所需的激活能量极高。

在核能方面，我们一直（或者说，直到最近之前一直）生活在一个类似于因纽特人的世界里。因纽特人生活的温度始终处于冰点以下，对他们来说，唯一的固体是冰，唯一的液体是酒精。他们从未听说过火，因为用两块冰互相摩擦是无法生出火来的，而且他们会认为，酒精只不过是一种令人愉快的饮料，因为没有办法将其温度升高至燃点。

直至最近，隐藏在原子内部的大规模能量才得以释放，这个过程带给人类的震撼程度，就好像我们想象中的因纽特人第一次看到普通酒精灯时的震惊！

然而，一旦克服了启动核反应的困难，我们之前为此付出的所有努力也会获得相应的回报。以等量的氧原子和碳原子混合物为例，根据化学方程式，二者结合方式如下：

$$O+C \rightarrow CO+\text{能量}$$

每克碳和氧的混合物将给我们带来920卡路里[②]的能量。

假如这两种原子进行的不是普通的化学结合（分子间的聚合）（图66a），而

① 请记住，银的原子核既不会发生聚变，也不会发生裂变。

② 卡路里是一个热量单位，它的定义是将1克水升高1摄氏度所需的能量。

是用“炼金术”让原子核进行结合（核聚变）（图 66b），那么就会得到：

$$_{6}C^{12}+_{8}O^{16}\longrightarrow _{14}Si^{28}+\text{能量}$$

每克混合物释放的能量，将达到 14,000,000,000 卡路里，也就是化学反应的 15,000,000 倍。

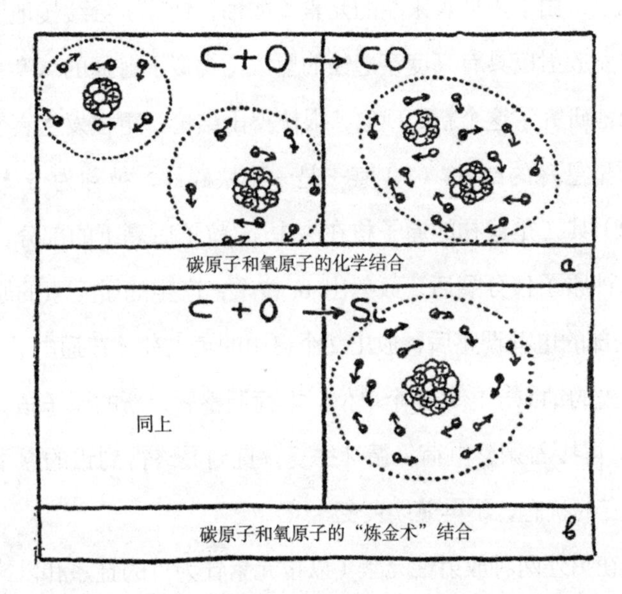

图 66　碳原子和氧原子之间的反应。

同样，将一个复杂的 TNT 分子分解成水、一氧化碳、二氧化碳和氮气分子（分子层面的分解），每克 TNT 可释放约 1000 卡路里的能量。然而，如果同等质量的水银发生核裂变，则会给我们带来 10,000,000,000 卡路里的能量。

有一点不要忘了，大多数化学反应在几百度的温度下很容易进行，而核反应的初始温度甚至会高达几百万度！启动核反应如此困难，反倒说明一个令人欣慰的事实：眼下我们倒是不必担心整个宇宙会在巨大的爆炸声中变成一块纯银了。

3. 轰击原子

虽然原子量的整数属性为原子核具有复杂结构提供了强有力的论据，但想要最终证明这种复杂结构，必须要有直接的经验证据，那就是证明一个原子核有可能分裂成两个或多个部分。

1896 年，贝克勒尔（Becquerel）发现了物质的放射性，第一次表明原子确实会分裂。实际上，由于周期表末端的元素（如铀、钍等）会缓慢地发生衰变，它们的原子会自发放射出具有高度穿透性的射线（类似于普通的 X 射线）。科学家在实验中仔细地研究了这个新的现象，很快得出结论：重核发生衰变时，会自发分裂成两个质量悬殊的部分：（1）其一是一小块碎片，被称为 α 粒子，相当于氦原子核；（2）其二是最初的原子核在失去 α 粒子后剩下的部分，也就是子元素的原子核。铀原子核分裂后，放射出 α 粒子，产生的子元素的原子核被称为铀 XI，经过内部的电荷调整后释放出 2 个自由的负电荷（普通电子），变成铀的同位素，比原先的铀原子核轻 4 个单位。电荷调整后，新的原子核又会进一步放射出 α 粒子，再接着调整电荷，循环往复，直到最终得到铅的原子核。这时才会达到非常稳定的状态，不再继续衰变。

科学家们在另外两种放射性元素（以重元素钍为首的钍系和以锕、铀为首的锕系元素）中，也观察到了与上述情况类似的连续放射性转化，同时伴随着 α 粒子和电子的交替发射。上述这三组元素都会发生自发的衰变，最终生成铅的三种同位素。

如果把上面关于自发放射性衰变的描述和上一节的一般讨论进行比较，好奇的读者可能会感到惊讶，因为上一节中说过，周期表后半部分所有元素的原子核都具有不稳定性，在这些元素中，起破坏作用的电斥力比倾向于将原子核结为一体的表面张力更占优势。如果所有比银重的原子核都是不稳定的，那么为什么只能在铀、镭、钍等少数最重的元素中观察到这种自发的衰变？答案是，虽然从理论上讲，所有比银重的元素都可以被视为放射性元素，而且在现实中，它们也正在缓慢地衰变成较轻的元素，但是在大多数情况下，这些元素的自发衰变过程非常缓慢，人们根本没有办法关注到它。因此，碘、金、汞、铅等人们熟悉的元素，历经几个世纪可能只有一到两个原子核才会分裂，这无疑太慢了，即使是最敏感的物理仪器也无法将其记录下来。只有在最重的元素中，强烈的自发分裂趋势才足以引发明显的放射性①。相对转化率还决定了特定的不稳定原子核的分裂方式。举例而言，铀原子核有很多不同的分裂方式：它可能会自发分裂成两个相等的部分，或是分裂成三个相等的部分，或是分裂成大小不一的几个部分。然而，最简单的方式就是分裂为一个 α 粒子和子元素的原子核，这就是为什么它通常会以这种方式分裂。据观察，一个铀原子核失去一个 α 粒子的可能性，是它自发分裂成两半的几百万倍。因此，在 1 克铀中，每秒钟大约有一万个原子核会放射出 α 粒子，然而，我们却要等上好几分钟，才能见到一个铀原子核自发裂变成相等的两半！

放射性现象的发现毫无疑问证明了原子核结构具有复杂性，并为人工制造（或诱发）核反应的实验铺平了道路。疑问随之而来：如果重元素，特别是不稳定元素的原子核会主动发生衰变，那么对于那些稳定元素的原子核，我们是不是可以用一些高速运动的核子作为炮弹，狠狠地撞击它们，使之分裂呢？

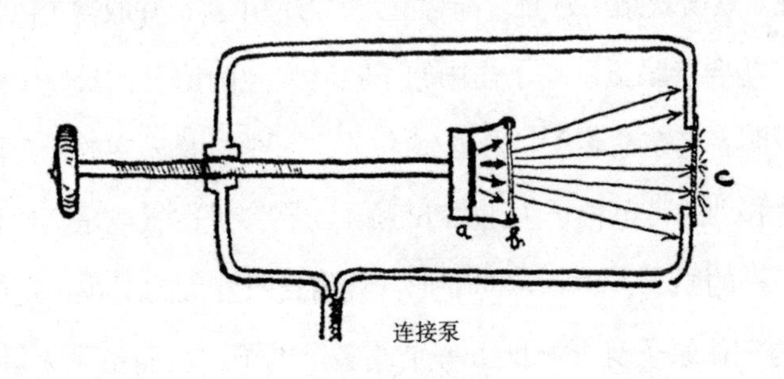

图 67　第一次分裂原子的场景。

① 以铀为例，每克铀中每秒就有几千个原子分裂。

出于这种想法，卢瑟福决定利用不稳定的放射性原子核自发分裂时产生的核碎片（α 粒子），猛烈地轰击各种稳定元素的原子。1919 年，卢瑟福在他首个核反应实验中使用的设备（图 67），对比现在占好几间物理实验室的巨型原子轰击设备，几乎简陋到了极点。这个设备包括一个真空的圆柱形容器，上面有一个用荧光材料制成的小窗（c），起到屏幕的作用。轰击 α 粒子的，是放置在金属板上的一层薄薄的放射性物质（a），而被轰击的元素（在这个实验中是铝）是一根细丝（b）的形状，放置在离放射性物质一定距离的地方。金属靶子以特定的方式放好，这样一来，所有入射的 α 粒子一旦遇到它，就会嵌进去，无法照亮屏幕。只有在靶物质遭到轰击、释放出的次级核碎片被屏幕接收到时，屏幕才会被点亮。

把所有部件都安装好后，卢瑟福开始用显微镜观察屏幕。没有人会错认眼前这幅景象：无数微小的亮光闪烁在整块屏幕上！每一个光点都是由质子撞击荧光材料产生的，而每一个质子都是由入射的“α 炮弹”从靶子上的铝原子里轰击出来的“碎片”。由此，元素的人工转化从原先理论上的可能性，变成了科学上确凿无疑的事实[①]。

就在卢瑟福完成这项经典实验之后的几十年间，研究元素人工转化的科学成为物理学各领域中最大的、最重要的分支之一。无论是在生产用于核轰击的高速粒子方面，还是在观察所获结果方面，都有重大的方法革新，并取得了巨大的进展。

如果我们想要亲眼见证粒子击中原子核时发生的情况，云室（或叫作威尔逊云室，以它发明者名字命名）是最理想的仪器。图 68 是云室的示意图，它的工作原理是：高速移动的带电粒子（比如 α 粒子）在穿过空气或是其他任何气体的过程中，会让沿途的原子发生一定的变形。凭借自身强大的电场，这些粒子会从挡住它们去路的气体原子身上撕扯下一个或多个电子，从而留下大量电离的原子。这种状态不会持续太长时间，粒子通过后不久，这些电离的原子又会夺回它们的

---

① 上述过程可以表示为如下方程式：

$$13Al^{27}+2He^{4}\longrightarrow 14Si^{30}+1H^{1}。$$

电子，恢复到正常状态。但是，如果发生电离的气体中充满了饱和的水蒸气，那么每个离子上就会形成一层微小的水滴——水蒸气往往会附着在离子、尘埃粒子等物质上，这是它的特性——因而沿着粒子的轨迹会产生一条薄薄的雾带。换言之，任何带电粒子在气体中的运动轨迹就会变得清晰可见，就像在空中喷出烟雾的飞机轨迹一样。

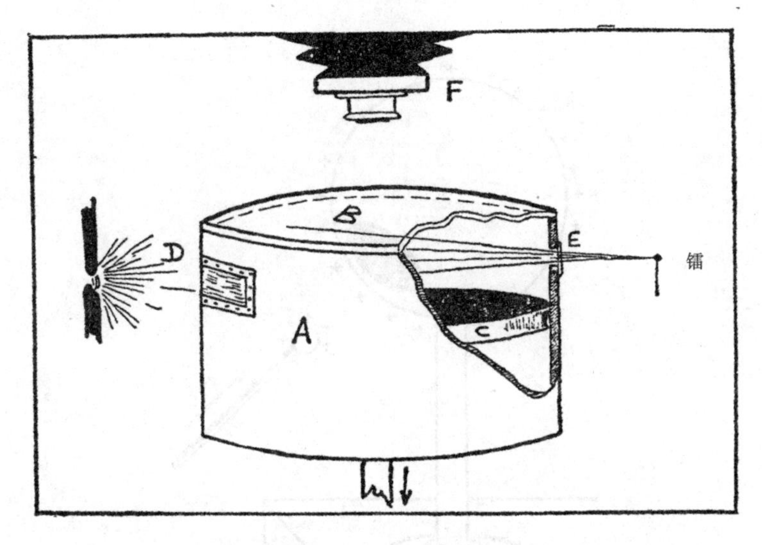

图 68　威尔逊云室的示意图。

从技术角度来看，云室这个装置非常简单，主要是由一个金属圆筒（A）和一个内部装有活塞（C）的玻璃盖（B）组成，活塞可以通过图中没有画出的组装方式上下移动。玻璃盖和活塞表面之间充满了含有大量水蒸气的普通空气（如果有需要，也可以充入其他任何气体）。一些粒子通过窗口（E）进入云室，如果此时活塞突然被向下拉动，那么活塞上方的空气就会冷却，开始凝结成水蒸气，沿着粒子的轨迹形成一条薄薄的雾带。这些雾带通过侧窗（D）的强光照射，在活塞的深色表面上清晰可见，我们还可以用一个和活塞联动的相机（F）对此进行观察或拍照。这种简单的装置能够为我们呈现核轰击后的美丽照片，可以说是现代物理学中最有价值的设备之一。

人们自然也想设计出一种方法，利用强电场加速各种带电粒子（离子），从而产生强大的粒子束。一旦拥有这种方法，人们就无需再使用稀有和昂贵的放射性物质，此外，还能选用其他不同类型的粒子（如质子），并能获得比普通放射性衰变更高的动能。有几类重要的装置可以制备强大的高速粒子束，其中包括：静电发生器、回旋加速器和直线加速器，图 69、70 和 71 分别对它们的功能进行了简要的说明。

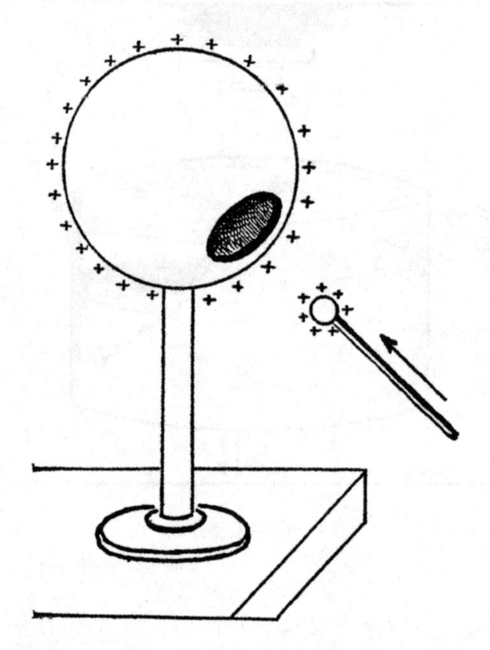

图 69　静电发生器的原理。
根据基本的物理学原理，我们知道，传递给球形金属导体的电荷分布在其表面。因此，我们可以将一个小型的带电导体从球体上的小孔中伸进去，再从内部接触球体表面，用这样的方法一个接一个地将微小的电荷送入其内部，从而让它达到任意高的电压。实践中，人们通过小孔伸进球形导体内部的实际上是一条连续的传送带，它可以将小型变压器产生的电荷送进去。

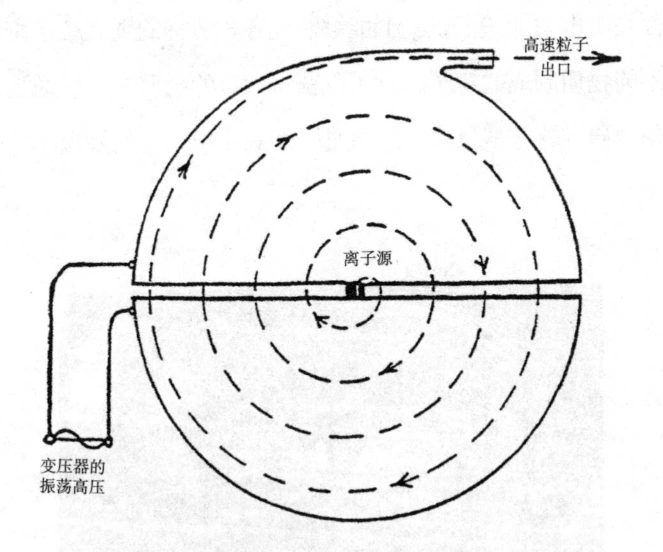

图 70　回旋加速器的原理。

回旋加速器主要由两个放置在强磁场中的半圆形金属盒组成（磁场方向垂直于图纸平面）。这两个盒子和一台变压器相连，因而交替携带正电和负电。从圆心出发的离子在磁场中以环形轨迹运动，每从一个盒子进入到另一个时都会被加速。离子移动得越来越快，呈螺旋状向外移动，最后以极高的速度离开加速器。

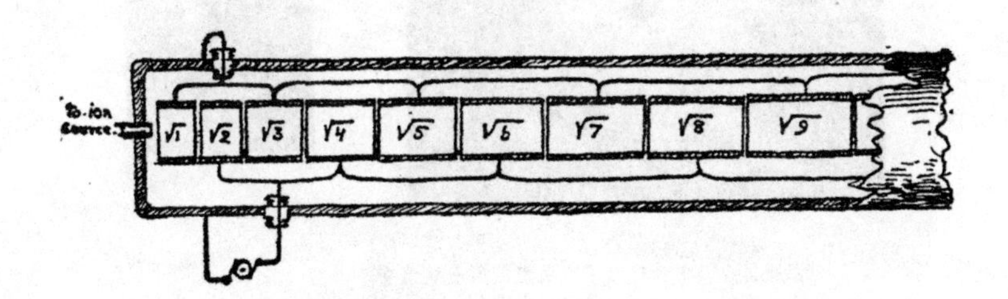

图 71　直线加速器的原理。

这个装置由若干个长度逐渐增加的圆柱体组成，它们连接着一台变压器，交替带正电和负电。离子从一个圆柱体进入到下一个时，因为两者之间的电势差获得加速，因此每次能量会有一定的增幅。由于速度与能量的平方根成正比，所以，如果圆柱体的长度与整数的平方根成正比，那么离子就会和交变电场保持同相位。只要把这个装置建得足够长，我们就可以将离子加速到任意的速度。

利用上面几类电力加速器，我们能够制成各式各样的强大粒子束；再用这些粒子束轰击不同物质制成的靶子，就可以获得大量的核反应——通过云室拍下的照片可以方便地研究这些核反应。图版Ⅲ和图版Ⅳ中，我们展现了一些核反应过程的照片。

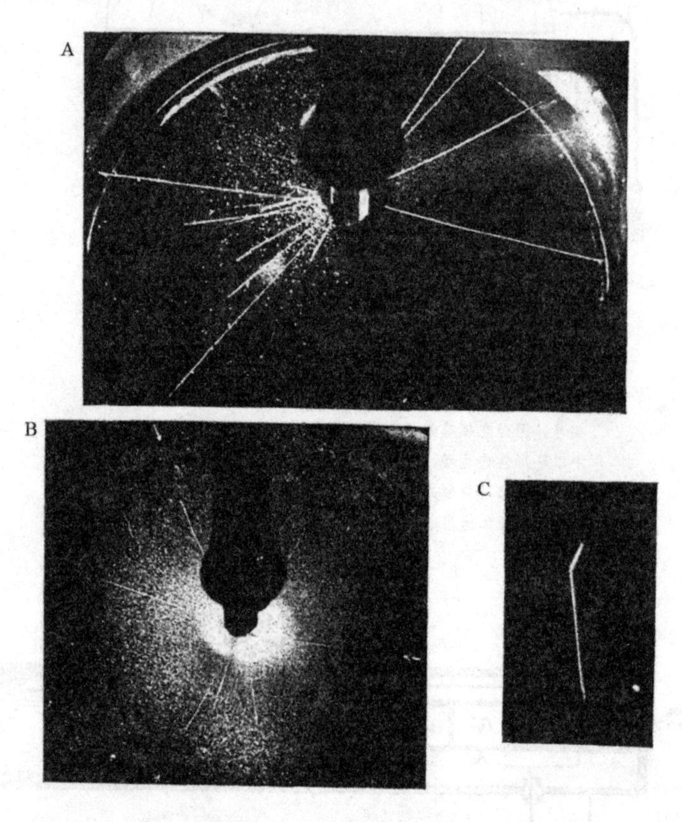

图版Ⅲ　人工加速粒子束引发的原子核嬗变。

A. 充斥着重氢气体的云室内，一个快氘核撞击着另一个氘核，得到一个氚核和一个普通的氢核（$_1D^2 +_1 D^2 \rightarrow_1 T^3{}_1H^1$）。

B. 一个快质子撞击一个硼原子核，将其分裂成三个相等的部分（$_5B^{11}+_1H^1 \rightarrow 3_2He^{45}$）。

C. 一个无法看见的中子从左侧击碎一个氮原子核，将其变为一个硼核（向上的轨迹）和一个氦核（向下的轨迹）（$_7N^{14}+_0N^1 \rightarrow_5 B^{11}+_2He^4$）。

（图片由剑桥大学，迪博士和费瑟博士提供）

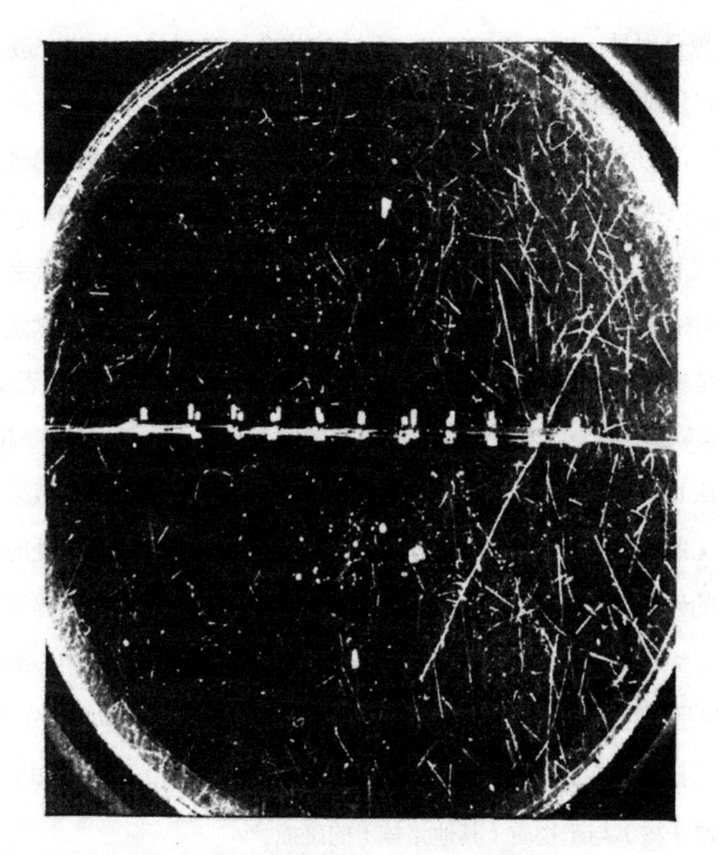

图版Ⅳ　铀原子核在云室中裂变。
一颗中子（图中无法看出来）撞击横放在云室中间的薄铀箔中的一个铀核。两道轨迹对应着裂变后的两个碎片飞出的方向，也分别携带 100 MeV 的能量。
（图片由 T. K. 包基尔德、K. T. 布罗斯多姆以及汤姆·劳里森摄于哥本哈根理论物理研究所）

剑桥的 P.M.S. 布莱克特（P.M.S.Blackett）拍摄的照片与图版中的第一张类似。在这张照片里，一束自然产生的 α 粒子穿过充满氮气的房间①。它第一次向我们表明，粒子的轨道长度有限，因为它穿过气体时会逐渐损失动能，直至最终停止。照片里有两组明显不同的轨道长度，对应于两组能量不同的 α 粒子（它

① 布莱克特照片上记录的核反应（本书并未收录这张照片）用公式表示如下：
$7N^{14}+2He^{4} \longrightarrow 8O^{17}+1H^{1}$。

们的放射源分别是：ThC 和 ThC[1]）。我们或许会注意到，α 轨道一般来说是相对笔直的，只是在靠近末端的地方才会发生明显的偏转。这是因为，粒子此时已失去大部分的初始能量，更容易与途中遇到的氮原子核发生非正面的碰撞，继而导致偏转。但是，这张照片最突出的地方是一条有着特别分岔的特殊 α 轨道——其中一条又长又细，另一条又短又粗。它展示了入射的 α 粒子和云室内一个氮原子核正面碰撞的结果。细长的那条是氮原子的质子撞击后被击出的轨迹，而短粗的那条则是被撞到一边的原子核碎片的轨迹。实际上，我们找不到代表反弹 α 粒子的第三条轨道，这意味着入射的 α 粒子已经附着在原子核上，同它一起运动。

在图版Ⅲ B 中，我们看到了人工加速的质子与硼原子核碰撞的效果。从加速器喷嘴处（照片中间的暗影）发射出来的高速质子束，击中了开口处的硼层，导致原子核的碎片飞散到四周的空气里。这张照片的有趣之处在于，碎片的轨迹总是以三个一组的形式出现（照片中可以看到两组这样的轨迹，其中一组已用箭头标出），这是因为硼原子核被质子击中之后，会分裂成三个相等的部分①。

另一张照片（图版Ⅲ A）显示了高速移动的氘核（由 1 个质子和 1 个中子构成的重氢原子核）与靶物质（其他氘核）的碰撞②。

照片中，我们可以看到较长的轨道对应于质子（ $1H^1$ 核），较短的轨道则对应于原子量等于 3 的重氢原子核（被称为氚核）。

中子和质子都是组成原子核的重要部件。如果核反应中完全没有中子参与，这样的云室图片库是不完整的。

然而，所有在云室照片中寻找中子踪迹的努力似乎都是白忙一场，因为这种“核物理学界的黑马”不带电荷，穿透物质时也不会导致任何的电离。但是，当你看到猎人冒烟的枪口和从天上掉下来的鸭子时，就会知道那里有一颗子弹，哪

① 核反应式为：

$5B^{11}+1H^1 \longrightarrow 2He^4+2He^4+2He^4$。

② 核反应式为：

$1H^2+1H^2 \longrightarrow 1H^3+1H^1$。

怕你根本没有看到它。同样的道理，当你看见一张云室照片（图版Ⅲ C）中的氮原子核分裂成了氦原子核（向下的轨道）和硼原子核（向上的轨道）时，一定也会意识到，这个氮原子核受到了某个从左边射过来的“隐身粒子”的重创。实际上，想要得到这样一张照片，人们必须要在云室的左壁板处放上镭和铍的混合物，因为这两种物质会放射出高速的中子①。

我们把中子源的位置与氮原子裂开的位置连接起来，就可以立刻得到中子在云室中运动的直线轨迹。

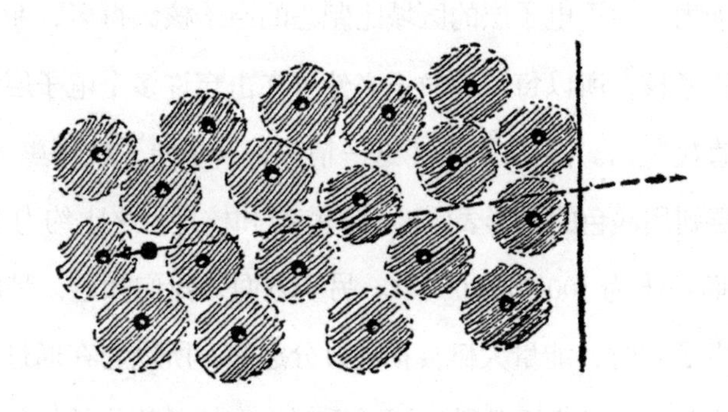

图 72　原子核周围包裹着电子层，其会减缓带电粒子运动的能力。

图版Ⅳ显示的是铀核的裂变过程。这张照片是由博基尔德（Boggild）、布罗斯特罗姆（Brostrom）和劳里森（Lauritsen）拍摄的，两块裂变的碎片正从铀层所在的薄铝箔上，以相反的方向飞出。当然，无论是引发裂变的中子，还是裂变时产生的中子，都没有显示在照片上。

有关电力加速粒子轰击原子核，从而产生各类核反应的话题，我们可以一直不停地聊下去。但是，现在还有一个更重要的问题，就是这类轰击的效率问题。不要忘了，图版Ⅲ和图版Ⅳ展示的照片只是单个原子裂变的情况。举例而言，为

---

① 从核反应的角度来看，这个过程可以用如下形式表示：

（a）中子的产生：$4Be^9+2He^4$（来自镭的 α 粒子）$\longrightarrow 6C^{12}+0n^1$；

（b）中子轰击氮原子核：$5B^{11}+1H^1 \longrightarrow 2He^4+2He^4+2He^4$。

了把 1 克的硼完全转变成氦，我们理应把其中的 55,000,000,000,000,000,000,000 个原子都击碎。现在，最强大的电力加速器每秒大约产生 1,000,000,000,000 个粒子，因此，即使每个粒子都能击碎一个硼原子核，我们也要让机器运行 5500 万秒，或者说大约 2 年的时间才能完成这项工作。

然而，由各种加速机产生的带电核粒子，其实际效率要比这低得多。通常在几千个轰击靶物质的粒子中，我们只能指望有一个粒子能引发核裂变。原子的轰击效率之所以那么低，原因在于原子核周围有电子层的包裹，这些电子会减缓带电粒子运动的能力。由于电子层的区域比靶心的原子核大得多，而且我们无法将粒子直接瞄准原子核，所以每一个粒子必然要在击穿许多个电子层后，才有机会对原子核进行直接轰击。图 72 解释了这一情况，其中原子核用黑色实心球表示，而它们的电子层则用浅色的阴影表示。原子直径和核直径之比约为 10,000：1，因此两个区域的面积比为 100,000,000：1。另一方面，我们知道，带电粒子在通过每一个原子的电子层时，能量大概会损失万分之一，所以它在通过大约一万个原子之后就会完全停止。从上面的数字不难看出，在粒子的初始能量还没有被电子层耗尽之前，每一万个粒子中大约只有 1 个粒子有机会击中原子核。考虑到带电粒子对靶物质的原子核的毁灭性打击效率极低，想要使 1 克硼彻底发生核反应，我们必须把它置于一台先进的原子轰击装置下长达 2 万年！

4. 核子学

“核子学”是一个不太准确的术语，不过和很多类似的术语一样，我们还是会不可避免地在实际生活中用到它。我们知道，“电子学”是指在实际领域中广泛应用自由电子束的学问，而“核子学”也应该理解为研究被释放的核能在实际中大规模应用的科学。我们在前几节中已经看到，各种化学元素（银元素除外）的原子核都具有巨大的内能：轻元素的内能会在核聚变过程中大量释放，而重元素对应的则是核裂变。我们还了解到，虽然人工加速带电粒子，使其轰击原子核的方法对各种核反应的理论研究具有重要意义，但效率极低，实际应用时难以派上用场。

α 粒子、质子等普通粒子之所以效率低下，主要是因为它们带有电荷，在穿透原子时会损失能量，无法充分靠近靶物质的带电原子核。因此，我们势必会想到利用不带电的粒子——中子来轰击各种原子核，从而获得更好的效果。然而，这里存在着一个问题！由于中子可以毫无障碍地穿透原子核结构，所以它们不会以游离的形式存在于自然界中，当我们用入射粒子把游离的中子从原子核中轰击出来后（例如，用 α 粒子轰击铍原子核里的中子），它很快又会被其他的原子核重新捕获。

因此，想要制备出轰击原子核的强大中子束，我们必须用带电粒子把特定元素原子核里的每一个中子都轰击出来。然而，这个目标又会把我们再次引向带电粒子的低效率问题。

然而，有一种方法可以摆脱这种恶性循环。假如我们能够用中子来轰击中子，并且保证每个中子都能轰击出不止一个“下一代”，那么这些粒子就会像兔子（参见图 97）或被感染组织里的细菌一样大量繁殖，一个中子能在短期内产生足够多的下一代，用以轰击大块物质里的每一个原子核。

科学家们确实发现了一种特殊的核反应，令上面描述的中子大量增殖成为可能。由此，核物理学出现了空前的繁荣，从一个关注物质的隐秘特性、纯科学的宁静象牙塔，卷入到大肆报道的报纸头条、激战不休的政治讨论，以及发展工业和军事领域的喧嚣漩涡之中。每一个读报纸的人都知道，核能，也就是通常所说的原子能，可以通过哈恩（Hahn）和斯特拉斯曼（Strassman）在 1938 年底发现的铀核裂变过程被释放出来。但是，如果你认为裂变本身（即重核分裂成两个几乎相等的部分）可以推动核反应持续进行下去，那就大错特错了。实际上，裂变产生的两个核碎片都带有相当大的电荷（大约各占铀原子核的总电荷的一半），导致它们无法太过接近其他的核子。因此，它们会在邻近原子的电子层中迅速失去一开始的极高能量，很快停止，不会再引发下一步的裂变。

对于持续进行的核反应来说，裂变过程之所以如此重要，是因为人们发现，每个裂变的碎片在最终静止之前，都会释放出一个中子（图 73）。

裂变之所以会触发这一特殊的后续效应，是因为刚刚裂成两半的重原子核就像两片刚断开的弹簧一样，处于相当剧烈的振动状态。这些振动不足以引发二次裂变（让每块碎片再次一分为二），却完全有可能把原子核结构中的一些部件抛射出去。我们所谓的“每个碎片会发射一个中子”是一个统计学意义上的描述。实际上，在某些情况下，一个碎片可能会发射出两个甚至三个中子，而在另一些情况下则一个都没有。当然，每块裂变的碎片发射中子的平均数量取决于它的振动强度，而振动强度又取决于最初裂变时释放的总能量。正如我们之前所看到的，越重的元素在裂变过程中释放的能量越多，每个碎片发射的中子数（平均数量，下同）也就越多。因此，金原子核在裂变时（这一过程所需的启动能量非常高，所以尚未在实验中实现），每个碎片发射的中子数远少于一个；铀核裂变时，每个碎片大约会发射一个中子（即每次裂变会产生大约两个中子）；而更重的元素（例如钚），每个碎片发射的中子数可能会大于一个。

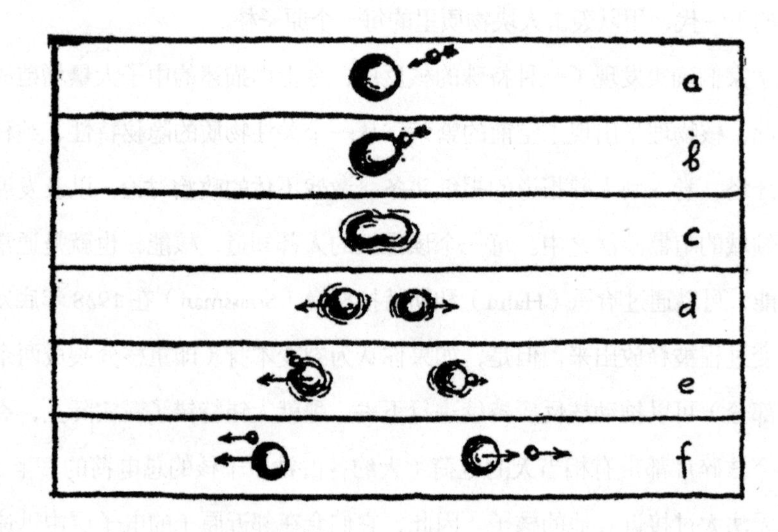

图 73　裂变过程的各阶段。

想要使中子持续增殖，假如有 100 个入射中子，我们必须要得到超过 100 个下一代才行。能否满足这一条件，取决于特定核裂变过程产生中子的相对效率，以及每一次裂变完成时新产生的中子数。必须要记住，即便中子作为轰击粒子比带电粒子更有效率，但它引发裂变的效率也达不到百分之百。实际上，高速中子在进入原子核后，很有可能只提供给原子核一部分动能，而自己带着剩余的动能逃逸了。在这种情况下，能量就会消散在几个原子核之间，每一个原子核都得不到足够的能量来引起裂变。

根据原子核结构的基本理论，我们可以得出结论，中子的裂变效率会随着元素原子量的增加而增加。对于靠近周期表末尾的元素而言，中子的裂变效率接近 100%。

现在我们以两组粒子为例，分别计算一下对中子增殖有利的条件和不利的条件：（a）假设我们有一种元素，其中高速中子的裂变效率为 35%，每次裂变产生的中子数为 1.6 个[①]。在这种情况下，100 个初始中子将会产生共计 35 次裂变，并且产生 35×1.6=56 个下一代中子。很明显，在这种情况下，中子的数量将随着时间的推移迅速减少，而每一代中子的数量只有前一代的一半左右。（b）假设我们选用一种更重的元素，它的中子裂变效率上升到 65%，每次裂变产生的中子数达到 2.2 个。在这种情况下，100 个初始中子就会产生 65 次裂变，总共产生 65×2.2=143 个下一代中子。每历经一代，中子的数量就会增加约 50%，很短时间内，就会产生足够的中子来轰击和分裂这种元素的每一个原子核。这样的过程我们称之为持续的分支链反应，能引发这种效应的物质叫作可裂变物质。

---

① 这些数值完全是为了举例而假设出来的，并不对应于任何实际的元素。

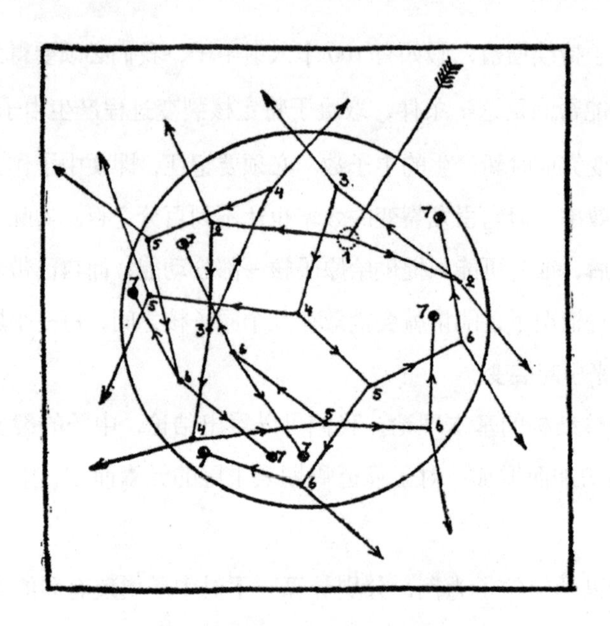

图 74　图中是一个球状的可裂变物质，一个游离的中子会在其中引发核链式反应。虽然很多中子会穿透物质表面，逃逸出去，但是经过连续反应，中子的数量仍会不断增加，直至最终引发爆炸。

科学家们对持续发生分支链反应的必要条件进行了深入的实验和理论探究，最后得出结论：在自然界现有的各种原子核中，只有一种特殊的核子可以发生这种反应，那就是著名的铀的轻同位素铀 235，它是唯一会发生裂变的天然物质。

然而，铀 235 在自然界中并不以独立的形态存在。人们发现，它总是和较重的、不能裂变的同位素铀 238 共存，且所占比例极低（铀 235 占 0.7%，铀 238 占 99.3%），这就像是在湿木头中水的存在妨碍了木头燃烧一样，铀 238 的存在也妨碍了天然铀发生持续的链式反应。实际上，正是由于掺杂了大量不活泼的同位素，极易裂变的铀 235 原子才会留存于自然界中，否则它们早就因为链式反应被迅速消耗掉了。这样一来，为了能够利用铀 235 的能量，人们必须把这些原子核与较重的铀 238 原子核分离开来，或者是设计出一套方法，不把较重的原子核移走，同时又能中和它们的干扰作用。科学家在上述这两种释放原子能的方法上都进行了探索，并且都取得了成功。我们在此只会做一些简单的讨论，复杂的技术问题不在本书的范围之内①。

直接分离两种铀同位素会面临非常多的技术难题。因为它们的化学性质相同，所以普通的化工方法并不可行。这两种原子的唯一区别在于它们的质量，其中一种比另一种重1.3%，这意味着我们可以采用扩散、离心，或是利用离子束在电磁场中的偏转等方法进行分离，因为在这些方法中，原子的质量差异会对原子的分离起到主导作用。在图75a、75b中，我们给出了两种主要分离方法的示意图，并且进行了简要的说明。

这些方法有一个共同的缺点：由于两种铀同位素的质量相差不大，分离不能一步到位，因而需要进行大量的重复操作，才能获得更高纯度的轻同位素。不过，重复足够多次以后，我们的确可以获得理想纯度的铀235。

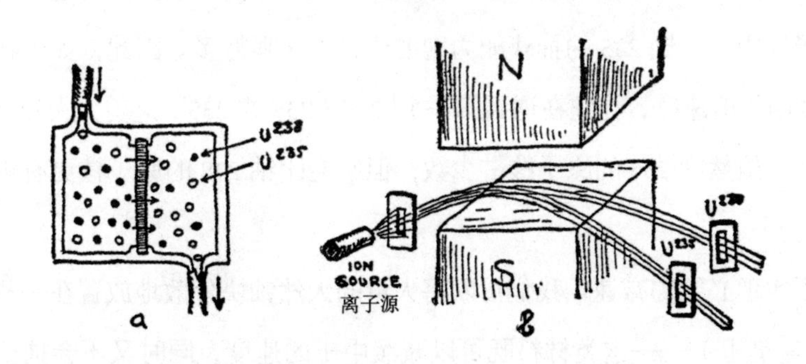

图75

(a) 利用扩散的方法分离同位素。将含有这两种同位素的气体泵入反应室的左侧，让它们通过中间的隔层扩散到右侧。由于较轻的分子扩散速度更快，因此右侧部分会含有更多的铀235。

(b) 利用磁场分离同位素。发射粒子束，使其穿过强磁场，含有较轻的铀同位素的分子会发生更大角度的偏转。为保证粒子束的强度，必须要使用较宽的缝隙，这样一来两股粒子束（包含铀235和铀238）会部分重叠，因此只能实现一定程度上的分离。

① 如需了解更详细的内容，请参阅西拉格·赫克特的《解释原子》一书，该书1947年由维京出版社首次出版。尤金·拉比诺维奇博士修订和扩充的新版本，可以在“探索者”平装系列中找到。

另一种更巧妙的方法是直接在天然铀中进行链式反应。这个过程中，我们需要使用减速剂，人为地降低较重同位素的干扰作用。想要理解这种方法，我们就要预先知道，较重的铀同位素之所以会阻碍反应，主要是因为它会吸收铀235裂变过程中产生的大部分中子，从而切断发生链式反应的可能性。因此，如果我们能够采取措施，阻止铀238的原子核绑架中子，就会使裂变顺利进行，问题也会迎刃而解。乍看之下，铀238的原子核数量比铀235多140倍，要从这个虎口中截获大部分中子似乎是一件不可能完成的任务。然而，由于这两种铀同位素的“中子捕获能力”对不同速度的中子而言各不相同，所以利用这一点，就可以解决这个问题。对于来自裂变原子核的高速中子，两种同位素的捕获能力是相同的，因此，铀235每俘获一个中子，铀238就会俘获140个中子；对于中等速度的中子，铀238的捕获能力要比铀235更好一些。然而，最重要的是，对于那些运动缓慢的中子，铀235的捕获能力则要比铀238强得多。因此，如果我们能够减缓裂变中子的速度，让它在遇到第一个铀核（238或235）之前大大降低初始速度，那么，虽然铀235的原子核占少数，但它会比铀238的原子核更有机会捕获到中子。

为了实现必要的减速，我们可以将大量的天然铀块分散地放置在一些材料中（比如减速剂里）——这类材料既可以减缓中子的速度，同时又不会捕获过多的中子。重水、碳和铍盐都是非常理想的减速剂。在图76中，我们展现了铀颗粒分布在减速剂中形成“反应堆”的工作原理图[①]。

① 关于铀反应堆的更详细讨论，请参阅有关原子能的专门书籍。

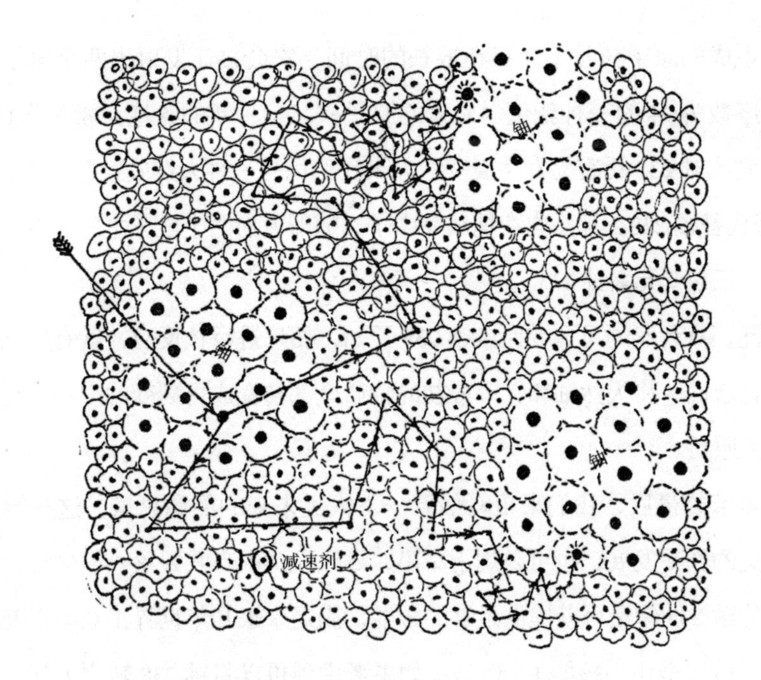

图 76　这张有点像生物细胞的图片描绘了嵌在减速剂（小原子）中的铀原子团（大原子）。左边铀原子团里的 1 个原子核裂变产生的 2 个中子进入到减速剂中，和后者的原子核在一系列碰撞后逐渐减速。当这些中子到达其他铀原子团的位置时，速度会大大降低，并被铀 235 的原子核捕获——它对速度慢的中子的捕获率远高于铀 238 的原子核。

如上所述，轻同位素铀 235（仅占天然铀的 0.7%）是自然界中现存的，唯一能够持续进行链式反应，从而大规模释放核能的可裂变原子核。但这并不意味着，我们不能人为地制造其他自然界通常不存在的原子，让它具有和铀 235 相同的性质。实际上，利用可裂变元素在链式反应里产生的大量中子，我们也可以将其他一般情况下不可裂变的原子核变成可裂变的。

第一个例子就发生在上面的“反应堆”里。这个反应堆里是天然铀和减速剂的混合物。我们已经知道，使用减速剂可以减少铀 238 原子核对中子的捕获，从而允许铀 235 的原子核发生链式反应。然而，仍会有一些中子被铀 238 俘获，这又会导致什么结果呢？

铀 238 捕获中子后，当然是变成更重的铀同位素铀 239。不过，人们发现，这个新生成的原子核并不会存在很长的时间，它会接连发射出两个电子，转化为原子序数为 94 的一种新化学元素的原子核。这种新的人造元素叫作钚（Pu-239），它比铀 235 更容易发生裂变。如果我们用另一种天然放射性元素钍（Th-232）来代替铀 238，那么它在捕获完中子，随即发射两个电子之后，将会转变为另一种人工裂变元素铀 233。

因此，从天然的可裂变元素铀 235 开始，循环进行核反应，就有可能（当然是在理论层面）将天然铀和钍等最初的物质全部转变成可裂变的产物，用作高浓度的核能原料。

在本节的最后，我们来粗略估算一下人类未来的能源总量，这些能源既可用于人类的和平发展，也可以用于军事，导致人类的自我毁灭。据估计，已知铀矿石中的铀 235 储量可以提供足够的核能，满足未来几年世界工业的需要（前提是工业领域完全使用核能）。但是，如果考虑到可以将铀 238 转化为钚，再加以利用，那么这个时间则会延长至几个世纪。如果再把可转化为铀 233 的钍的储量（大约是铀的四倍）算进去，那么这个时间将会进一步延长到至少一两千年，足以让我们不必再为“未来原子能短缺”而担忧了。

不过，即使这些核能资源全部用完，人们也没有发现新的铀钍矿藏，后人仍然能够从普通岩石中获得核能。实际上，和其他所有的化学元素一样，微量的铀和钍元素几乎存在于任何的普通材料中，比如，每吨普通的花岗岩中就有 4 克铀和 12 克钍。这个数量乍一看似乎很少，但是我们不妨做一个计算。我们知道，一公斤可裂变物质蕴含的核能，相当于 2 万吨 TNT 爆炸（相当于 1 颗原子弹）产生的能量，或是大约 2 万吨汽油燃烧产生的能量。因此，一吨花岗岩中含有的 16 克铀和钍如果全都转变为可裂变材料，相当于 320 吨普通燃料。这足以补偿我们在分离反应物时遇到的麻烦——尤其是在储量丰富的矿藏供应接近尾声的时候。

解决了铀等重元素核裂变的能量释放问题以后，物理学家们又着手处理核裂变的反向过程，即核聚变。聚变时，两个轻元素的原子核会融合在一起，形成一个较重的原子核，同时释放出巨大的能量。我们将会在第十一章中看到，太阳的能量就源于这样的核聚变。在这个过程中，普通的氢原子核由于内部剧烈的热碰撞，会结合成为较重的氦核。想要复制这些热核反应，并为人类所用，最合适的核聚变材料就是重氢（也就是氘），它在普通水中的含量很少。氘原子核又被称为氘核，包含 1 个质子和 1 个中子。当两个氘核碰撞时，会发生以下两种反应中的一种：

2 个氘核→ He−3+ 中子；2 个氘核→ H−3+ 质子。

为了实现这一转变，还必须要将氘核置于一亿度的高温之下。

第一个成功的核聚变装置就是氢弹，其中的氘反应是由一个裂变核弹的爆炸引发的。然而，一个更复杂的问题是制造出可控的热核反应，这将为人类的和平发展提供大量的能源。在此过程中，一个主要的困难是要限制住极度炽热的气体。要克服这一困难，可以通过强磁场将氘核限制在一个中心热区域内，防止氘核接触容器壁，否则后者就会熔化和蒸发！

第八章 无序法则

1. 热无序

倒上一杯水，然后观察它，你会看到一杯透明均匀的液体，找不出任何内部的结构或运动的迹象（当然，前提是不要晃动杯子）。但我们知道，水的均匀状态只是表象，如果把这杯水放大几百万倍，就会看到由大量独立分子紧紧挤在一起形成的颗粒结构。

保持原有的放大倍数，你还可以清楚地看到，水分子绝非静止不动，相反，它们剧烈地到处移动、相互推搡，就像是一群特别亢奋的人。所有物质的分子（也包括水分子）的不规则运动被称为热运动，因为正是这种运动产生了热。虽然人的眼睛无法直接观察到分子的存在及其运动，但是这种运动会对人体的神经纤维起到一定的刺激，让我们产生所谓的热的感觉。对于那些比人类小得多的生命体，比如悬浮在水滴里的细菌，热运动对它们的影响就要明显得多。这些可怜的生物会被来自四面八方躁动的水分子不停地踢打、推搡、折腾，根本得不到安宁（图 77）。一个多世纪前，英国植物学家罗伯特·布朗（Robert Brown）在研究细小的植物花粉时首次注意到了这种有趣的现象，它因而被称为布朗运动。布朗运动在自然界中相当普遍，悬浮在任何液体中的足够小的物质颗粒，或者飘浮在空气中的烟尘颗粒，都会产生这种现象。

如果加热液体，这些悬浮的微小颗粒就会舞动得更加剧烈；如果冷却液体，运动的强度则会明显减弱。无疑，我们在此观察到的，实际上是物体隐蔽的热运动引发的效应，而**通常所说的温度，只不过是对分子热运动程度的度量。**通过研究布朗运动和温度的关联性，人们发现，**在温度下降到 -273℃(-459F)**[①] **时，物**

① 更精确的数值是 -273℃。——译著

质的热运动会完全停滞，所有分子都会归为静止。这无疑就是最低的温度，因而得名“绝对零度”。谈论比绝对零度更低的温度是荒谬的，因为根本不存在一种比绝对静止更慢的运动！

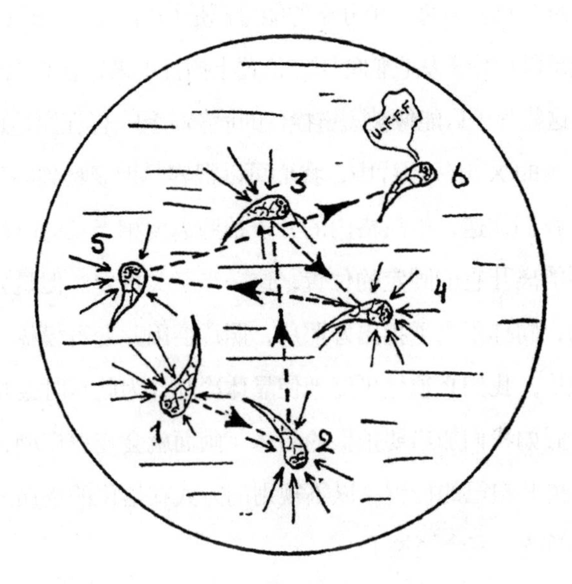

图 77　一个被分子撞来撞去的细菌先后所处的六个位置（物理上这么描述没问题，但细菌可能不这么看）。

任何物质在接近绝对零度时，分子的能量都会非常微弱，因此，内聚力会将它们凝聚成坚实的块状物，所有分子只能在“冻僵”的状态下轻微颤动。随着温度的升高，颤动越来越剧烈，等到一定的阶段，分子获得了一定的运动自由，就可以发生相互间的滑动。凝固物质的硬度消失，继而成为液体。熔化（融化）过程的温度取决于分子内聚力的强度。在氢气或大气的氮氧混合物这类物质中，分子的内聚力很弱，在较低的温度下热运动就会打破凝固的状态。因此，氢气只有在温度低于 14K（即 −259℃）时才处于凝固状态，而固态的氧和氮分别会在 55K 和 64K（即 −218℃和 −209℃）时熔化。其他一些物质的分子之间具有更强的内聚力，因此它们在更高的温度下才会融化。比如，纯酒精在 −114℃时会从固态融化，而冰冻的水（冰）到了 0℃时才会融化。另一些物质在更高的温度下仍会保持固态，铅在

327℃时熔化，铁在1535℃时才会熔化，而稀有金属锇可以一直保持固体状态直至2700℃。虽然固态物质的分子被牢牢地束缚在原有的位置上，但这不代表它们不受热运动的影响。实际上，根据热运动的基本定律，在一定的温度下，无论是固体、液体还是气体，所有物质中每一个分子的能量都是相同的，区别只在于：在某些情况下，这种能量足以把分子从它们的固定位置上撕扯下来，让它们四处游走，而在另一些情况下，这些分子只能像被短链拴住的愤怒的狗一样在原地躁动。

从上一章展示的X射线照片中，我们可以很容易地观察到固体分子的这种热颤动或热振动。我们知道，给晶格内的分子拍照需要相当长的时间，所以在曝光过程中，分子不能离开它们固定的位置，这一点至关重要。但是分子在固定位置上下不断地颤动，同样不利于拍出好照片，照片会因此变得模糊。所以说，想要获得更清晰的照片，我们必须尽可能地使晶体冷却，为此有时会将晶体浸入液态空气中。相反，假如我们加热要拍摄的晶体，画面就会变得模糊，达到晶体的熔点后，分子就会离开自己的位置，以不规则的方式在熔化的物质内四处移动，这样一来，晶体图像就会完全消失了。

熔化后的固体分子仍会聚在一处，因为热运动虽然能够使它们脱离晶格内的固定位置，但还不足以让它们完全分离。然而，随着温度继续升高，内聚力便再也无法将分子维系在一起。除非被四周的墙壁阻挡，否则它们就会向四处飞散。当然，到了这个时候，物质已经变成了气态。就像固体的熔点各不相同，不同的物质从液态蒸发时的温度也不一样，相较于内聚力较强的物质，内聚力较弱的物质会在更低的温度下变成气体。液体周围的压力环境也起到了相对关键的作用，因为外部压力显然会更有利于内聚力将分子维系在一起。因此，我们都知道，一个开口紧闭的水壶比一个敞口水壶中水的沸腾温度更高。在高山顶上，由于大气压强较小，水的沸腾温度就会低于100℃。值得一提的是，通过测量水的沸腾温度，可以计算出大气压强，从而算出某地的海拔高度。（见图78）

不过，千万不要模仿马克·吐温的做法。他的故事中曾经讲到，自己决心将一只空盒气压表放入一锅沸腾的豌豆汤中。这样做不但测不出海拔高度，而且氧化铜还会弄坏汤的味道。

图 78　物质的熔点影响沸点，熔点越高，沸点也越高。

物质的熔点越高，沸点也就越高。液态氢的沸点是 −253℃，液态氧和氮的沸点分别在 −183℃和 −106℃，酒精在 78℃沸腾，铅 1620℃，铁 3000℃，而锇只有到 5300℃以上的高温才沸腾[①]。

① 上面所有数值都是在标准大气压下测得的。

固体美丽的晶体结构被破坏之后，分子先是像一群虫子一样爬来爬去，然后又像一群受惊的鸟儿一样四散飞走。不过，后一种现象仍然不是热运动破坏力的极限。如果温度足够高，就会威胁分子自身的存在，因为分子间激烈碰撞的不断升级，会让它们分解成一个个的原子。这一过程被称为热离解，它取决于分子的相对强度。**在相对较低的温度下（几百度），某些有机物质的分子就会分解成独立的原子或原子团，但另一些结构更加稳固的分子（如水分子），需要达到一千多度才会被破坏。**等到温度上升到几千度时，没有任何分子会幸存下来，那时的物质就是一团纯化学元素的气态混合物。

这就是太阳表面的真实情况——那里的温度高达6000℃；而红巨星[①]的大气层温度则相对较低，所以那里仍有一些分子幸存，这一点已经通过光谱分析法得到了证明。

高温状态下激烈的热碰撞不仅会将分子分解成原子，而且还能削去原子的外层电子，从而破坏原子本身。当温度上升到几万度甚至几十万度时，这种热电离效应就会越来越明显，直至达到几百万度时实现彻底的电离。这种极度的高温远远超出了我们实验室所能达到的温度，但在恒星内部（尤其是太阳内部）却很常见。这个时候连原子都不存在了，所有原子的电子层被完全剥离，物质变成了裸露的原子核和自由电子的混合物。它们在空间中飞速地运动，并以极其猛烈的力量相互碰撞。然而，尽管原子完全成了残骸，但只要原子核依然完好，物质就能保持它的基本化学特性。如果温度下降，原子核就会再度获得电子，重新组合成完整的原子。

想要让物质彻底地热离解，也就是让原子核继续分解成独立的核子（质子和中子），那么温度至少要达到几十亿度。即使是在最炽热的恒星内部，我们也找不到这么高的温度。不过，在几十亿年前，宇宙尚还年轻之时，这种温度确实有可能存在。在本书的最后一章，我们再来讨论这个令人振奋的话题。（见图79）

---

① 参见第十一章。

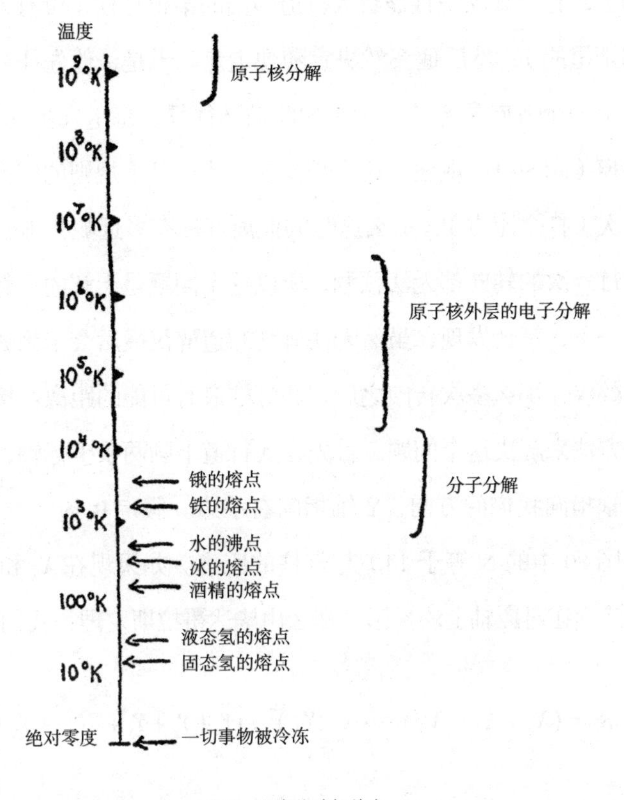

图 79 温度的破坏效应。

由此我们看到，热运动会一步步破坏以量子定律为基石构建出的精巧物质结构，并把这个宏伟的建筑变得一团糟：到处运动的粒子猛冲直撞，再也找不到任何明显的规律。

2. 如何描述无序运动？

如果你觉得，既然热运动是不规则的，那么我们一定无法对它进行物理意义上的描述，那就大错特错了。实际上，热运动这种完全无规律性可言的特性，恰好服从一种新的定律，那就是无序定律，也就是我们熟知的统计行为定律。想要理解上面的说法，我们不妨认真思考一下著名的“醉汉散步”问题。假设在开阔的城市广场上，有个醉汉一直靠着人行道中间的某根灯柱（没有人知道他是如何或何时去到那里的），然后他突然决定随便走走。于是，他先往一个方向走了几步，然后向另一个方向又走了几步，如此循环往复，每走几步就改变一次路线，让人难以捉摸（图80）。现在，这个醉汉以上述这种不规则的锯齿形路线，走走停停了100次（打个比方），那么这时的他离灯柱有多远呢？乍一听人们或许会认为，由于每一次的转向都无法预测，所以这个问题是无解的。然而，如果我们再认真思考一下，就会发现，虽然无法确切知道醉汉最后会走到哪里，但是我们可以弄明白醉汉在那么多次转向之后，和灯柱最有可能的距离。接下来我们就用有效的数学方法来解决这个问题。首先在人行道上画两条坐标轴，原点定在灯柱的位置，X轴指向我们的方向，Y轴指向右手边。假定R表示醉汉在走了N个锯齿形后（图80中的N等于14）与灯柱的距离。如果现在X_n和Y_n是指醉汉所走的第n段路程在对应轴上的投影，那么由毕达哥拉斯定理，我们显然可得：

$$R^2=(X_1+X_2+X_3+\cdots\cdots+X_N)^2+(Y_1+Y_2+Y_3+\cdots\cdots+Y_N)^2\ ,$$

其中X和Y既有正值，也有负值，取决于这个醉汉在特定的路段是靠近柱子还是远离柱子。请注意，由于他的运动是完全无序的，所以对于X和Y来说，它们所取的正负值应该一样多。根据代数的运算法则，我们在计算括号中各项和的平方时，必须要将括号中的每项分别乘以它本身和其他的所有项。这样一来：

$$\begin{aligned}(X_1+X_2+X_3+\cdots\cdots+X_N)^2&=(X_1+X_2+X_3+\cdots\cdots+X_N)(X_1+X_2+X_3+\cdots\cdots+X_N)\\&={X_1}^2+X_1X_2+X_1X_3+\cdots\cdots{X_2}^2+X_1X_2+\cdots\cdots{X_N}^2\end{aligned}$$

这一长串的求和表达式包括了X所有的平方项（${X_1}^2$，${X_2}^2$，……，${X_N}^2$），以及类似X_1X_2，X_2X_3这样的“交叉项乘积”。

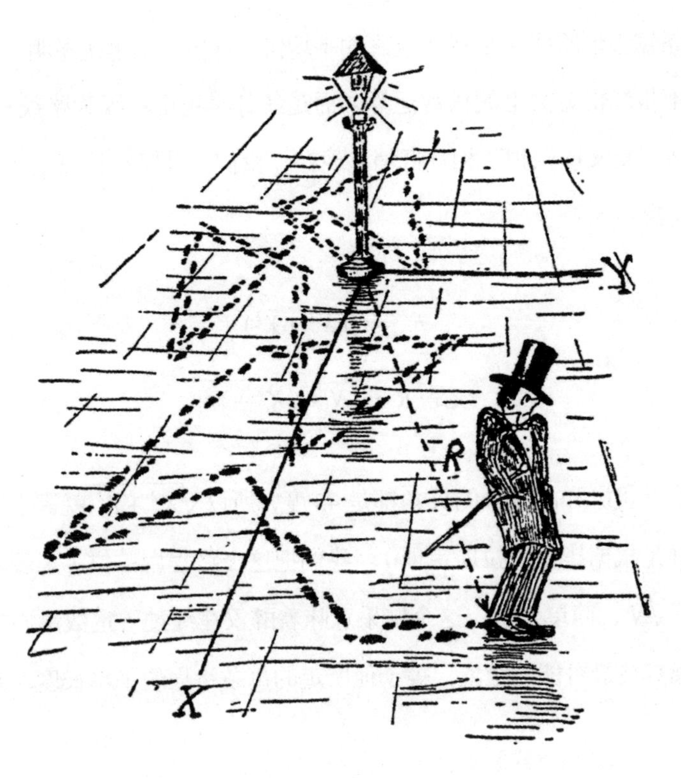

图 80　醉汉散步问题。

到目前为止，我们只用到了简单的代数运算。现在，根据醉汉走路的无序性，我们来进入统计学的观点。由于醉汉的运动完全是随机的——既可能走向柱子，也可能远离柱子——所以 X 的取值各有一半的几率是正数或负数。因此，在查看“交叉项乘积”时，你很有可能会发现数值相同、符号相反的成对项，它们可以相互抵消。而且走走停停的次数越多（即 N 越大），这种抵消就越有可能发生，剩下的只是 X 的平方，因为平方数总是正数。因此，整个表达式就可以写成：

$$X_1^2+X_2^2+\cdots\cdots+X_N^2=NX^2\ ,$$

其中 X 是每条锯齿形路线在 X 轴上投影的平均长度。

使用同样的方法，我们可以将第二个括号中含有 Y 的表达式简化为 NY^2，其中 Y 是每条锯齿形路线在 Y 轴上投影的平均值。这里必须再次说明，我们刚才所做的，并不是严格意义上的代数运算，而是统计学论证：因为路线具有随机性，所以可以将“交叉项乘积”相互抵消。现在，我们可以轻松计算出醉汉离灯柱最有可能的距离：

$$R^2 = N(X^2 + Y^2)$$

或是 $R = \sqrt{N} \times \sqrt{X^2 + Y^2}$

由于平均投影和两条轴的夹角都是 45 度，所以 $\sqrt{X^2 + Y^2}$ 就等于平均路程的长度（同样是根据毕达哥拉斯定理）。我们把这个路程用单位 1 来表示，由此得到：$R = 1 \times \sqrt{N}$，简单来说，这个结果意味着醉汉在经过一定数量不规则的转弯之后，他离灯柱最可能的距离，等于他所走的每条路程的平均长度，乘以转弯次数的平方根。

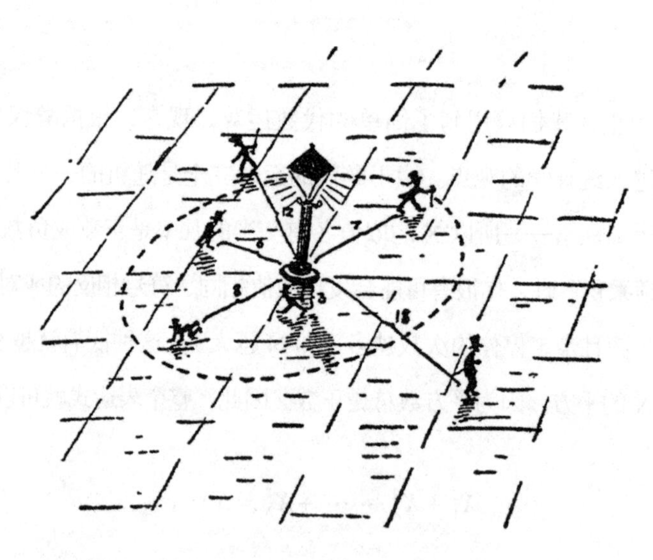

图 81　六个醉汉围绕灯柱散步的统计学分布。

因此，如果这个醉汉每走 1 码就转弯（没有人能预测他会转向何方！），那么他在走了 100 码的路程以后，很可能和灯柱只有 10 码的距离。如果他没有转弯，而是一直走，就会离灯柱 100 码远——这说明在散步的时候，保持清醒绝对是有好处的。

上述案例的统计学本质体现在，我们只是算出了最有可能的距离，而不是每个具体案例中的确切距离。就个别醉汉而言（虽然这种可能性不大），他很可能根本不会转弯，而是始终沿着直线，朝远离灯柱的方向走。也有可能他每次都会转 180 度，每转一次就回到灯柱下面。但是，如果有大量醉汉从同一根灯柱下出发，互不干扰地走在不同的锯齿形路线上，那么，经过足够长的时间，这些醉汉就会分布在灯柱周围一定区域内，而且他们与灯柱的平均距离可以用上述规则来进行计算。图 81 画出了六个醉汉的情况下，这种不规则运动分布的示例。无疑，醉汉的数量越多，他们无序行走时转弯的次数越多，这个规则就越准确。

现在，我们把醉汉换成一些微观物质，比如悬浮在液体中的花粉或细菌，这样一来，你就会看到植物学家布朗在显微镜中看到的一模一样的画面。当然，这些花粉和细菌并没有喝醉，但是，正如我们上述所言，它们的四周全是进行热运动的分子，这些分子永不停歇地把它们推向各个方向。因此，它们也被迫遵循着不规则的锯齿形轨迹，就和那些受酒精影响完全失去方向感的人走出来的路线完全一样！

现在，我们用显微镜来观察悬浮在一滴水里的大量微粒的布朗运动。把注意力集中在某一小撮微粒上——它们此时正聚集在一小块给定的区域内（即靠近“灯柱”），你会注意到，随着时间的推移，它们会渐渐地分散在整个视野中，而且它们与最初位置的平均距离将会和时间间隔的平方根成正比，完全符合我们在计算醉汉散步距离时的数学规律。

同样的运动法则当然也适用于这滴水里的每一个分子，只可惜你无法看到单个的分子，即使能看到，也无法把它们逐一区分开来。想要看到这种运动，就必须使用两种差异明显的不同分子，比如说使用不同的颜色。我们可以在一半的化学试管里装入高锰酸钾的水溶液，它会呈现出美丽的紫色。现在，我们再把一些清水倒在上面，注意不要让两层液体混在一起。这样一来，我们就会发现，高锰酸钾溶液的颜色会逐渐渗透到清水中。如果你等待的时间足够长，还会发现从底部到表面的所有液体全都变成了均匀的颜色。我们把这种大家熟悉的现象称为扩散，它是由染料（即高锰酸钾）分子在水分子之间无规则的热运动造成的。我们完全可以把每个高锰酸钾分子都想象成一个小醉汉，它被其他的分子不停地撞来撞去，来来回回运动。因为水分子排列得相当紧密（相比于气体分子的排列），每个分子在连续两次碰撞之间平均移动的自由路程非常短，只有大约一亿分之一英寸。另一方面，由于分子在室温下的运动速度约为每秒十分之一英里，所以一个分子从 次碰撞到下一次碰撞只需经过一秒钟的一万亿分之一。这样一来，在一秒钟的时间里，每个染料分子就会遭到大约一万亿次的连续碰撞，它的运动方向也会改变这么多次。在第一秒内，分子经过的平均距离是一亿分之一英寸（自由路程的长度）乘以一万亿（即一百万的平方）的平方根。这样一来，平均扩散速度只有每秒百分之一英寸。如果我们意识到，如果不发生碰撞偏转，同一个分子会出现在十分之一英里之外，现在的运动速度可以说是相当缓慢的了！如果你等待 100 秒，分子才会挣扎到 10 倍远（$\sqrt{100}=10$）的地方；等待 10,000 秒，也就是 3 小时左右的时间，颜色会扩散到 100 倍的距离（$\sqrt{10,000}=100$），也就是 1 英寸左右的地方。没错，扩散的确是一个相当缓慢的过程，你把一块糖放进茶杯里时，最好搅拌一下，而不是等待糖分子通过自己的运动扩散整个茶杯。（见图 82）

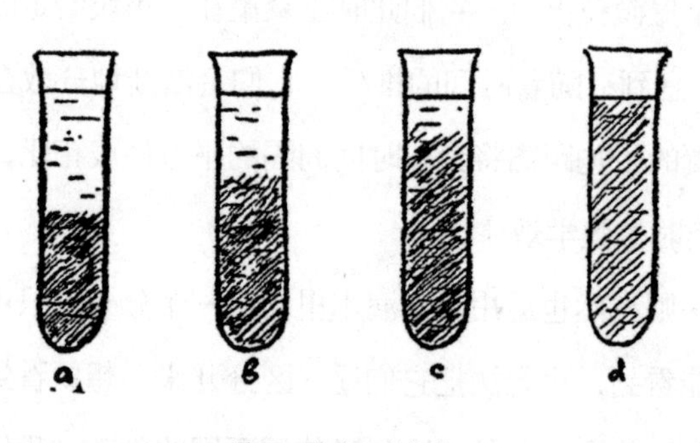

图 82　糖分子的扩散。

扩散是分子物理学中最重要的过程之一，我们再来举一个有关它的例子。思考一下，当你把铁棍的一端放进壁炉里，热量是如何通过铁棍进行传导的。根据已有的经验，你知道需要花一会儿工夫才能使铁棍的另一端热到发烫，但你可能不知道，热量沿着金属棍子传导依靠的是电子的扩散。没错，一个普通的铁棍里其实充满了电子，其他的金属里也是如此。金属和其他物质（比如玻璃）的不同之处在于，它的原子会失去部分的外层电子，而这些电子会在金属晶格中游走，参与到不规则的热运动中，这与普通气体的粒子非常相似。

金属外层的表面张力阻止了这些电子的“逃离”①，但是它们在物质内部的运动几乎畅通无阻。如果给金属线加一个电压，这些独立的自由电子就会顺着电流的方向冲撞过去。与之相反，非金属通常是良好的绝缘体，因为它们所有的电子都被束缚在原子上，无法自由移动。

我们把金属棍的一端放进火里时，这部分金属中自由电子的热运动会迅速增加，与此同时，快速运动的电子携带着多余的热能，开始扩散到其他区域。这个过程和水溶液里染料分子的扩散十分相似，只是这时发生扩散的不是两种不同的粒子（水分子和染料分子），而是同一种粒子——热电子云向冷电子云的区域扩散。醉汉散步定律在这里也同样适用，热量沿金属棍传导的距离和时间的平方根成正比。

最后一个有关扩散的例子，我们将选取一个重量级完全不同的宇宙案例。我们会在接下来的章节中讲到，太阳的能量是由其内部深处的化学元素通过核反应这种“炼金术”产生的。这种能量以强辐射的形式向外释放，而“光粒子”或光量子需要从太阳内部穿越整个星球，经过漫长的旅程才能到达太阳表面。由于光的运动速度为每秒 30 万公里，而太阳的半径只有 70 万公里，如果光量子以直线运动，只要 2 秒多一点儿就能运动到太阳表面。然而，事实远非如此，光量子在“逃

① 如果金属线的温度继续升高，内部电子的热运动就会变得更加剧烈，部分电子会从金属表面逃逸出来。这就是电子管所利用的现象，无线电爱好者对此应该不会陌生。

离”太阳的过程中，会和太阳物质中的原子、电子发生无数次碰撞。光量子在太阳中自由运动的路程大约是一厘米（比分子的自由路程要长得多！），由于太阳的半径是 70,000,000,000 厘米，我们的光量子必须经过 7×10^{10} 或 5×10^{21} 次“醉汉散步”才能到达表面。由于每一步都需要 $\frac{1}{3\times10^{10}}$ 或 3×10^{-11} 秒，所以整个行进的时间是 $3\times10^{-11}\times5\times10^{21}=1.5\times10^{11}$ 秒，折合下来大约需要 5000 年！在此，我们可以看到扩散的过程是多么缓慢。**光从太阳中心运动到表面需要 50 个世纪，而来到空旷的星际空间后，沿直线移动，只需要 8 分钟就能走完从太阳到地球的全部距离！**

3. 概率计算

上面有关扩散的案例，只是将概率统计定律应用于分子运动问题的一个简单例子。我们接下来会更深入地讨论下去，试着理解一个非常重要的定律：支配着每一个物体（无论是微小的液滴，还是星罗棋布的广阔宇宙）热行为的熵增定律。但是在此之前，我们首先要学习一下计算各种简单或复杂事件概率的方法。

图 83　抛掷两枚硬币时，可能会出现四种组合。

迄今为止，最简单的概率计算问题大概就是抛硬币了。每个人都知道，抛硬币时（前提是不作弊）得到正面或反面的几率是相等的。人们常说，正反面五五开，但在数学上我们更习惯说几率是一半对一半。如果把正反面的几率相加，就会得到 $\frac{1}{2}+\frac{1}{2}=1$。"等于 1"在概率中意味着确定性，你很确定，在抛硬币时得到的不是正面就是反面，除非它滚到沙发下面，消失得无影无踪。

假设你现在连续抛两次硬币，或者同时抛出两枚硬币（这两种情况是等价的），不难看出，结果会出现 4 种不同的可能性，如图 83 所示。

第一种情况，你抛出两次正面；最后一种情况，两次反面。而中间两种情况其实是一样的，因为对你来说，正反面出现的顺序并不重要。所以说，得到两次正面的几率是四分之一（即 $\frac{1}{4}$），两次反面的几率也是 $\frac{1}{4}$，一正一反的几率是四分之二（即 $\frac{1}{2}$）。我们再次算出：$\frac{1}{4}+\frac{1}{4}+\frac{1}{2}=1$，也就是说，你一定会得到上述三种可能组合中的一种。现在让我们看看，如果连抛 3 次硬币会发生什么。共有 8 种可能性，如下表所示：

情况类型	Ⅰ	Ⅱ	Ⅱ	Ⅲ	Ⅱ	Ⅲ	Ⅲ	Ⅳ
第一次	正	正	正	正	反	反	反	反
第二次	正	正	反	反	正	正	反	反
第三次	正	反	正	反	正	反	正	反

如果你仔细观察这个表格，就会发现有八分之一的几率抛出 3 次正面，同样的几率抛出 3 次反面。剩下分为两种等价的情况：2 次正面加 1 次反面，或是 1 次正面加 2 次反面，二者的概率都是 $\frac{3}{8}$。

概率表格的长度增长得飞快，不过我们还要再往前走一步，试试抛掷 4 次。以下是 16 种可能的情况：

第一次	正	正	正	正	正	正	正	正	反	反	反	反	反	反	反	反
第二次	正	正	正	正	反	反	反	反	正	正	正	正	反	反	反	反
第三次	正	正	反	反	正	正	反	反	正	正	反	反	正	正	反	反
第四次	正	反	正	反	正	反	正	反	正	反	正	反	正	反	正	反
情况类型	Ⅰ	Ⅱ	Ⅱ	Ⅲ	Ⅱ	Ⅲ	Ⅲ	Ⅳ	Ⅱ	Ⅲ	Ⅲ	Ⅳ	Ⅲ	Ⅳ	Ⅳ	Ⅴ

现在，有 $\frac{1}{16}$ 的概率抛出 4 次正面，抛出 4 次反面的概率也是一样。3 次正面加 1 次反面，或 3 次反面加 1 次正面的概率都是 $\frac{4}{16}$（即 $\frac{1}{4}$），而正反面次数相等的概率为 $\frac{6}{16}$（即 $\frac{3}{8}$）。

如果你用类似的方式抛更多次硬币，表格就会变得越来越长，纸上很快就写不下了。比如说，你抛掷 10 次，就有 1024 种不同的可能性（即 $2\times2\times2\times2\times2\times2\times2\times2\times2\times2$）。不过我们完全没有必要罗列这么长的表格，因为从那些已有的简单例子中，就可以总结出简单的概率规律，然后直接应用于更复杂的情况。

首先你会发现，抛出两次正面的概率，相当于第一次是正面和第二次是正面的概率乘积，也就是 $\frac{1}{4}=\frac{1}{2}\times\frac{1}{2}$。同理，连续三次或四次抛出正面的概率，就是每次得到正面的概率乘积（$\frac{1}{8}=\frac{1}{2}\times\frac{1}{2}\times\frac{1}{2}$；$\frac{1}{16}=\frac{1}{2}\times\frac{1}{2}\times\frac{1}{2}\times\frac{1}{2}$）。因此，如果有人问你，抛了 10 次全都是正面的概率是多少，你可以轻松地回答，将 $\frac{1}{2}$ 和 $\frac{1}{2}$ 乘上 10 次。计算结果是 0.00098，这说明概率的确很低，大约是千里挑一的几率！我们由此可以得出“概率乘法”的规则：如果你想要好几种不同的东西，那么同时获得它们的数学概率等于获得每一件东西概率的乘积。如果你想要的东西很多，而且获得每一件东西的概率都不是特别大，那么得到全部东西的概率就会低得让人打不起精神来！

还有一个规则叫作“概率加法”：如果你只想要几件东西中的某一件（不管哪件都行），那么只要把这几件东西单独出现的概率相加，即可算出这个几率。

抛掷两次硬币时，得到正反面次数相同的例子可以很好地说明这一点。你实际上想要的是“第一次正面，第二次反面”或“第一次反面，第二次正面”。这两种事件每个出现的概率都是 $\frac{1}{4}$，得到其中任意一种的概率就是 $\frac{1}{4}+\frac{1}{4}=\frac{1}{2}$。所以说，如果你想要“那个，那个，还有那个……”，你就把各个事件的数学概率相乘。然而，如果你想要的是“那个，或者那个，或者那个……”，把这些概率相加就可以了。

第一种情况下，如果想要的物品数量越来越多，你得到所有物品的机会就会随之减少。第二种情况下，你只想要几种物品中的一种，如果可供选择的物品清单变长，你得到满足的机会也会增加。

随着实验的次数越来越多，概率定律会变得越发准确。抛硬币实验是一个特别好的例子，图 84 中画出了抛掷 2 次、3 次、4 次、10 次和 100 次硬币时，获得正反面次数的概率。可以看到，随着抛掷次数的增加，概率曲线会变得越来越尖，正反面五五开的趋势也越发明显。

所以说，在抛掷 2 次或 3 次，甚至 4 次的情况下，全都是正面或反面的机会还是挺常见的。然而，如果是**抛 10 次硬币，哪怕只要求 9 次以上是正面或反面，都很难实现。**如果抛硬币的次数更多，比如说 100 次或是 1000 次，概率曲线就会变得像针尖一样细，从“五五开”分布往旁边偏离哪怕是一点点，几率都会趋近于零。

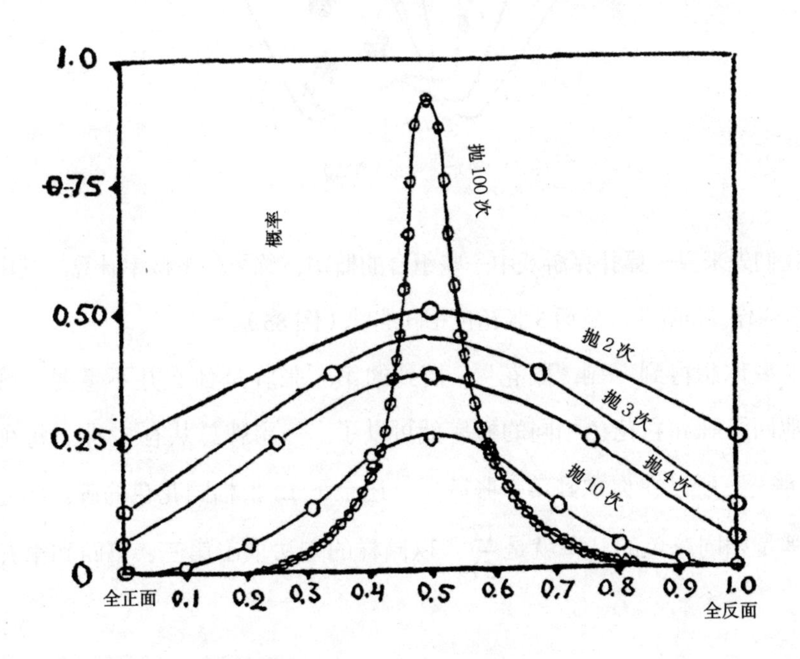

图 84　抛出正反面的相对概率。

现在，我们利用刚刚学过的概率计算的简单规则，算一下在著名的扑克游戏中，五张扑克牌出现各种组合的相对概率。

为避免有读者不了解，我先来介绍一下游戏规则：在这个游戏中，每个玩家都会得到五张牌，拿到最优组合的人获胜。我们在此会省略一些复杂情况，比如说为了获得更好的牌而去交换手中现有的牌；使用心理策略唬住对手，让他们相信你的牌比你实际拥有的更好。虽然这种虚张声势才是游戏的精髓（丹麦著名物理学家尼尔斯·玻尔（Niels Bohr）还据此发明了一种全新的游戏，游戏无需使用任何扑克牌，玩家只要通过自己想象的牌面组合虚张声势即可），但它完全不属于概率计算的范畴，而是一种纯粹的心理学问题。

图 85 同花（黑桃）。

我们先来算一算扑克游戏中一些组合的概率，练习一下概率计算。其中有一种组合叫作“同花”，是指 5 张花色相同的牌（图 85）。

如果你想得到一副“同花”，摸到的第一张牌是什么并不重要，只需计算其他四张牌和它花色相同的概率就可以了。一副牌总共有 52 张，每种花色有 13 张[①]，所以在你拿到第一张牌后，还余下 12 张相同花色的牌。因此，第二张牌是相同花色的几率就是 $\frac{12}{51}$。以同样的方法求出第三、第四和第五张牌

① 我们在此省略了加入“大小王”之后复杂情况。按照游戏规则，玩家可以随意把它们当成是其他任何一张牌。

是相同花色的几率分别是 $\frac{11}{50}$、$\frac{10}{49}$ 和 $\frac{9}{48}$。因为你希望这 5 张牌全是相同的花色，所以必须要用概率乘法法则。这样做之后，你会发现得到同花的概率是：$\frac{12}{51}\times\frac{11}{50}\times\frac{10}{49}\times\frac{9}{48}=\frac{11,880}{5,997,600}\approx\frac{1}{500}$。

但是，千万不要以为每玩 500 轮牌，你就一定能拿到一次同花。你可能一次也拿不到，也有可能拿到两个。这只是概率计算，很可能你玩了 500 多轮牌，却从未拿到过，或是一上来就拿到了同花。概率规则能告诉你的，只是你有可能会在 500 轮牌中拿到 1 次同花。你也可以通过同样的计算方法了解到，每玩 30,000,000 次游戏，你有可能会拿到 10 次左右的 5 张 A（包括一张大小王在内）。

图 86　三带二（满堂红）。

另一种组合在扑克牌里更少见，也更有价值，那就是所谓的“满堂红”，俗称“三带二”。“三带二”包括一个“对子”和三张“同点牌”（也就是说，对子里的牌是两种花色，三张同点牌则是三个不同的花色，例如图 86 所示的 2 个 5 和 3 个 Q）。

想要获得满堂红，先拿到哪两张牌并不重要。但在剩下的三张牌中，有两张必须要和其中的一张点数相同，还有一张与另一张相同。因为在余下的牌中，会有六张和你手头现有的两张相匹配（如果你有一张 Q 和一张 5，那么余下的牌里还有 3 张 Q 和 3 张 5），第三张牌符合条件的几率是 $\frac{6}{50}$。第四张牌符合的几率是 $\frac{5}{49}$，因为现有的 49 张牌中只剩下 5 张符合条件。由此类推，第五张牌符合条件

的几率是 $\frac{4}{48}$。因此，获得满堂红的概率是：$\frac{6}{50}\times\frac{5}{49}\times\frac{4}{48}=\frac{120}{117,600}$，大约是拿到同花概率的一半。

我们还可以用同样的方式，计算其他组合的概率，比如“顺子”（五张牌顺序相连）的概率，也可以把“大小王”带来的概率变化算进去，还可以计算出交换牌面后的概率。

通过这样的计算，我们会发现，扑克牌组合的价值高低，和它们出现的数学概率（稀缺与否）确实是有对应关系的！这样的规则安排，究竟是某位古代的数学家提出来的，还是数以百万计的玩家在全世界的奢华赌场和黑赌场里凭借经验冒着输钱的风险总结出来的，我们不得而知。如果是后者，那我们必须要承认，这个关于复杂事件相对概率的统计学研究还真是不错！

还有一个有趣的概率计算问题，叫“同一天过生日”问题，它的答案经常出人意料。回忆一下，你从前有没有在同一天接到过两场生日聚会邀请的经历？你或许会说，这种冲突的几率非常小，因为只有大概 24 个朋友可能会邀请你，而一年里却有整整 365 天！有这么多日期可选，这些朋友中有人在同一天过生日的概率一定非常小。

不过，虽然听上去有些不可思议，但你的判断错得很离谱。实际情况是，在一个 24 人的小圈子里，有两个人甚至多个人同一天过生日的概率相当大。实际上，出现冲突的几率比没有冲突的几率还要多。

你可以列一个里面包括 24 个人生日的名单来验证这一事实。更简单的做法是，随意打开一本类似《美国名人录》的书，直接比较某一页里连续出现的 24 个人的出生日期。你也可以通过简单的概率规则直接计算出这个概率，我们在抛硬币和玩扑克的问题中对此早已很熟悉了。

我们先来计算一下 24 个人当中每个人生日都不相同的概率。先问问第一个人的生日，当然，这个日子可以是一年 365 天里的任何一天。那么，第二个人的生日与第一个人不同的可能性有多大？由于第二个人同样有可能出生在一年中的任何一天，所以在 365 天中，他与第一个人生日冲突的可能性只有一个，而不冲突的可能性有 364 个（即 $\frac{364}{365}$ 的概率）。同样，第三个人的生日与前两个人不同的概率是 $\frac{363}{365}$，因为之前已经排除了一年中的两天。那么，下一个人的生日与前面所有人不同的概率依次分别是：$\frac{362}{365}$，$\frac{361}{365}$，$\frac{360}{365}$，等等。以此类推，直到最后一个人，其概率是 $\frac{365-23}{365}$ 或 $\frac{342}{365}$。

因为我们最终是要计算出现同一天过生日的概率是多少，所以我们要将上述所有分数相乘，从而首先求出所有人生日都不冲突的概率值：

$$\frac{364}{365}\times\frac{363}{365}\times\frac{362}{365}\times\cdots\cdots\frac{342}{365}$$

利用高等数学的方法，你可以在几分钟内得出乘积，但是如果不知道这些方法，也可以直接相乘①，这不会花上你太久的功夫。上述表达式的结果是 0.46，说明 24 个人的生日都不冲突的概率略小于二分之一。换言之，在你的 24 个朋友中，没有任何两个人在同一天过生日的几率只有 46%，而有两个或更多的人在同一天过生日的几率高达 54%！因此，如果你有超过 25 个朋友，却从来没有在同一天收到过两个生日聚会邀请，那么更可能的情况是：要么你的朋友大多不办生日聚会，要么就是他们根本没邀请你去参加！

同一天过生日的问题是一个非常好的例子，它向我们表明，人们在思考复杂事件的概率时，常识性的判断很可能会犯错。笔者曾经问过许多人（包括许多著名的科学家）这个问题，结果除了一个人之外②，其他所有人都愿接受 2：1 到 15：1 不等的赌注，认为不会发生这种巧合。如果他们都兑现了这些赌约，那我现在就是个大富翁了！

在此还要反复强调一点，哪怕我们按照给定的规则计算出不同事件的概率，

① 如果可以的话，请使用对数表或计算尺！（在本书成书的年代，计算器仍不普及。——译注）

② 唯一的那个例外是一个匈牙利数学家（不妨看一下本书第一章的开头）。

并且选出其中最有可能发生的一个，也不能确定这就是即将发生的事情。除非我们做了成千上万甚至是好几亿次实验，否则预测出来的结果只是“可能”发生，而非“确定”发生。在实验次数较少的情况下，概率定律这种“宽松”的性质，限制了统计分析在破译各种密码和密文上的应用，因为这些内容通常相对较短。我们来研究一下埃德加·爱伦·坡在他的著名故事《金甲虫》里描写过的著名案例。故事里讲到，有位莱格朗先生在南卡罗来纳州的荒芜海滩上散步时，捡到了一张半埋在湿漉漉沙子中的羊皮纸。莱格朗先生回到沙滩小屋，把羊皮纸靠近温暖的火堆时，羊皮纸上显现出了一些神秘的符号——这些符号是用神奇墨水写成的，平时看不见，在加热后就变成了清晰的红色。上面画着一个骷髅头，表明这些文字是海盗写的，还有一只山羊头，毫无疑问，这个海盗正是著名的基德船长。羊皮纸上还有几行印刷符号，毫无疑问，它正在揭示一个神秘宝藏的下落（见图 87）。

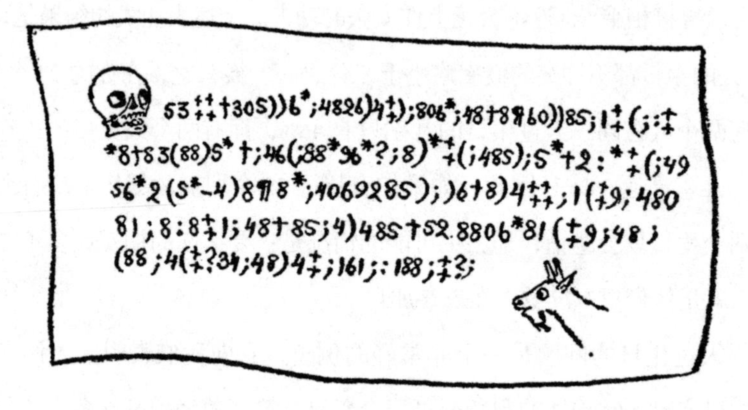

图 87　基德船长的密文。

我们暂且相信埃德加·爱伦·坡的描述，就当 17 世纪的海盗确实会熟练使用分号、引号这样的印刷符号，还有诸如 ‡，+，和 ¶ 这类特殊标志吧！

急需用钱的莱格朗先生动用了自己全部的智慧，试着破译出这个神秘的暗号。最后，他根据不同字母在英语中出现的相对频率，将其破译了出来。他的方法根据如下：无论是莎士比亚的十四行诗，还是埃德加·华莱士的神秘故事，只要数一数任何英文文本中不同字母的数量，就会发现字母 e 的出现频率是最高的。在 e 之后，出现频率最高的字母顺序依次如下：

a, o, i, d, h, n, r, s, t, u, y, c, f, g, l, m, w, b, k, p, q, x, z

在数出基德船长密文里的不同符号各有多少以后，莱格朗先生发现，电文中出现频率最高的是数字 8。“啊，”他说，“这意味着 8 很可能代表字母 e。”

好吧，他猜对了，但也只是碰巧，不能完全确定。实际上，如果密文的内容是“你会在鸟岛最北端一间老木屋向南走两千码的树林里的一个铁盒子中找到很多黄金和硬币”（You will find a lot of gold and coins in an iron box in woods two thousand yards south from an old hut on Bird Island’s north tip），这里面就一个 e 都没有了！但概率定律这一次站在了莱格朗先生这边，他的猜测果然是正确的。

首战告捷后，莱格朗先生有些过于自信了。他用同样的方法按照字母出现的概率顺序逐个挑出字母。在下表中，我们按照使用频率的相对顺序，列出了基德船长信息中出现的符号。

符号 8 出现了 33 次		e	e
;	26	a	t
4	19	o	h
‡	16	i	o
(	16	d	r
*	13	h	n
5	12	n	a
6	11	r	i
†	8	s	d
1	8	t	
0	6	u	
g	5	y	
2	5	c	
i	4		
3	4	g	g
?	3	l	u
¶	2	m	
-	1	w	
.	1	b	

图中的第二列是按照字母在英语中的相对使用频率排列出来的字母表。因此，我们完全有理由假设，第一列中列出的标志可以和第二列中的字

母一一对应。但是，采用这种排列方式，我们发现基德船长的信息开头是：ngiisgunddrhaoecr……

毫无意义可言！

为什么会这样？难道是这个老海盗太过刁钻，专门使用一些字母出现频率和正常情况完全不符的特殊单词？完全不是这样，答案很简单，因为信息不够长，无法作为很好的统计样本使用，所以不太符合最有可能的字母分布。如果基德船长把他的宝贝藏得特别隐蔽，藏宝说明有好几页，甚至是整整一卷，那么，莱格朗先生直接运用概率规则解开谜底的几率就会大得多。

如果你连抛100次硬币，就会相当有把握，它的正面会出现50次左右，但如果只抛4次，就有可能得到3正1反或3反1正的结果。要知道，实验的次数越多，就越接近概率定律的结果。

因为密文中的字母数量不够多，简单的统计分析方法失效了，所以莱格朗先生只能另选方法，通过分析英语中不同单词的详细结构来破解密码。首先，他强化了此前的结论，即最常见的符号8代表字母e，因为他注意到，“88”这个组合在信息中出现的频率非常高（多达5次），众所周知，字母e在英语单词中经常成对出现（如：meet, fleet, speed, seen, been, agree等）。此外，如果8真的代表e，那它会作为“the”这个词的一部分频繁地出现。检查密文的内容，我们会发现“；48”这个组合在短短几行中出现了7次。如果这个推断正确，我们必然会得出结论：“；”代表字母t，“4”代表字母h。

非常建议读者去阅读爱伦·坡的故事原文，了解接下来莱格朗先生破译基德船长密文的细节。最后破译出来的完整文字是：“主教客栈里的魔鬼之座下有块不错的宝石。北偏东41度13分。主枝干东侧第七根枝杈。从死神头颅的左眼射一枪。从树的位置沿子弹方向直走50英尺”（A good glass in the bishop’s hostel in the devil’s seat. Forty-one degrees and thirteen minutes northeast by north. Main branch seventh limb east side. Shoot from the left eye of the death’s head. A bee-line from the tree through the shot fifty feet out）。

莱格朗先生破译出来的字符对应的字母请见上述表格最后一列，你会发现，它们并不完全符合概率规律算出的预期字母分布。当然，这是因为文本太短，所以没有为概率定律找到充分的施展机会。但是，即便是在这个小型“统计样本”中，我们也能注意到字母的排列趋势和概率规则的顺序大体一致，如果信息中的字母数量远大于此，这种趋势几乎会成为一个牢不可破的规则。

图 88　星条旗和火柴。

我们再举一例。需要大量实验来检验概率规则的例子似乎只有一个，那就是著名的“星条旗和火柴”问题（其实还有一个，那就是保险公司永远都不会破产）。

想要处理这个概率问题，你需要一面美国国旗，用它红白条纹相间的那一部分。如果手头没有国旗，那就找一大张纸，在上面画一些平行的等距线。还需要一盒火柴——哪种火柴都行，只要火柴的长度比条纹的宽度窄就可以。接下来你还需要一个希腊派（π），它不是吃的东西，而是一个希腊字母，相当于英文里的“p”。除了字母的含义之外，它还被用来表示圆周与直径的比值。你大概已经知道，它的数值等于 3.1415926535……（后面还有很多位数字，但我们不需要把它们全写下来）。

现在，我们把国旗铺在桌子上，抛出一根火柴，让它落在国旗上（图 88）。可能会出现两种情况：火柴要么全部位于某个条纹内，要么会落在两个条纹之间的边线上。这两种可能性各是多大呢？

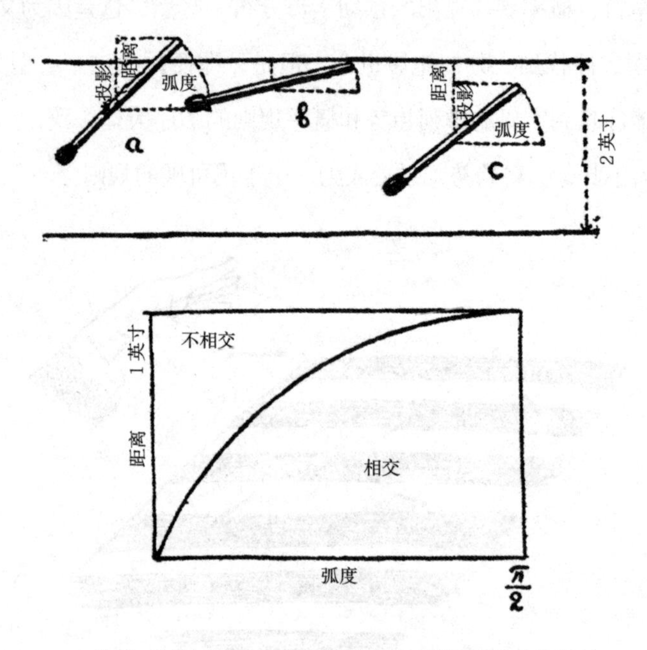

图 89 通过火柴中点与最近边线的距离，以及火柴与条纹方向形成的夹角，可以确定火柴相对于条纹的位置。

按照求解其他概率问题的步骤，我们必须先计算出其中每种情况发生的次数。

但是，一根火柴会以无数种不同的方式落在一面旗子上，这样一来，你怎么能算出所有的可能性呢？

我们再来仔细研究一下这个问题。落下的火柴相对于条纹的位置，可以通过火柴中点与最近边线的距离，以及火柴与条纹方向形成的夹角共同来确定（见图 89）。我们给出了三个有代表性的例子，简单起见，假设火柴的长度等于条纹的宽度，均为 2 英寸。如果火柴的中点相当接近边线，而且二者的夹角相当大（如例 a），那么火柴就会和边线相交。反之，如果夹角较小（如例 b）或中点与边线距离较大（如例 c），火柴就会落在一个条纹的边界内。更确切地说，如果火柴长度的一半在垂直方向上的投影大于火柴中点到最近边线的距离，火柴就会与边线相交（如例 a），如果相反，则不会相交（如例 b 和 c）。这个论述如图 89 下方的图形所示。我们用横轴代表火柴和边线的夹角（折算成了半径等于 1 的圆弧长度），用纵轴代表半根火柴在垂直方向上的投影长度，根据三角函数，这个长度等于给定弧长对应的正弦值。当弧长为 0 时，正弦值显然为 0，因为在这种情况下，火柴和边线呈平行状态。当弧长为 $\frac{\pi}{2}$ 时，相当于夹角呈直角[①]，正弦值则等于 1，火柴这时和边线垂直，因此与它自身的投影完全重合。对于处于二者之间的值，可以通过我们熟悉的正弦曲线得到。（图 89 中，我们只画了一段完整弧长的四分之一，即从 0 到 $\frac{\pi}{2}$ 以内的区间）。

画出这个图之后，我们就可以很方便地用它来估计落下的火柴是否与边线相交的几率了。实际上，正如我们在上面看到的（再看一看图 89 上方的三个例子），如果火柴的中心离边线的距离小于相应的投影，即小于弧长的正弦值，两者就会相交。这意味着，在绘制上述距离和夹角对应的点时，我们会在图中得到一个低于正弦线的点。反之，完全落在两个条纹之内的火柴则会得到一个高于正弦线的点。

因此，根据概率计算规则，二者相交的概率比上不相交的概率，就等于曲线下方的面积除以上方的面积。也可以说，这两件事的概率，分别可以用这两块面积除以整个矩形的面积来计算。我们可以用数学方法证明（参见第二章），曲线下方的面积正好等于 1，由于矩形的总面积是 $\frac{\pi}{2}\times 1=\frac{\pi}{2}$，所以火柴落在边线上的概率是（在火柴长度等于条纹宽度的情况下）：$\frac{1}{\pi/2}=\frac{2}{\pi}$。

有趣的是，π 在这个最意想不到的地方突然出现了！ 18 世纪的科学家布丰伯爵（Count Buffon）首先观察到了这个事实，所以这个问题也叫布丰问题。

意大利有位勤奋的数学家拉兹瑞尼（Lazzerini）真的做了这个实验，他抛了 3408 次火柴，观察到火柴与边线相交了 2169 次，将这个实验的精确记录代入布丰公式检查，求解出 π 的数值为 $\pi=2\times\frac{3408}{2169}\approx 3.1415929$，一直到小数点后第七位才出现误差！

---

① 半径为 1 的圆周长等于直径乘以 π，即 2π。因此直角所对应的圆弧周长等于 $\frac{\pi}{2}\left(2\frac{\pi}{4}\right)$。

这个例子对概率定律的有效性是一个有趣的证明，但相比于抛硬币，它也没有有趣到哪里去：抛一枚硬币几千次，然后用总次数除以出现正面的次数。在这种情况下，你会得到 2.000000……就和拉兹瑞尼求出的 π 的误差一样小！

4. 神秘的熵

我们从上述源于日常生活的概率计算案例中看到，在实验对象有限的情况下，预测的结果往往令人失望，而当我们拥有了足够多的实验对象时，结果就会变得越来越好。因而，这些定律特别适用于描述几乎是数不尽的原子或分子，因为哪怕是触手可得的一小块物质里面，也包含有亿万个粒子。如果我们将醉汉散步的统计定律应用在各自转上二三十圈的六七个醉汉身上，只能得出一个近似的结果，然而，如果用它来描述每秒碰撞几十亿次的几十亿个染料分子，却能够得出最准确的物理学扩散定律。我们还可以说，原先只溶解在试管一半水里的染料，通过扩散的过程趋向于在整个液体中均匀地分布，是因为均匀分布出现的概率要比之前分布的概率更大一些。

出于完全相同的原因，就在你阅读本书时，你所在房间的四面墙壁之间，地板和天花板之间，都均匀地充斥着空气。你甚至从来没有想过，房间里的空气可能会出其不意地全都集中在远离你的角落，让你在椅子上窒息。然而，这种恐怖事件在物理学上并非绝对不可能发生的，只是发生的概率极低而已。

想要弄清楚这一情况，我们先来想象一个房间，它被一个假想的垂直平面分成了两个相等的部分，然后再来想想，空气分子在这两个部分最有可能出现怎样的分布。当然，这个问题与上一节讨论的抛硬币问题是一样的。如果我们随便挑选一个分子，那么它出现在左右半边的几率是相等的，就像抛出的硬币落下时既可以正面向上，也可以反面向上。

第二个、第三个……其他所有分子出现在房间左边或右边的几率也是相等的，且与其他分子的位置无关①。因此，房间两边分子分布的问题和抛掷大量硬币时正反面分布的问题是等价的，从图 84 中可以看出，五五开的概率分布是最有可能出现的。随着抛掷次数的增加（在这个例子里是空气分子个数的增加），我们还可以看到，出现五五开的概率会越来越大，当数字非常大的时候，这个概率值就成了必然的结果。在一个正常大小的房间里，大约有 10^{27} 个分子②，所有这些分子同时聚集在房间右边的概率是：$\left(\frac{1}{2}\right)^{10^{27}} \approx 10^{-3\times10^{26}}$，即 1 ：$10^{3\times10^{26}}$。

另一方面，由于空气分子以每秒 0.5 公里左右的速度运动，因此它们从房间的一端移动到另一端只需要 0.01 秒，也就是说它们在房间中的分布每秒都会变化 100 次。因此，要想让空气完全分布在某一边，我们恐怕要等上 $10^{299,999,999,999,999,999,999,999,998}$ 秒，而宇宙的年纪总共就只有 10^{17} 秒！想到这里，你大可安心看书，不用担心意外造成的窒息了。

我们再举一个例子。桌上放着一杯水，我们知道，由于不规则的热运动，水分子在所有可能的方向上都进行着高速运动，但是又受到分子间内聚力的限制，无法飞散出去。

由于每个分子的运动方向完全受概率定律的支配，我们可以考虑这样一种可能性：在某一时刻，玻璃杯上半部分的分子全部向上运动，而杯子下半部分的分子全部向下运动③。在这种情况下，这两组分子分界线处的内聚力将无法阻止它们"一致的分离欲望"，我们会观察到一个异常的物理现象：玻璃杯中一半的水会以子弹般的速度自发地冲向天花板！

---

① 实际上，由于气体分子的间距很大，空间并不拥挤。在一定体积内尽管存在着大量的分子，仍然不会妨碍新的分子加入。

② 一个 10 英尺宽、15 英尺长、天花板高 9 英尺的房间，容积等于 1350 立方英尺，或 5×10^{7} 立方厘米，因此含有 5×10^{4} 克空气。由于空气分子的平均质量为 $30\times1.66\times10^{-24}\approx5\times10^{-23}$ 克，所以分子总数为 $5\times10^{4}/\left(5\times10^{-23}\right)=10^{27}$ 个。

③ 我们必须要考虑到，因为动量守恒的力学定律排除了所有分子向同一方向运动的可能性，所以分子的运动方向只能是一半向上一半向下。

还有一种可能性是，水分子热运动的所有能量全都偶然地集中在位于玻璃上半部分的水分子上，这时，靠近底部的水就会突然结冰，靠近水面的水开始剧烈沸腾。为什么你从来没有见过这样的事情发生呢？不是因为它绝对不可能发生，而是因为它极不可能发生。实际上，如果我们试着计算原本在各个方向上随机运动的分子偶然出现一半向上一半向下的概率，你所得出的数字，就和空气分子聚集在一个角落的概率一样小。同样，由于相互碰撞，一些分子失去绝大部分的能量，而另一些分子得到多余能量的几率也小得可以忽略不计。在此，我们通常观察到的情况对应的速度分布，就是概率最大的分布情况。

现在，如果分子的初始位置或是初始速度不符合最大的概率分布，比如我们在房间的某个角落放出一些气体，或是在冷水里倒入一些热水，就会发生一连串的物理变化，让我们的系统从这种不太可能的状态进入到最有可能的状态。气体会在房间里扩散，直到均匀地充满房间，玻璃杯上部的热量会向底部流动，直到所有的水都拥有同等的温度。因此，我们可以说，所有依赖于分子无规则运动的物理过程都是朝着概率增大的方向发展，直到达到平衡状态，而此时对应的就是概率的最大值。从房间里的空气这个例子可以看出，由于各类分子分布的概率通常是一些不方便使用的极小的数字（如空气聚集在房间一边的概率是 $10^{-3\times10^{26}}$），所以我们习惯用它们的对数来表示。这个物理量就叫作熵，它在所有关于物质不规则热运动的问题上起着至关重要的作用。有了这个概念，上面关于物理过程中概率变化的论述可以重新表述为：在一个物理系统里，任何自发的变化都是沿着熵增的方向发展的，熵达到最大值时系统就达到了最终的平衡状态。

这就是著名的“熵增定律”，即热力学第二定律（第一定律是能量守恒定律）。看吧，这里面没有让你望而却步的东西吧！

熵增定律又被称为无序程度增加定律，正如我们在上述几个例子看到的，**当分子的位置和速度完全随机分布时，熵就会达到最大值，因此，任何为分子运动引入某种秩序的尝试都会导致熵的降低。**还有一种有关熵增定律的更实用的数学表达式，可以从热量转化成机械运动的问题中推导出来。我们只要记住热量实际上是分子的无序机械运动，就不难理解，要将某种物质的热量完全转化为宏观层面的机械动能，就相当于迫使该物质的所有分子都向着同一方向做运动。然而，我们已经看到，让半杯水自发地冲向天花板这种现象基本上不可能出现，也可以认定它实际上不可能发生。因此，尽管机械运动的能量可以完全转化为热能（比如说通过摩擦），但是热能却永远不可能完全转化为机械运动。这就排除了“第二类永动机”①的可能性——这类永动机被认为可以在常温下从物体中提取热量，使它们冷却下来，并利用由此获得的能量做机械功。比如说，如果一艘蒸汽船声称不用烧煤来产生锅炉中的蒸汽，而是承诺直接从海水中提取热量——先把海水抽入机房，在提取热量后再把得到的冰块扔出船舱，它就是一种“第二类永动机”，但这种想法是根本不可能实现的。

但是，普通的蒸汽机又是如何在不违反熵增定律的情况下，将热量转化为运动的呢？之所以能够达到这一目的，关键在于蒸汽机燃料燃烧释放的热量中只有一部分被实际转化为动能，另一部分则以废气的形式排放到空气中，或者被特意安排的蒸汽冷却设备吸收。在这种情况下，我们的系统中出现了两种相反的熵变化：（1）一部分热量转化成活塞的机械能时，熵相应地减少；（2）另一部分热量从锅炉中流向冷却设备，熵增加。**熵增定律只要求系统的熵总量增加，因此，只要第二个值大于第一个值就可以做到。**我们不妨再想一个更容易理解的例子。一个 5 磅的重物放在离地面 6 英尺高的架子上，根据能量守恒定律，在没有任何外力帮助的情况下，这个重物不可能自发地向天花板上升。然而，如果可以让重物的一部分质量往下落，由此释放的能量就可以让余下的部分向上提升。

同样的道理，我们可以减少系统里某一部分的熵，从而让另一部分出现补偿性的增加。换句话说，考虑到分子的无序运动，我们可以在某个区域引入一些秩序，前提是我们不介意这会使其他区域的运动变得更无序。在很多实际的情况下（比如各种热机），我们确实并不介意。

---

① 这个称呼是为了与“第一类永动机”区别开来，“第一类永动机”违反了能量守恒定律，承诺在没有任何能量供给的情况下工作。

5. 统计涨落

经过上一节的讨论，想必你已经了解，熵增定律及其所有的推论完全建立在这样一种基础之上：宏观物理学中，我们涉及到的所有物质都包含了数量可观的分子，因此，任何概率上做出的预测几乎都具有绝对的必然性。然而，当我们在思考数量有限的物质时，这种预测就变得相当不准确了。

举例来说，如果我们不像前面那样，研究一间充满空气的大房间，而是选取体积小得多的气体作为观察对象（比如说边长为一百分之一微米[1]的立方体），情况就会完全不同。实际上，由于该立方体的体积是 10^{-18} 立方厘米，它里面只有 $\frac{10^{-18}\times10^{-3}}{3\times10^{-23}}=30$ 个分子，而所有分子都聚集在一半空间的几率是 $\left(\frac{1}{2}\right)^{30}=10^{-10}$。

另一方面，由于在这个体积极小的立方体中，分子以每秒 5×10^{10} 次的速度不断变换位置（速度为每秒 0.5 千米，立方体边长 10^{-6} 厘米），所以大约每一秒钟立方体里就会出现一半是空的现象。不用说，其中一部分分子出现在一半空间里的情况就更常见了。比如说，20 个分子在其中一边，10 个分子在另一边（也就是说一边多出来 10 个分子）的分布，会以每秒 5000 万次（$\left(\frac{1}{2}\right)^{10}\times5\times10^{10}=10^{-3}\times5\times10^{10}=5\times10^{7}$）的频率出现。

因此，在很小的区域内，空气分子的分布并不是均匀的。如果我们用高倍放大镜观察，就会留意到气体里的分子在各个位置瞬间聚拢，又瞬间散开，然后在其他位置上再聚拢，等等。这种效应被称为密度涨落，它在许多物理现象中起着重要作用。例如，当太阳的光线穿透大气层时，大气不均匀的特性会造成光谱中的蓝光发生散射，从而使天空呈现出我们熟悉的颜色，同时使太阳看起来比实际上更红。这种变红的效应在日落时分尤其明显，因为那时阳光必须穿过较厚的空气层。如果没有这些密度涨落，天空就永远是黑的，我们在白天也能看到星星。

---

① 微米通常用希腊字母 μ 来表示，1 微米等于 0.0001 厘米。

普通液体里也会出现类似的密度涨落和压力涨落效应，只是没有那么明显。因而，我们可以用另一种说法来描述布朗运动：悬浮在水中的微粒受到各个方向快速变化的压力的作用，被推来推去。当液体被加热到接近沸点时，密度涨落会变得越发明显，还会让液体略带乳白色。

我们现在不妨问问自己，熵增定律是否适用于那些特别容易受统计涨落效应影响的微小物体呢？当然了，细菌的一生都在分子的冲撞下颠沛流离，如果说热量无法引发机械运动，它们肯定会对此嗤之以鼻！但这种情况与其说是违反了熵增定律，倒不如说是熵增定律失去了意义。**熵增定律实际上表达的是，分子运动不能完全转化为内含大量独立分子的宏观物体的运动。**而对一个比分子大不了多少的细菌来说，热运动和机械运动之间的差异其实已经消失了，分子碰撞对它们而言，就像一个人在狂热的人群中会遭到推搡一样。如果我们是细菌的话，只要把自己绑在飞轮上，就能够造出第二类永动机，但那样的话，我们也会失去大脑，无法让它为我们所用了。所以说，我们完全没有理由为自己不是细菌而感到遗憾！

另一个看上去与熵增定律出现矛盾的现象，就是生命体本身。实际上，生长中的植物能将简单的二氧化碳分子（来自空气）和水分子（来自大地）组装起来，制造出复杂的有机分子。从简单分子到复杂分子的转化，意味着熵的减少。一般而言，像木材在燃烧或腐烂时，分子分解成二氧化碳和水蒸气才是正常的熵增过程。难道植物真的违背了熵增的规律，在成长过程中，得到了古代哲学家所认为的那种神秘“生命力”的帮助？

仔细分析这个问题，我们就会发现根本不存在矛盾，因为植物的生长除了需要二氧化碳、水和某些盐类以外，还需要充足的阳光。来自太阳光的能量在生长过程中储存于植物体内，燃烧时再次释放出来。此外，太阳光还带来了所谓的“负熵”（低熵），光线被绿叶吸收后，负熵就会消失。因此，在植物叶片进行的光合作用，其实包括两个相关联的过程：（a）将太阳光的光能转化为复杂有机分子的化学能；（b）利用太阳光的低熵，降低简单分子在构造复杂分子时增加的熵。用“有序对抗无序”的术语来分析，可以说，在被绿叶吸收之后，太阳辐射中的内部秩序被剥夺，这种秩序被传递给植物分子，后者才有可能建立起更复杂、更有序的结构。植物用无机化合物来构造自身的机体，同时从太阳光中获得负熵（秩序），而动物则必须依靠吃植物（或彼此）来得到负熵，可以说是负熵的间接使用者。

第九章 生命之谜

1. 我们由细胞组成

我们在谈论物质结构时，有意遗漏了一类数量不多但极其重要的物质。和宇宙中的其他所有物质都不一样，它们拥有一种特殊的属性，那就是生命。生命体和非生命体的重要区别是什么？我们能不能将那些成功解释了非生命体属性的基本物理规律，用来理解生命现象呢？

在谈到生命现象时，我们通常会想到一些相对较大且复杂的生命体，比如一棵树、一匹马或一个人。但是，如果我们一上手就来考察这些复杂的有机系统，想通过它们来研究出生命体的基本属性，这就好像是用汽车这类复杂的机器来考察无机物的结构一样，注定会无功而返。

一辆行驶中的汽车是由成千上万种不同材料、不同物理状态、不同形状的零件组成的。一旦意识到这一点，困难就显而易见了：有些零件（如钢制底盘、铜线和挡风玻璃）是固态的；有些（如散热器中的水、油箱中的汽油和汽缸油）是液态的；有些（如从化油器送入汽缸的混合物）是气态的。那么，想要分析汽车这件复杂的物体，第一步就是将它分解成物理上均质的独立组成部件。这样一来，我们就会发现，它是由各种金属物质（如钢、铜、铬等）、各种玻璃状物质（如玻璃、制造中使用的塑料等）、各种均质的液体（如水和汽油）等共同组成的。

借助现有的物理研究手段，我们可以进一步分析出，汽车里的铜制零件是由独立的小颗粒晶体构成的，这些晶体又是由单个的铜原子有规律地紧密堆叠在一起组成的；散热器中的水里其实是大量结合得较为松散的水分子，每个水分子都包括了 1 个氧原子和 2 个氢原子；而化油器里通过阀门送入气缸的混合气体，则是由一大堆自由移动的空气中的氧分子和氮分子，与气态的汽油分子混合而成，而汽油分子又由碳原子和氢原子组成。

同样的道理，在分析人体这种复杂的生命体时，我们必须先把它分解成脑、心、胃等独立的器官，然后再进一步分解成各种生物意义上的均质材料——我们把这些材料统称为“组织”。

从某种意义上说，各种类型的组织就是一些基础材料，构成了复杂的生命体，这就像是物理学上各种均质的材料构成了机械设备一样。这样看来，解剖学和生理学这两门以研究不同组织的特性来分析生命体运转的科学，则与工程科学相类似，后者也是通过组装成机械的材料属性，比如机械属性、磁、电和其他属性为基础，来研究各种机械的运转。

因此，想要寻找生命之谜的答案，不仅要了解各种组织是如何组装起来，从而构成复杂的生命体的，还要看这些组织是如何由一个个原子构成的。归根结底，是这些原子构成了每一个生命体。

如果你认为一个均质的活体组织和一块均质的普通物质没什么区别，那就真的错了。实际上，任选一种组织（无论是皮肤、肌肉，还是大脑），对它做初步的显微分析，就会发现它由非常多的单元组成，这些单元的性质或多或少地决定了整个组织的特性（图 90）。这些生命物质的基本结构单元通常被称为“细胞”，也被叫作“生物原子”（即“不可分割之物”），因为只有当某一类型的组织至少含有一个单独的细胞时，它的生物特性才会被保留下来。

比方说，如果一块肌肉组织被切成半个细胞的大小，就会失去肌肉原本的收缩性以及其他各类特性。这就像是只含有半个镁原子的“镁线”，根本不是金属镁，而只是一小块碳①！

---

① 我们讨论过原子的结构，一个镁原子（原子序数 12，原子量 24）的原子核是由 12 个质子和 12 个中子组成的，周围有 12 个电子。将一个镁原子一分为二，我们就会得到 2 个新的原子，每个原子含有 6 个质子、6 个中子和 6 个外层电子——换句话说，就是 2 个碳原子。

图 90　各种类型的细胞。

构成这些组织的细胞体积非常小（平均直径只有百分之一毫米[①]）。我们熟悉的**任何植物或动物，都是由数量极多的单个细胞组成的**。比如说，一个成人的身体里就有几百万亿个细胞！

体型较小的生命体里，细胞的数量当然也要少一些，比如苍蝇或蚂蚁体内，不过只有几亿个细胞。还有一类单细胞生物，如阿米巴虫、真菌（其中有一类会引发“皮癣”）和各种细菌，它们全身只有一个细胞，只有通过高倍显微镜才能看到。由于这些细胞不需要承担复杂生命体里的“社会功能”，因此研究它们就成了生物学中最激动人心的篇章之一。

想要在普遍意义上理解生命问题，我们就必须从活细胞的结构和特性中寻找答案。

到底是哪些特性让活细胞和普通的无机物（更确切地说，是写字台里的木头或鞋子里的皮革这种死细胞）有如此大的差异？

活细胞的基本特性具有如下几种能力：（1）从周围的介质中吸收自身结构所需的物质；（2）将这些物质转化为机体生长所需的养料；（3）细胞体积过大时，会分裂成两个大小为原先体积一半的相似细胞（并且能够生长）。当然，像“进食”“生长”和“繁殖”这样的能力，由单细胞构成的更复杂的生命体也普遍拥有。

具有批判性思维的读者可能会反驳说，这三种特性在普通的无机物中也能找

① 有些细胞的尺寸非常大，我们常吃的蛋黄就是一个细胞。然而，在这种情况下，细胞里具有生命的关键物质，仍然是微观物质的大小。大量的黄色物质只是为鸡的胚胎发育储存的营养。

到。例如，如果我们将一小粒盐的晶体放入过饱和盐溶液中[1]，晶体表面就会接连不断地从水中提取（或者说“析出”）盐分子层，从而越长越大。我们甚至可以想象，由于某些机械作用，晶体在生长过程中重量增加，达到一定大小后会分解成两半，这样形成的“子代晶体”又会继续生长。为什么我们不能把这个过程也归为“生命现象”呢?

在回答这一类问题之前，我们必须首先说明一点，我们仅仅把生命看作是一种稍微复杂一些的普通物理和化学现象，因此，不应认为生命和非生命存在一个明确的界限。这就像是我们在使用统计规律，描述无数独立分子组成的气体行为时（见第八章），同样无法确定这种描述确切的有效范围。我们只是知道，布满房间的空气不会突然间聚集到房间的某个角落，至少这种异常事件出现的几率小到可以忽略不计。但是另一方面，我们也知道，如果整个房间里只有两三个，或是四个分子，它们就会时常聚集在一角。

这两种情况在分子数量上确切的分界线在哪里？什么时候统计规则才会适用？一千个分子？一百万个？十亿个？

回到基本生命过程这个问题上，道理也是一样的。盐溶液结晶是个简单的分子现象。活细胞生长和分裂虽然比它复杂得多，但好像也没有本质上的差别。我们很难指望在这两者之间找出一个泾渭分明的界限。

不过，就这个例子而言，我们还是可以说，不能把晶体在溶液中的生长看作是一种生命现象，因为在晶体将用于生长的“食物”同化到体内时，并没有改变“食物”的形态。原先和水分子混合的盐分子只是简单地聚集在了晶体表面。在此期间，物质发生的是普通的机械堆积，而不是典型的生化同化过程。另外，晶体偶然分解成没有预定比例的不规则部分，这种“繁殖”现象纯粹是机械重力导

---

① 在热水中溶解大量的盐，然后冷却到室温，就可以制备出过饱和溶液。由于盐在水中的溶解度随温度的降低而减少，因此水中的盐分子其实比这个温度下水中所能溶解的盐要多。然而，多余的盐分子会在溶液中停留很长时间，这时我们放进一小粒盐——为它提供最初的动力，并作为一种组织催化剂，将盐分子从溶液中析出来。

致的结果，它与生物细胞精确、持续地分裂成两半没有任何相似之处，因为后者主要是由内部力量导致的。

再来看一个更接近生物学过程的例子。我们假设，在二氧化碳的水溶液中加入一个酒精分子（C_2H_5OH），它就会开始一个自发的合成过程，将水中的H_2O分子和溶解的CO_2分子一个个联合起来，形成新的酒精分子①。那么，加一滴威士忌到普通的苏打水中，整杯水就都会变成纯净的威士忌。这么说来，我们就应该把酒精视为有生命的物质！（图 91）

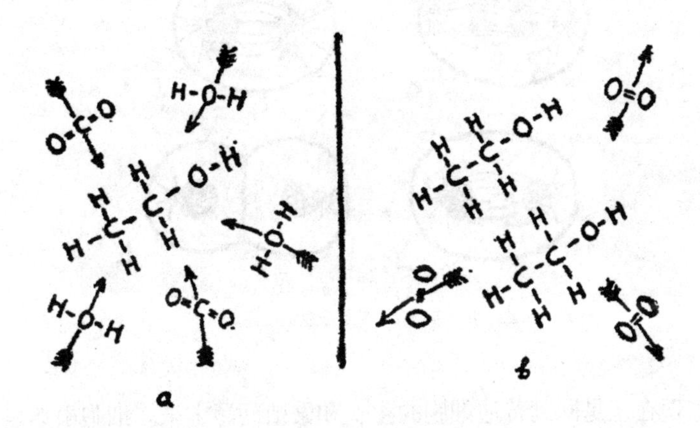

图 91　假想的示意图：酒精分子能将水和二氧化碳分子结合成另一酒精分子！如果这种“自动合成”酒精的过程有可能发生，我们就应该把酒精当作是生命物质。

这个例子并非无稽之谈。我们在后面将会看到，的确存在着一种叫作病毒的复杂化学物质，它拥有着复杂的分子结构（每个分子由几十万个原子构成），其任务就是将周围介质中的其他分子进行重组，合成与自身类似的结构单元。我们应当同时将病毒视为一种普通的化学分子和一种活的生命体，它是串联起生物与非生物的“缺失的一环”。

① 这个虚构的化学反应的反应式如下：

$$3H_2O + 2CO_2 + [C_2H_5OH] \longrightarrow 2[C_2H_5OH] + 3O_2$$

依据这个方程，一个酒精分子可以制造出另一个酒精分子。

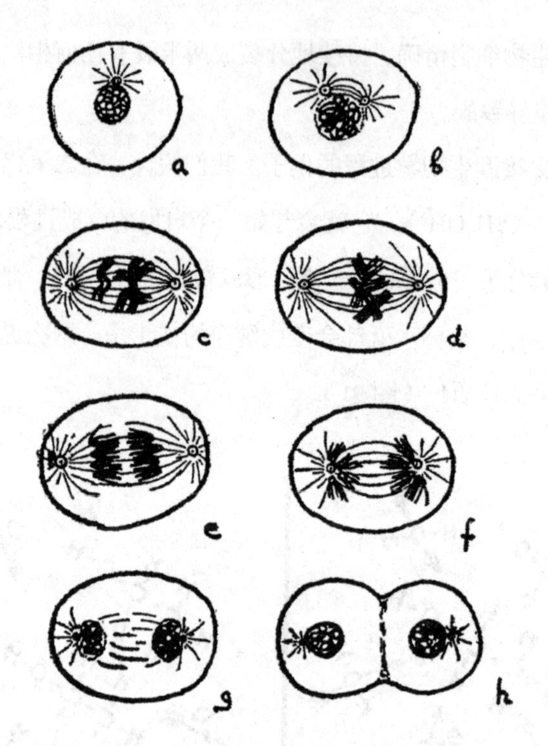

图 92　细胞分裂的各阶段（有丝分裂）。

不过，现在还是回到普通细胞的生长和繁殖问题上来。细胞虽然复杂，但仍比病毒分子要简单得多，所以我们还是要把细胞视为最简单的生命体。

假如我们用高倍显微镜观察一个典型的细胞，就会发现，它是由化学结构极其复杂的半透明胶状物质组成的。这种物质统称为原生质。它的周围包裹着细胞屏障，动物细胞中的屏障又薄又有弹性（细胞膜），而各类植物细胞中的屏障却十分厚重（细胞壁），从而使植物机体具有硬度（见图 90）。每个细胞内部都有一个小球形状的物体，即细胞核，它是由一种名叫染色质（chromatin）的物质构成的网状结构（图 92）。必须要注意的是，正常情况下，构成细胞原生质的各部分具有同样的透明度，所以仅通过显微镜来观察活细胞是无法观察到它的内部结构的。为了看清这些结构，我们必须要利用原生质各部分对染色材料的吸收程度不同这一特性，对细胞里的物质进行染色。细胞核里的网状物质特别容易被染色，在浅色的背景下清晰可见①，因此被称为“染色质”（chromatin），它在希腊语中的意思是“具有颜色的物质”。

细胞在为重要的分裂过程做准备时，细胞核里的网状结构和平时相比会发生很大变化。我们可以看到，它由一些独立的粒子组成（图 92b、c），这些粒子通常呈纤维状或棒状，被称为“染色体”（即“具有颜色的物体”）。请看图版 V 里的 a、b②。

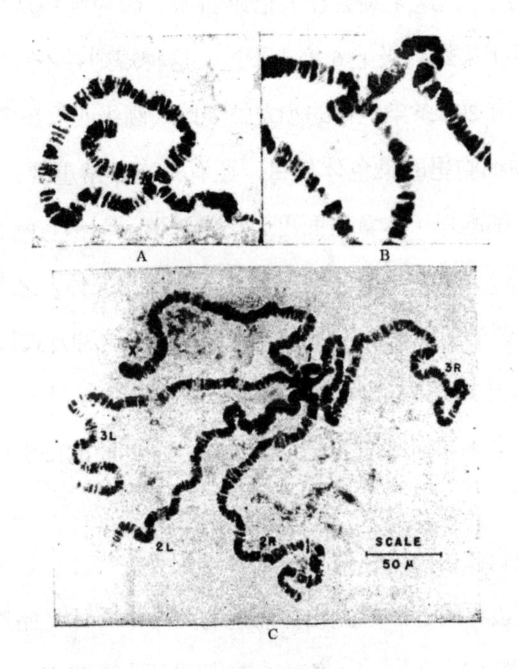

图版 V　A、B 是黑腹果蝇唾液腺染色体的显微照片，可以看出基因的转位和互换。C 是黑腹果蝇雌性幼体的显微照片。一对 X 染色体紧密并排；2L 和 2R 是第二对染色体；3L 和 3R 是第三对；4 是第四对。
（摘自《果蝇指南》，M. 德梅雷克和 B. P. 考夫曼 1945 年著，华盛顿，华盛顿卡内基基金会。由德梅雷克先生许可使用）

① 你可以用类似的方法做一个实验。用蜡烛在一张纸上写些东西，字迹最初是看不见的。现在用黑色铅笔在纸上涂黑，由于石墨不会粘在被蜡覆盖的地方，所以在涂黑的背景上，字迹会清晰地显现出来。

② 必须要注意，对活细胞进行染色处理时，我们通常会先杀死它，阻止它进一步活动。因此，细胞分裂的连续图像，如图 92 中的图像，不是通过观察单个的细胞得到的，而是通过对处于不同发育阶段的不同细胞进行染色（并杀死）的方法得到的。不过两者在原则上并没有太大的区别。

在特定物种的生命体内，所有细胞里（除了生殖细胞以外）包含的染色体数目是完全相同的，一般来说，越高级的生命体内，染色体的数目会越多。

小小的果蝇帮助生物学家探索出了许多生命的基本谜题，它有一个骄傲的拉丁文名字：Drosophila melanogaster。果蝇的每个细胞里都有 8 条染色体。豌豆细胞里有 14 条染色体，玉米细胞则有 20 条。生物学家，也包括**所有人类的每个细胞里都有 46 条染色体，**这无疑会让人倍感骄傲，因为纯粹从数学上看，这或许可以证明，人类要比果蝇高级上 6 倍。不过，这种规则并不具有普遍性，否则我们就得说，细胞里有 200 条染色体的小龙虾要比人高级四倍还多！

关于各类生物细胞里的染色体数目，还有一点非常重要：它们总是偶数个。实际上，在每个活细胞里（本章后面再讨论例外情况）都有两套几乎完全相同的染色体（见图版 Va），其中一套来自母体，一套来自父体。来自父母双方的两套物质携带着非常复杂的遗传特征，所有生物都是通过这种方式代代相传的。

细胞的分裂最开始是由染色体发起的，每条染色体沿着自身长度方向，整齐地分裂成两条完全相同但比原先稍细的纤维，而此时的细胞仍然保持完整（图 92d）。

差不多就在细胞核里的染色体（它们原本相互缠绕在一起）开始为分裂做准备时，位于细胞核边界附近、原先相互靠近的两个中心体开始逐渐远离对方，向细胞的两端移动（图 92a、b、c）。细胞核内似乎还有一些细线，连接着这些中心体和染色体。当染色体一分为二时，每一半的染色体都被收缩的细线从另一半染色体上拉开，拉向临近的中心体（图 92e、f）。这一过程即将完成时（图 92g），细胞膜就会开始沿着中线凹陷进去（图 92h），两边的细胞在靠近的位置各长出一层薄膜，然后互相放开，由此出现两个新产生的不同细胞。

如果这两个子代细胞能够从外界获得足够的养料，它们就会长到和母体同等的大小（体积变为两倍）。经过一定的休整期后，再进一步地分裂，过程和它们此前分裂为独立细胞的过程完全相同。

以上有关细胞分裂的各个步骤，都是科学家们直接观察到的。科学迄今为止只能做到这些，而在这个过程中起主导作用的物理化学力量究竟具有怎样的特性，人们能够观察到的东西还很有限。就现有的物理分析手段而言，整个细胞似乎还是太复杂了。在攻克这个问题之前，我们必须先来了解一下染色体的性质——这个问题比较简单，我们将在下一节中再做讨论。

首先，我们还是先来思考一下，由大量细胞构成的复杂生命体中，细胞分裂是如何在繁殖的过程中发挥作用的。在此，我们很可能会追问一个“先有鸡还是先有蛋”的问题，但真实的情况是，在描述这种周期性的过程时，到底是从一个要孵化成鸡的“蛋”开始，还是从一只要下蛋的鸡开始（其他动物也是一样），这并不重要。

假设我们就从一只刚刚破壳而出的“小鸡”说起。这只小鸡在孵化（或出生）的时候，体内的细胞正在经历着连续的分裂过程，这个过程让生命体迅速地生长发育。我们知道，一个成年动物的身体里有数万亿个细胞，这些细胞都是由一个受精卵细胞连续分裂而成的。从直觉上，人们会自然而然地认为，要达到这个数量级，细胞一定要分裂特别多次。不过，如果你还记得第一章里，西萨・班让那位心存感激的国王赠给他的小麦数量，或是“世界末日问题”里，重新排列64个圆盘的总时长，就可以看出，少数几次连续的细胞分裂就能产生非常多的细胞来。如果我们用x来指代一个成人生长所必需的细胞分裂次数，由于每一次分裂过后，生长机体中的细胞数量都会增加一倍（每个细胞都会变成两个），那么便可以得出以下方程式：$2^x=10^{14}$，从而计算出从单个受精卵细胞发育为成年人，细胞分裂的总次数x=47。

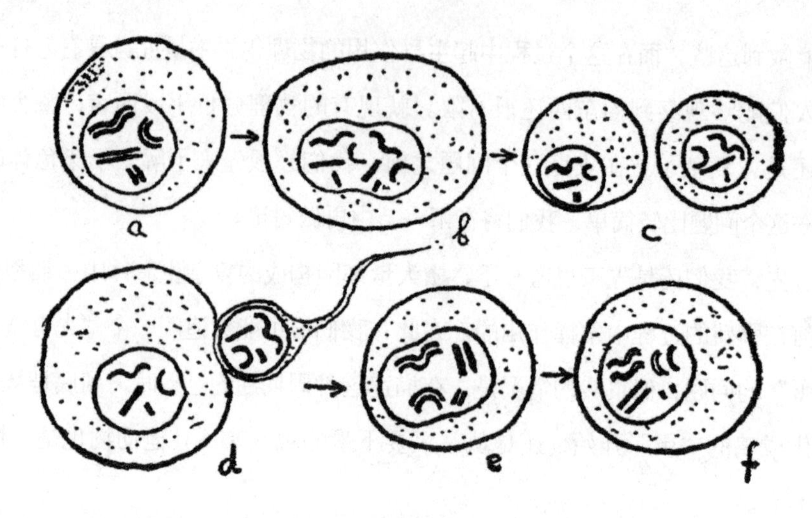

图93　配子的形成（a、b、c）和卵细胞的受精（d、e、f）。在第一阶段（减数分裂）中，体内储存的生殖细胞中成对染色体没有经过最初的一分为二，就分离成了两个“半细胞”。在第二阶段（配子结合）中，精子钻进卵细胞，二者的染色体配对，形成的受精卵开始为正常的分裂做准备，如图92所示。

因此，成熟的人类个体中，每一个细胞都是我们诞生之初那个卵细胞的大约第五十代子孙①。

在幼年时期，动物的细胞分裂速度相当快，而在成熟之后，个体的大部分细胞通常会处于“静止状态”，只是偶尔分裂，对生命活动中的身体进行“保养”，同时修复一些损耗。

现在我们来看一种非常重要的特殊的细胞分裂。这个过程中会产生用于生殖的“配子”或是叫作“婚姻细胞”。

所有双性生物在最早的生命阶段，都会将一些细胞“储存”起来，为将来的生殖活动做准备。这些细胞位于特殊的生殖器官，在机体的生长过程中，它们进

① 我们可以把这个结果和原子弹的爆炸（见第七章）做一个有趣的比较。每一千克铀中的每一个原子（共有 2.5×10^{24} 个）全都发生裂变（“繁殖”），所需的次数可以通过类似的公式求出来：$2x = 2.5\times10^{24}$，求得 x=61。

行普通分裂的次数要比体内其他细胞少得多，这样，等到生物发育到可以繁殖后代的时候，它们仍然是新鲜的，具有生命活力的。另外，这些生殖细胞在分裂方式上，也与普通的体细胞不同，比它们要简单得多。**细胞核里的染色体并不像普通细胞那样一分为二，而是简单地相互分开（图 93a、b、c），因此每个子代细胞只得到原先染色体的一半。**

我们用“减数分裂”来描述这些“染色体减半”的细胞的形成过程，它与我们称为“有丝分裂”的普通分裂过程有所区别。这种分裂产生的细胞叫作“精细胞”和“卵细胞”，或叫作雄配子和雌配子。

用心的读者可能会问，既然原始的生殖细胞分裂成了两个相等的部分，怎么又会出现具有雌雄两种性质的配子呢？我们前面提到，每对染色体几乎完全一致，但是也有例外情况。确实存在一对特殊的染色体，在雌性体内，它的两个部分是相同的，但在雄性体内却不同。这对特殊的染色体就叫作性染色体，我们用符号 X 和 Y 加以区分。**雌性体内的细胞总是有两条 X 染色体，而雄性则有一条 X 和一条 Y 染色体**[①]。用一条 Y 染色体来代替 X 染色体，这就是性别差异的根本来源（图 94）。

由于雌性生命体内储存的所有生殖细胞中，都有一对完整的 X 染色体，当一个细胞进行减数分裂、一分为二时，每个子代细胞或配子都会得到一条 X 染色体。而雄性的生殖细胞里则有一条 X 染色体和一条 Y 染色体，当一个细胞发生分裂时，就会产生两种配子，其中一个携带 X 染色体，另一个携带 Y 染色体。

受精过程中，一个雄配子（精细胞）与一个雌配子（卵细胞）相结合，形成的新细胞里会有一半的几率带有两条 X 染色体，还有另一半几率带有一条 X 染色体和一条 Y 染色体。第一种情况下会生下女孩，第二种情况下则是男孩。

---

① 这种情况对人类和其他所有哺乳动物都适用。但在禽类中情况正好相反：公鸡有两条相同的性染色体，而母鸡则有两条不同的性染色体。

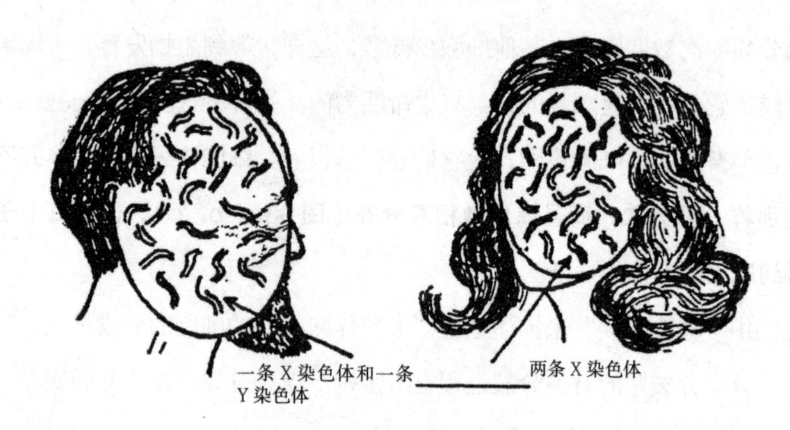

图 94 男女的“面值”差距。女性体内的所有细胞里都含有 23 对染色体，且每对染色体完全相同，而男性的细胞里则含有一对不对称的染色体。女人拥有两条 X 染色体，而男人则有一条 X 染色体和一条 Y 染色体。

我们把这个重要的问题放在下一节讨论，现在还是继续来描述生殖的过程。

我们把雄性的精细胞与雌性的卵细胞结合的过程称为“配子结合”，这样就形成了一个完整的细胞，它接下来会以“有丝分裂”的方式，开始分裂成两个细胞（如图 92 所示）。新形成的两个细胞经过短暂的休整期后，再各自一分为二，由此形成的四个细胞再分别重复这一过程，以此类推。每个子代细胞都会从原始受精卵中得到所有染色体的精确复制品，其中一半来自母体，一半来自父体。受精卵逐渐发育为成熟个体的过程，可以用图 95 来表示。在图（a）中，我们看到精子钻进了休眠的卵细胞体内。

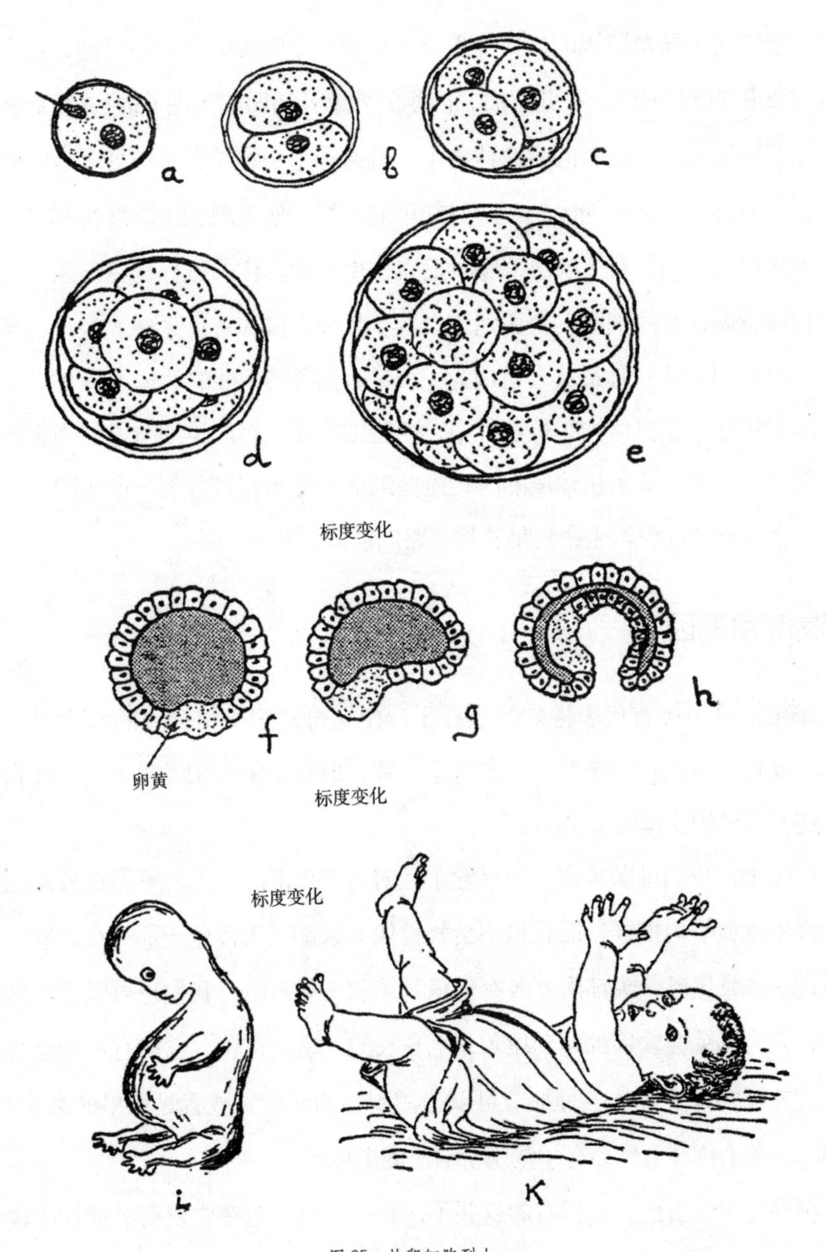

图 95 从卵细胞到人。

两种配子进行结合，促使完整的细胞开始新的活动，现在细胞先分裂成 2 个，然后是 4 个、8 个、16 个，以此类推（图 95b、c、d、e）。当细胞达到一定数量时，它们就会调整位置，让所有的细胞都分布在表面，以便从周围的营养介质中获取食物。这个发育阶段的生命体看上去就像一个内腔中空的小气泡，我们把它叫作“囊胚”（图 95f）。在此之后，内腔的外壁开始凹陷（图 95g），生命体进入到“原肠胚”阶段，这时的生命体看上去就像一个小袋子，开口处既能吸收新鲜食物，又能排出消化后的废物。一些简单的动物，例如珊瑚虫，终生都保持在这个发展阶段。然而，对更高级的物种而言，生长和分化的过程仍在继续，有些细胞发育成骨骼，有些细胞发育成消化系统、呼吸系统和神经系统。经过各种胚胎阶段（图 95i），生命体最终发育成为一个具有物种辨识性的幼体（图 95k）。

如上所述，在机体的生长过程中，一些细胞在发育的早期阶段就为将来的生殖功能储存下来。等到机体成熟时，这些细胞会经历减数分裂，产生配子，再从头开始上述整个过程。生命就是这样一路向前。

2. 遗传和基因

繁殖过程中最有代表性的特点在于，由父母的配子结合成的新生命不会随意长成任何一种生物，虽然不一定完全一致，但它一定会相当忠实地长成自己父母，还有父母的父母的复制品。

实际上，我们可以肯定，一对爱尔兰雪达犬生下的小狗，不但在外形上不会长成大象或兔子的模样，而且也不会长得像大象那么大，兔子那么小。它会有四条腿，一条长尾巴，头部两侧各有一只耳朵和一只眼睛。我们也可以合乎情理地判断，它的耳朵会软绵绵地耷拉着，毛长长的、呈金黄色。它很有可能会喜欢捕猎。此外，它身上还有各种细节可以追溯到它的父母，或者是更早的某个祖先，同样，这条小狗身上也会有一些属于自己的个体特征。

纯种爱尔兰雪达犬所拥有的这些不同特征，是如何在它发育的最初阶段，通过两个配子里的微观物质相互组合在一起的呢？

我们在上面看到，每一个新的生命都有一半的染色体来自父亲，一半来自母亲。显然，**同一物种的主要特征一定包含在父母双方的染色体中，而具有个体差异的次要特性可能只来自父系或母系中的某方。**毫无疑问，如果跨越相当长的时段，经历非常多的世代，动植物的大多数基本特性就有可能发生变化（生物的进化就是证据），然而受制于人类科学的发展，在相对有限的观察时期里，我们所能注意到的只是比较微小的、次要特性的变化。

生命体的这类特征以及它们是如何从亲代传递给子代的——这就是新兴学科遗传学的主要研究课题。虽然这门学科仍处于起步阶段，但它却能向我们揭示出关于生命的最隐秘，也最振奋人心的故事。比如说，我们知道，和大多数生物现象相比，遗传规律几乎具有和数学一样的简洁特性，这意味着它是一种生命的基本现象。

举个例子。众所周知，色盲是种人类的视力缺陷，最常见的形式是无法区分红色和绿色。想要解释色盲的成因，我们必须首先来研究视网膜的复杂结构和特性，不同波长的光引发的光化学反应等问题，以便弄清楚我们看见颜色的原理。

除此之外，我们不妨问问自己有关色盲的遗传问题。表面上，这个问题似乎比色盲现象的成因更复杂，但实际上，答案却简单得出乎意料。从观察到的事实可知：（1）男性比女性更容易患色盲；（2）色盲的男性和“正常”女性的孩子从来不是色盲[①]；但是（3）色盲女性和“正常”男性的孩子中，儿子是色盲，而女儿不是。这些事实清楚地表明，色盲的遗传与性别有某种联系。由此，我们只能假设，色盲是由某一条染色体缺陷造成的，它会随这条染色体代代相传。结合上述事实和逻辑假设，我们可以进一步推断，色盲是由我们前面提到的、用X表示的性染色体上的缺陷造成的。

有了这条假设，我们依据经验总结出来的色盲遗传规则就再清晰不过了。不要忘了，女性的细胞里有两条X染色体，而男性只有一条（另一条是Y染色体）。如果男性的X染色体存在这种特殊的缺陷，就会患上色盲。对女性而言，只有两条X染色体都存在缺陷才会患上色盲，因为只要有一条染色体正常就足以确保对

① 这里作者所谓的“正常”女性不仅是性状正常，也要保证没有任何一条染色体携带色盲基因。下同。——译注

颜色的正常感知。打个比方，如果一条X染色体有这种缺陷的几率是千分之一，那么一千个男性中就会有一个色盲患者。根据概率乘法定理（见第八章），我们可以计算出女性两条X染色体都有颜色缺陷的几率是$\frac{1}{1000}\times\frac{1}{1000}=\frac{1}{1,000,000}$，所以100万个女性中才有一个色盲患者。

我们现在再来考虑一下色盲丈夫和“正常”妻子所生孩子的情况（图96a）。他们的儿子不会从父亲那里得到X染色体，而会从母亲那里得到一条“好”的X染色体，因此不会有得色盲的烦恼。

而他们的女儿则会从母亲那里得到一条“好”的X染色体，同时从父亲那里得到一条“坏”的X染色体。她本人不会患有色盲，但她的孩子（儿子）[①]却有可能患有色盲。

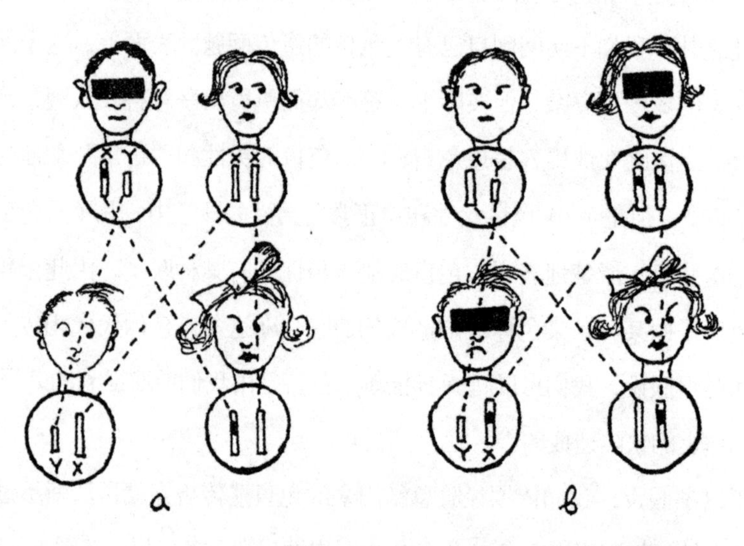

图96　色盲的遗传。

与之相对的情况是色盲妻子和“正常”丈夫的结合（图96b）。他们的儿子肯定患有色盲，因为他的单条X染色体必然来自母亲，而女儿会有一条“好”的

① 如果她与一个色盲男性结婚，所生的女儿也有患上色盲的风险。——译注

X 染色体来自父亲，一条“坏”的 X 染色体来自母亲，她不是色盲，但和前一种情况一样，她的儿子却有可能是色盲。简单得不能再简单了，对吧！

像色盲这样的遗传特征，需要一对染色体同时受到影响，才会产生明显的性状，这就是所谓的“隐性”遗传特征。它们会以一种隐蔽的方式从祖父母身上遗传到孙辈身上（父母没有出现性状）。因此，我们有可能会惋惜地看到，两只好看的德国牧羊犬会生下一只长得一点儿也不像父母的幼犬！

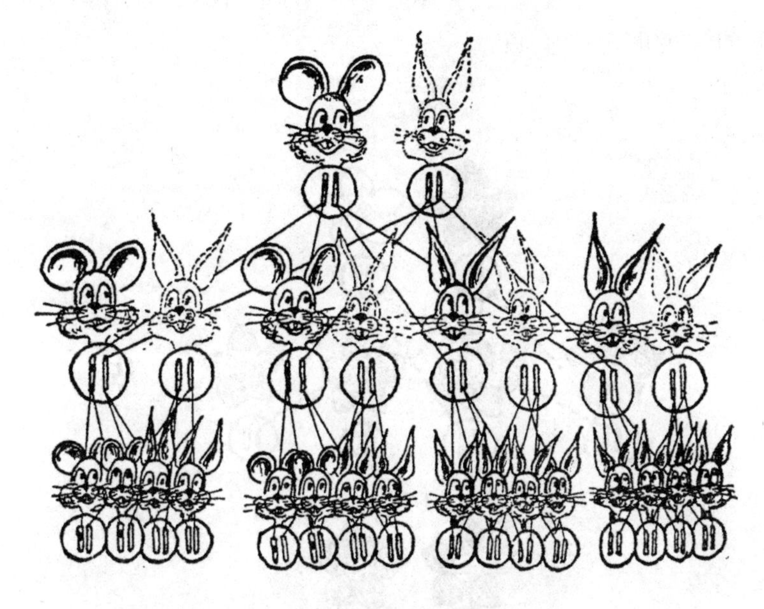

图 97 “显性”遗传特征。

所谓的“显性”遗传特征正好相反，一对染色体中，只要有一条受影响，就会显现出这种特征。我们这里不谈遗传学中的实际案例，用一个假想的例子说明这种情况。假设一只兔子生来就有米老鼠一样的耳朵，我们假定“米老鼠的耳朵”在遗传中是一个显性特征，也就是说，只要一对染色体中的一条发生改变，耳朵就会以这种丢脸的（对兔子来说）方式生长。那么，我们可以通过图 97，来预测兔子后代的耳朵种类（假设这个兔子和它的子孙都和正常兔子交配）。图中，我们用黑点标出了长有米老鼠耳朵的兔子和正常兔子的染色体差异。

除了显性遗传和隐性遗传之外，还有一种“中性”的遗传特征。假设我们的花园里种有红白相间的胭脂花。当红花的花粉（植物的精细胞）被风或昆虫带到另一株红花的雌蕊上时，它们会和位于雌蕊基部的胚珠（植物的卵细胞）结合发育成种子，开出红色的花来。如果是白花的花粉使其他的白花受精，那么下一代的花也都是白色的。然而，如果白花的花粉落在红花上，或者反之，生长出来的植株就会开出粉红色的花。很容易看到，粉花从生物学的角度并不是一种稳定的性状。如果我们让粉花进行内部繁殖，就会发现下一代的花中会有 50% 的粉红色，25% 的红色和 25% 的白色。

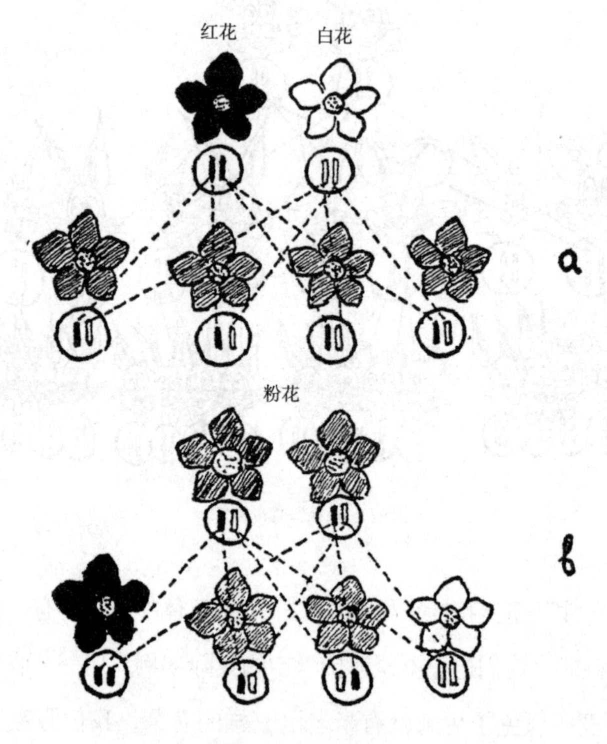

图 98 “中性”遗传特征。

解释这一情况并不困难。我们可以假设，植物细胞中的某条染色体可能会携带红色或白色任意一种遗传信息，那么，只有成对的两条染色体携带相同的信息，才能拥有纯正的颜色。如果其中一条染色体携带“红色”的信息，而另一条却是“白色”，那么颜色之争的结果就是生长出粉红色的花。示意图 98 里展现了“颜色染色体”在胭脂花后代中的分布情况，从中可以看出上面提到的比例关系。如果再画一张和图 98 类似的图，也会很容易看出，通过培育白色和粉色的胭脂花，我们会在第一代中得到 50% 的粉花和 50% 的白花，而不会得到红花。同样，红花和粉花的后代中，也会出现 50% 的红花、50% 的粉花，但不会出现白花。这就是一个多世纪前，朴素的摩拉维亚神父格雷戈尔·孟德尔（Gregor Mendel）在布吕恩附近的修道院花园里种植豌豆时，首次发现的遗传规律。

迄今为止，我们已经把生物幼体遗传到的各种特性和它从父母那里得到的不同的染色体联系在了一起。但是，由于生物的特性多到数不胜数，而染色体的数量却相对较少（果蝇的每个细胞里只有 8 条，人类也只有 46 条），我们必须承认，**每条染色体上都携带一长串和个体特征相关的信息——可以想象，它们都分布在细纤维状的染色体上**。实际上，如果我们观察图版 Va 上果蝇[①]唾液腺的染色体，很容易留下这样的印象：长长的染色体上那些为数众多的深色条带，就是染色体携带不同特性的部位。有些交叉的色带可能会控制果蝇的颜色，有些控制它的翅膀形状，还有一些可能决定了它有六条腿、大约有四分之一英寸长，以及让它看起来确实像一只果蝇，而不是一条蜈蚣或一只鸡。

遗传学告诉我们，这种印象确实没错。我们不仅可以证明，染色体上这些被称为“基因”的微小结构单元上面带有个体的各种遗传特征，而且很多情况下，我们还可以进一步判断出哪个特定的基因带有哪种特定的性质。

当然，即使是在最高倍的放大镜底下，所有基因看上去也都差不多。它们的功能差异，其实隐藏在分子结构的深处。

因此，我们只有认真研究了不同的遗传特征是如何在动植物身上代代相传的，才能发现它们各自的“存在目的”。

---

① 相比大多数生物，果蝇的情况比较特殊。果蝇细胞里的染色体特别大，因此很容易用显微照相法研究它的结构。

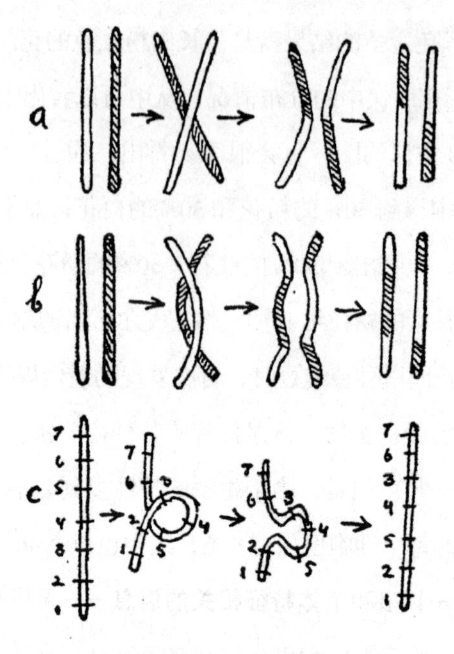

图 99　某种情况下，会出现遗传特征交叉。

我们已经知道，新生命的染色体总是一半来自父亲，一半来自母亲。由于父亲和母亲的染色体又分别来自他们各自的父母（也是各取一半），那么我们大概就会认为，孩子只能从祖父母中的其中一人那里获得遗传物质（外祖父母也一样）。然而事实并非如此，孙辈从祖父母四个人那里都继承到遗传特征的情况屡见不鲜。

这是不是说明上面染色体的传递过程出错了？不，它没有出错，只是我们把它简化了，还有一个因素需要考虑进去。在体内储存的生殖细胞分裂成两个配子，进行减数分裂的过程中，成对的染色体常常会互相缠绕，交换彼此的组成部分。如图 99a、b 所示，这种交换过程导致从父母处获得的基因序列会混合在一起，这就是造成遗传特征交叉的原因。某些情况下（如图 99c），单条染色体可能会折叠成一个环，然后在不同的地方发生断裂，这也会出现基因顺序的交叉（图 99c；图版 Vb）。

很明显，**当同属一对染色体的两条或者是某条染色体内部进行基因重组时，那些原本距离很远的基因的相对位置更有可能发生改变，而不是那些临近的基因**。这就像你在切扑克牌时，每切一次就会改变切牌位置上面和下面扑克牌的相对位置（还会让原来在最上面的牌和最下面的那张牌连在一起），但只会把一对原本相邻的扑克牌分开。

因此，如果我们观察到在染色体交叉时，两个遗传特征几乎总会同时发生改变，那么就可以断定决定它们的基因位置相邻。相反，彼此独立的特性一定位于染色体上相距较远的位置。

美国遗传学家 T.H. 摩尔根（T.H.Morgan）和他的学派就是按照这样的思路进行研究的，他们为果蝇的染色体建立了明确的基因顺序。图 100 显示了这些研究的成果，即果蝇的不同特征是如何分布在它的四条染色体基因中的。

图 100 里面的内容是有关果蝇的。当然，我们也可以为更复杂的动物制作类似的基因图谱（包括人在内[①]），不过这需要更认真，也更细致的研究。

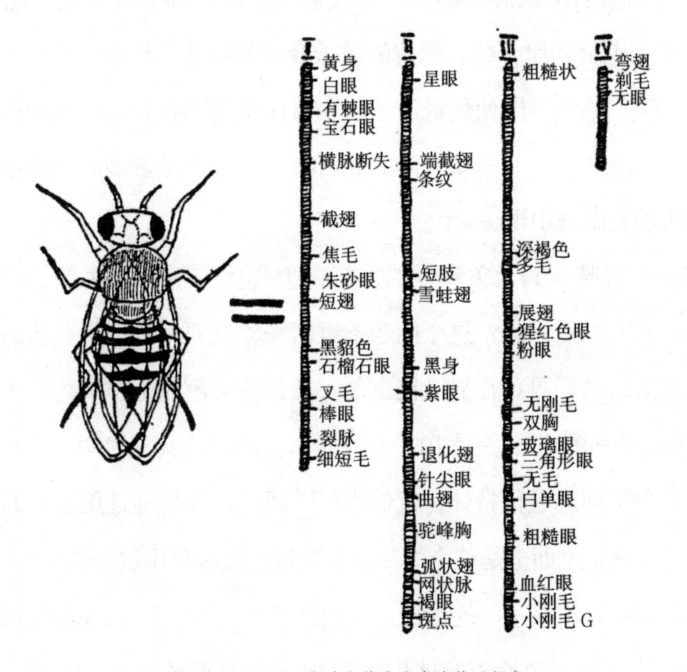

图 100 果蝇 4 条染色体上分布的基因顺序。

① 1990 年，全球多个国家共同参与到人类基因组计划中，到了 2003 年，这一计划中的测序工作已基本完成。——译注

3. 基因："有生命的分子"

我们一路剥茧抽丝，分析生命体极其复杂的结构，如今似乎已经找到了生命的基本单元。实际上，我们已经了解到，成年生命体的整个发育过程和近乎所有的性状，都是由隐藏在细胞深处的一系列基因组来进行调节的。可以说，每一种动植物的个体都是在"围绕"它的基因组生长。在此我们可以做一个高度简化的物理学类比，基因和生命体之间的关系，就像是原子核和宏观的无机物之间的关系。物质所有的理化属性，几乎都可以被认为是原子核具有的基本性质，而后者只用一个标识电荷的数字就可以表示出来。举例来说，一个携带 6 个基本电荷单位的原子核周围会围绕着 6 个电子，由此构成的原子倾向于以规则的六边形排列，形成一种硬度和折射率极高的晶体，即我们熟悉的钻石。同样，一组分别带有 29、16 和 8 个正电荷的原子核，构成的原子会紧紧相连，构成一种柔软的蓝色晶体，名叫硫酸铜。当然，即使是最简单的生命体也要比各种晶体复杂得多，但无论是生命体还是晶体，都有一个共同的显著特征，那就是宏观的组织结构完全是由组织机体活动的微观中枢决定的。

从玫瑰花的香味，到大象鼻子的形状，生命体的所有属性都是由这些组织中枢决定的。它究竟有多大？这个问题不难回答，只要用普通染色体的体积除以其中包含的基因总数即可。在显微镜下，一条普通染色体的粗细约为千分之一毫米，也就是说，它的体积大约是 10^{-14} 立方厘米。而繁殖实验表明，一条染色体决定了多达几千种不同的遗传特征，我们也可以通过计算果蝇过度发育的长染色体上的深色条带（假定上面全是单个的基因）数量，直接算出这个数字[①]（图版Ⅴ）。用染色体的体积除以单个基因的数量，我们会发现，一个基因的体积不超过 10^{-17} 立方厘米；平均而言一个原子的体积约为 10^{-23} 立方厘米 $\left[\approx\left(2\times10^{-8}\right)^3\right]$，二者相除可得，每条基因是由大约 100 万个原子组成的。

---

① 正常尺寸的染色体非常小，利用显微镜，人们也无法再把它们划分成单个的基因。

此外我们还可以估算出基因的总重量。以人体为例，我们在上面提过，一个成年人体内大约有 10^{14} 个细胞，每个细胞则有 46 条染色体。因此，人体内所有染色体的总体积约为 $10^{14} \times 46 \times 10^{-14} \approx 50$ 立方厘米，而它的重量肯定小于两盎司（因为生命物质的密度和水差不多）。就是这些少到可以忽略不计的“组织物质”，在周围构建了比自身重达千倍的复杂“外壳”（即动植物的机体），并“从内部”控制着它每一步的生长发育，每一个组织结构的特性，甚至决定了它绝大多数的行为。

不过基因本身又是什么呢？它真的是一个复杂的、可以被划分为更小生物单元的“动物”吗？答案无疑是否定的。**基因是生命物质的最小单元。**虽然我们可以肯定，基因具有区别于无生命物质的所有生命特征，但是另一方面，它们和所有我们熟悉的、符合普通化学规律的复杂分子（如蛋白质分子）紧密相关，这一点也是毋庸置疑的。

换句话说，我们在基因这种物质中，似乎找到了有机物和无机物之间缺失的桥梁，也就是本章开头思考的那种“有生命的分子”。

没错，一方面基因具有显著的稳定性，它可以将某一物种的特性准确无误地传承给千百代人，另一方面，每个基因里包含的原子数量相对较少，因而人们的确会把它看作是一个精心策划的、每个原子或原子团都各司其职的结构。生命体各式各样的外部性状差异，在于不同基因特性之间的区别；而基因特性的区别，归根结底在于基因结构内部原子的分布各不相同。

我们以 TNT（三硝基甲苯）的分子为例。这是一种爆炸性物质，在两次世界大战中发挥了重要作用。每个 TNT 分子包含 7 个碳原子、5 个氢原子、3 个氮原子和 6 个氧原子，按照下面三种方式中的任意一种排列而成。

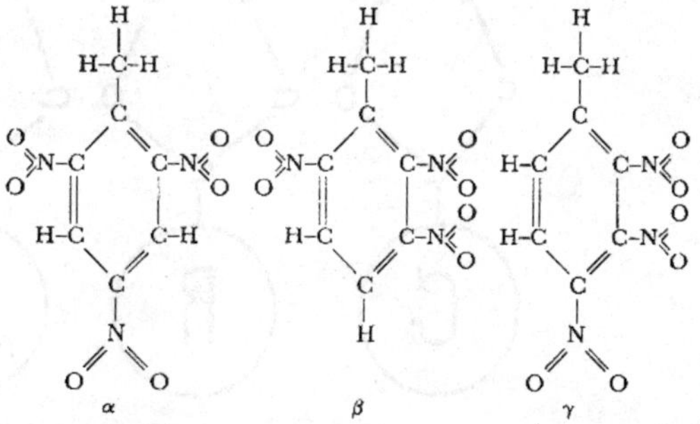

α　β　γ

三种排列方式的区别在于 $N\!\begin{smallmatrix}\nearrow O\\ \searrow O\end{smallmatrix}$ 原子团与碳环的连接方式，最终产生的三种物质通常被称为 α TNT、β TNT 和 γ TNT，都可以在化学实验室里合成。这三种物质都具有爆炸性，但在密度、溶解度、熔点、爆炸强度等方面差异很小。利用标准的化学方法，人们可以很容易地将分子内的原子团从一个连接点移到另一个上，从而将其中一种 TNT 变为另一种。类似的例子在化学中比比皆是，分子越大，产生的种类（同分异构体）数量就越多。

如果我们把基因看成是上百万个原子组建而成的巨型分子，那么原子团排列在分子的各个位置上，就会有不计其数的可能性。

我们也可以把基因看成是一串长长的链子，其中包括周期性循环的原子团，上面还连着其他的原子团，就像手链上连着吊坠一样；实际上，生物化学的最新研究能够帮助我们精确地画出这种遗传“吊坠手链”的图样。它由碳、氮、磷、氧和氢的原子组成，名叫核糖核酸。图 101 中，我们给出了一张有点超现实主义的图片（图中省略了氮原子和氢原子），这条遗传“手链”决定了新生儿的眼睛颜色。这四个吊坠表明婴儿的眼睛是灰色的。如果把不同的吊坠从手链上的一个位置换到另一个上，就可以得到近乎无数种的分布情况。

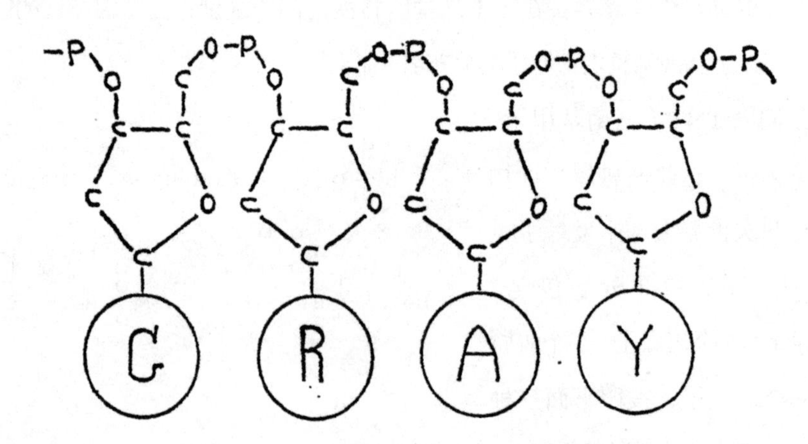

图 101　遗传“吊坠手镯”（核糖核酸分子）中决定了眼睛颜色的部分。（高度简化的示意图！）

打个比方，假如我们的手链上有 10 种不同的吊坠，就可以得到 1×2×3×4×5×6×7×8×9×10=3,628,800 种不同的排列方式。

如果这其中有重复的吊坠，那么可能的排列方式就会少一些。比如，在只有 5 种吊坠（每种 2 个）的情况下，我们会有 113,400 种可能性。然而，可能性会随着吊坠总数的增加而迅速增加，同样是 5 种吊坠，如果总共有 25 个吊坠，那么可能的排列数量大约是 62,330,000,000,000！

我们因此可以看到，只要将不同的“吊坠”“悬挂”在长长的有机分子上的不同位置，就能得到无数的组合可能性。这就完美解释了生命形式的多样性，这么多数量不但可以涵盖所有已知的生命形式，哪怕是我们想象出来的、最奇妙的、完全不存在的动植物形式，数量也绰绰有余。

这些决定了生物遗传特征的吊坠分布在纤维状的基因分子上，当这种分布发生变化时，生命体在宏观层面也会发生相应的改变，这一点至关重要。普通的热运动是变化发生的最常见诱因，热运动会让整个分子像强风中的树枝一样弯折扭曲。在相当高的温度下，分子的振动强烈得足以使它们分解成独立的碎片——我们把这个过程称为热离解（见第八章）。但是，在较低的温度下，即使分子的完整性不受影响，热运动也会导致分子的内部结构产生变化。我们可以想象，**在分子发生扭曲时，连接在某一点上的吊坠可能就会靠近另一个位置，这时它很容易从先前的位置断开，连接到新的位置上。**

这种现象叫作同分异构体[①]转化，在分子结构简单的普通化学中很常见，而且和其他化学反应一样，它遵循化学动力学的基本定律：温度每升高 10℃，反应速率就会翻倍。

而就基因分子而言，因为它的结构太过复杂，目前还无法直接通过化学分析来证明同分异构变化。有机化学家们所付出的努力，或许在今后相当长的时间内仍收效甚微。不过，从其他角度来看，我们或许可以找到比费力的化学分析好得

① 如前所述，“同分异构体”指的是相同的原子以不同的排列方式组成的分子。

多的办法。如果雄性或雌性配子内部的某个基因发生了同分异构变化，那么由配子结合产生的新生命中，这个变化就通过连续的细胞分裂被忠实地复制下来，有可能影响到动植物的宏观性状，从而被我们观察到。

实际上，遗传学研究的一个重要成果，就是发现**生命体自发的遗传变化总是以不连续的跳跃形式发生，我们称之为突变**。这是由荷兰生物学家德弗里斯（de Vries）于 1902 年发现的。

我们还以前面提到的果蝇繁殖实验为例。野生的果蝇有灰色的身体和长长的翅膀。你在花园里捉到的每一只几乎都有这样的特征。然而，在实验室条件下繁殖多代以后，人们偶然间得到了一种独特的“畸形”果蝇，它的翅膀异常短小，身体几乎是黑色的（图 102）。

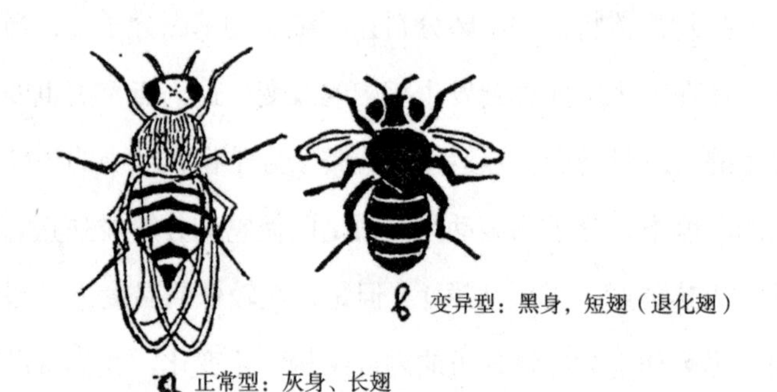

图 102　果蝇的自发变异。

非常重要的一点是，除了这种短翅黑果蝇以外，人们找不到其他任何不同灰度、翅膀长短不一的品种，也就是说，在这种极其例外的变种（黑身短翅）和“正常”的祖先之间，不存在连续变异、逐代更迭的阶段！一般来说，某一代的所有果蝇（可能有几百只！）都是差不多的灰色，翅膀也同样长，只有一只（或几只）完全不同。要么没有变化，要么就是相当大的变化（突变）。科学家们在众多的其他案例中也观察到了类似的情况。比如说，色盲就不一定完全来自遗传，有些婴儿在祖辈没有任何“迹象”的情况下，一出生就是色盲。人类的色盲和果蝇的短翅问题一样，遵循“全有或全无”的原则，这并不是说一个人分辨红绿颜色的能力有好有差——要么可以分辨，要么就完全无法分辨。

每一个听说过查尔斯·达尔文的人都知道，新生代的遗传特征差异，再加上物竞天择、适者生存，导致了稳定的物种进化[①]，也让几十亿年前统治自然界的简单软体动物发展成像你这样高智商的生命体，连这么高深的书都能读得懂！

上面讨论了基因分子的同分异构变化，从这个角度出发，完全可以理解为什么遗传特征呈跳跃式变化。实际上，如果基因分子中决定性状的吊坠改变了位置，它就不可能中途停止：要么留在旧的位置，要么来到新的位置，从而造成生命体性状的不连续变化。

人们还发现，动植物的繁殖环境温度会影响到突变的速率，这个事实强有力地支持了“突变”源自基因分子同分异构变化的观点。实际上，蒂莫菲耶夫（Timoféëff）和齐默尔（Zimmer）关于温度如何影响突变速率的实验表明（不考虑由周围介质和其他因素导致的一些其他复杂情况），和其他普通的化学分子反应一样，基因也遵循同样的基本物理化学规律。这一重要发现使马克斯·德尔布吕克（Max Delbrück，他曾是一名理论物理学家，如今成了实验遗传学家）提出了具有划时代意义的观点：**突变这种生物现象，和纯粹物理化学意义上的分子同分异构体变化之间存在着等价关系。**

X 射线和其他辐射造成的突变，为基因理论的物理基础提供了重要的证据，对此我们可以无休止地讨论下去。不过，刚刚所说的内容足以使读者们确信，科学目前正在跨越生命这个“神秘”现象的门槛，试图对它进行物理上的解释。

在结束本章之前，我们还得聊一聊病毒。这种生物单元似乎就是一条外面没有细胞环绕的自由基因。就在不久之前，生物学家们还认为，最简单的生命形式是各种细菌。**细菌是一种单细胞微生物，会在动植物的活体组织内生长繁殖，有时还会引发各种疾病。**科学家通过显微镜观察发现，伤寒病的致病菌是一种长约

---

① 达尔文原本认为，进化是由连续的微小变化积累而成的，但是进化实际上是不连续的、跳跃式的变化。这就是突变理论对达尔文经典理论做出的唯一一点儿修正。

3 微米[①]，粗 $\frac{1}{2}$ 微米，身形细长的特殊细菌，而猩红热的致病菌则是直径约 2 微米的球状细胞。然而还有一些疾病，例如人类流感或烟草植物的花叶病，在患者身上普通的显微镜根本观察不到任何正常尺寸的细菌，但是这些特殊的“无菌”疾病又和其他所有传染疾病一样，会从患病的生物体传入健康者体内，而且这种“感染”会迅速地在受感染者整个身体里传播，因此有理由假设它们与某种假想的生物载体有关。所以，科学家们将其称为“病毒”。

直到最近，由于超显微技术（使用紫外线）的发展，特别是电子显微镜的发明（使用电子束来代替普通的光线，可以放大更多的倍数），微生物学家们才第一次看到此前隐藏的病毒结构。

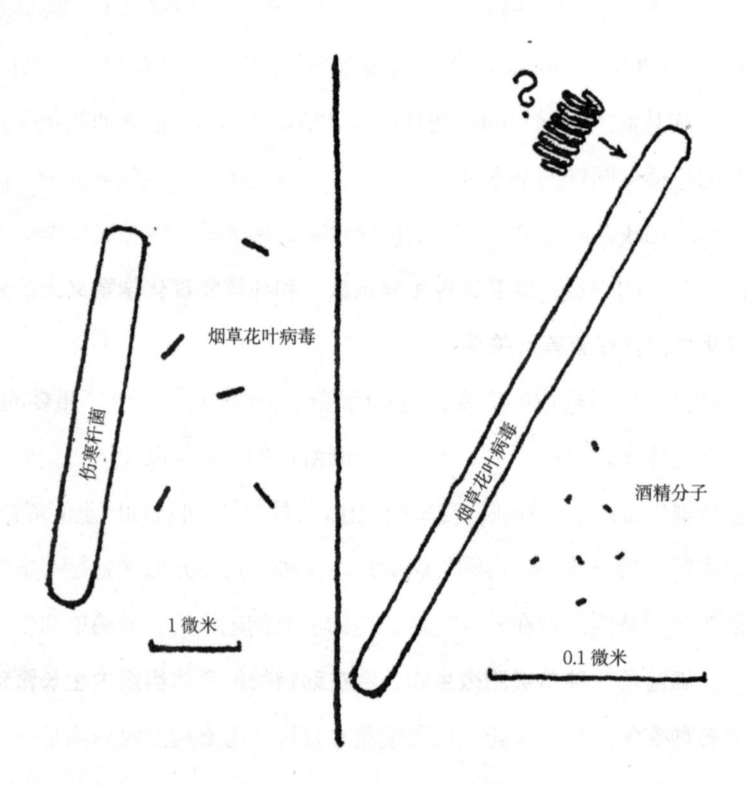

图 103　细菌、病毒和分子之间的比较。

① 一微米是千分之一毫米，或者记为 0.0001 厘米。

研究人员发现，**病毒中包含有大量的单个微粒，这些微粒的大小完全相同，并且比普通细菌要小得多**（图 103）。流感病毒是直径为 0.1 微米的球形微粒，而烟草花叶病毒则是长 0.280 微米，直径 0.015 微米的细长杆状微粒。

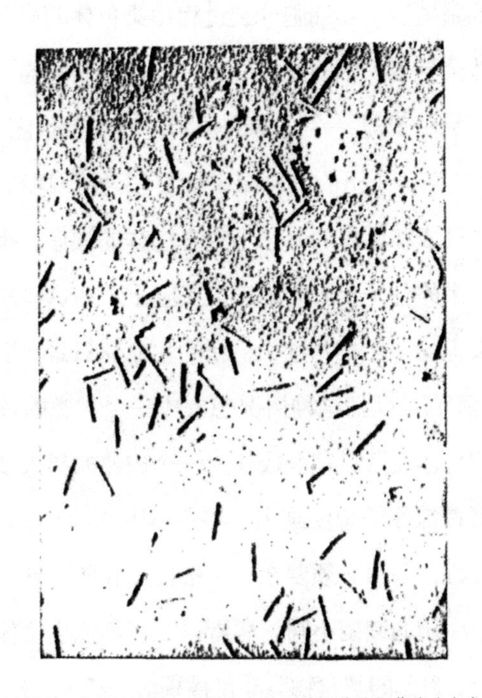

图版Ⅵ　这是活分子？这是放大了 34,800 倍的烟草花叶病毒粒子。
（图片由 G. 奥斯特博士和 W. M. 斯坦利博士提供）

图版 VI 中，我们看到了一张令人印象深刻的烟草花叶病毒照片，这是目前已知的最小生命单元。由于一个原子的直径大约是 0.0003 微米，我们因而得出结论，烟草花叶病毒的直径约等于 50 个原子，长度约等于 1000 个原子。加起来不超过几百万个原子[①]！

---

① 构成病毒的实际原子数可能会比这个数字少很多。因为它们可能是由图 101 所示的那类分子链卷曲盘绕成的“中空”结构。假设烟草花叶病毒的结构确实如图 103 所示，且各种原子团只位于圆柱体的表面，那么每个病毒的原子数将减少到几十万个。当然，同样的论点也适用于每个基因里的原子数。

这个数字不禁让我们联想起，单个基因中的原子数也是差不多。科学家们由此提出了一种可能性：病毒就是一条“自由基因”，它不屑于和长长的染色体协同共生，也不愿意被一团笨重的细胞原生质包围。

实际上，病毒的繁殖过程和细胞分裂过程中染色体的成倍增长看上去完全相同：它们的整条身体会沿着长轴的方向分裂，产生两个新的、完整尺寸的病毒微粒。显然，我们观察到的就是一个基本的繁殖过程（就像图 91 中那个虚构的酒精“繁殖”案例）：复杂分子上的各种原子团首先会从周围的介质中提取类似的原子团，并将它们排列成和原先的分子上完全一样的顺序。排列完成后，已经成熟的新分子就会从原来的分子上脱落下来。实际上，在这些原始的生命体身上似乎没有发生通常意义上的“生长”过程，新的生命体只是在旧的生命体旁边，由“部件”拼接而成。我们可以把这种情况想象成一个人类的孩子，他或她在母亲体外，依附于母亲的身体发育，完全成长为一个成熟的男人或女人之后，脱离母亲的身体走开（笔者按捺住了想要画出一幅示意图的冲动）。毋庸置疑的是，想要促成这样的繁殖过程，病毒必须要在一个条件适宜的特殊介质中进行发育。实际上，与自身拥有原生质的细菌不同，病毒只能在其他生命体的活性原生质内繁殖，通常说来，它们对自己的“食物”非常挑剔。

病毒的另一个共同特征在于，它们也会发生突变，而且突变后的病毒个体会将新获得的特征传给后代，这一点和我们熟悉的遗传学规律完全相符。实际上，生物学家能够区分出同一种病毒的不同毒株，还可以跟踪它们的“族群发展”。当新的流感疫情在社群肆虐时，可以相当肯定地做出判断：这是由新的突变型流感病毒引发的感染，带有一些新的恶性特征，而人类机体还无法对其产生一定的免疫力。

以上我们已经给出了一些强有力的论据，表明必须要将病毒视为活的个体。现在我们也可以毫不犹豫地断言，这些微粒也必须被视为普通的化学分子，它们符合理化的所有定律和规则。实际上，对病毒这种物质进行的纯化学的研究向我们表明，**病毒可以被视为一种结构清晰的化合物，适用于复杂有机物（但不是活**

的）的化学反应对其同样适用，而且它们也会发生各类置换反应。实际上，生物化学家迟早都会写出每一个病毒的化学结构式，就像写出酒精、甘油或糖的化学式一样轻而易举。更令人吃惊的是，同一类型的病毒尺寸都是完全相同的。

事实表明，如果病毒赖以生存的营养介质遭到破坏，病毒会自发排列成普通晶体的规则图案。比如，“番茄丛矮病”的病毒就会结晶成美丽的菱形十二面体！你可以把这种晶体和长石、岩盐一起放进矿物柜中展览，但是一旦把它放回番茄植株里，它又会变成一群活的病毒体。

至于从无机物合成生命体这个难题，最近由加利福尼亚大学病毒研究所的海因茨·弗伦克尔－康拉特（Heinz Fraenkel−Conrat）和罗布利·威廉姆斯（Robley Williams）迈出了至关重要的第一步。他们在研究烟草花叶病毒时，成功地将这些病毒分离成了两部分，每一部分都是相当复杂却无生命的有机分子。人们很早就知道，这种长杆状的病毒（图版 VI）是由一束长且直的分子（我们称之为核糖核酸）作为组织材料，与长长的蛋白质分子缠绕在一起形成的，就像电磁铁里，上面绕着线圈上的铁芯一样。弗伦克尔－康拉特和威廉姆斯使用了多种化学试剂，成功地将核糖核酸从蛋白质分子中毫发无损地分离开来。他们在一个试管中存放核糖核酸的水溶液，另一个试管中存放蛋白质分子的溶液。电子显微镜照片显示，试管里这两种物质的分子完全没有显示出任何生命的迹象。

但是，将这两种溶液放在一起时，核糖核酸分子开始以每 24 根结为一束的方式进行组合，而蛋白质分子也自发地缠绕在它们周围，形成的复制品和实验开始前的病毒一模一样。将溶液滴在烟草植物的叶子上，这些拆开重组的病毒同样会引发花叶病，就像它们从未被拆开过一样。当然，这个实验中，试管中的两种化学成分是通过分解活病毒得到的，但关键在于，生物化学家现在已经掌握了用普通化学元素合成核糖核酸和蛋白质分子的方法。虽然目前（1960 年）只能合成较短的物质分子，但是我们没有理由怀疑，随着时间的推移，用简单元素就可以制备出像病毒分子那么长的分子，将它们组合在一起，就会得到人造的病毒微粒。

PART4

宏观宇宙

第十章 延展的地平线

1. 地球和它的邻居

现在，我们从分子、原子和原子核的微观王国返航，回到正常尺寸的世界中。我们打算开启一个全新的旅程，这次的方向正好相反，我们要去探索太阳、恒星、遥远的星际云还有开放的宇宙边界。就像在微观世界里一样，在这趟旅途中，科学的发展会引领我们远远地超越日常的世界，为我们展现出愈发宽广的地平线。

图 104　远古的世界。

在人类文明的早期阶段，我们称之为“宇宙”的区域小得不值一提。人们相信，地球是一个又大又平的圆盘，它被世界之海所环绕，漂浮在海面上。地球下方只有水，深得超出想象；上方是天空，那是诸神的住所。这个圆盘大得足以承载当时地理学已知的所有大陆，主要是和地中海沿岸毗邻的部分，包括欧洲、非洲和亚洲的一小块版图。地球圆盘的北部边缘以一座座高山为界，每到夜晚太阳就藏于其后，在世界之海的海面休憩。图 104 相当准确地展现出这个世界在远古人类眼中的样子。不过，到了公元前 3 世纪，开始有人不同意这个被广泛接受的简单世界图景。这个人就是著名的古希腊哲学家（那个时代称他为科学家）亚里士多德。

亚里士多德在他的作品《论天》(About Heaven）中提出了一个理论。他认为我们的**地球是一个球体，上面部分是大陆，部分是水，外面包裹着空气。**他举了许多在我们当下看来熟悉到不值一提的细节来支持这个论点。他指出，当船消失在地平线时，船体会首先消失，而桅杆看上去好像插在水面上，这证明了海平面是弯曲的，不是平的。他还声称，之所以会产生月食，那是因为地球的阴影掠过了卫星的表面，既然这个阴影是圆形的，那么地球本身一定也是圆的。不过，当时只有非常少的人相信他的说法。如果他所说的属实，人们不明白为什么居住在地球另一面（所谓的“对跖点”，对美国来说就是澳大利亚）的人能够头朝下行走，而不会掉出地球，还有为什么这半边世界上的水不会流到天上去（图 105）。

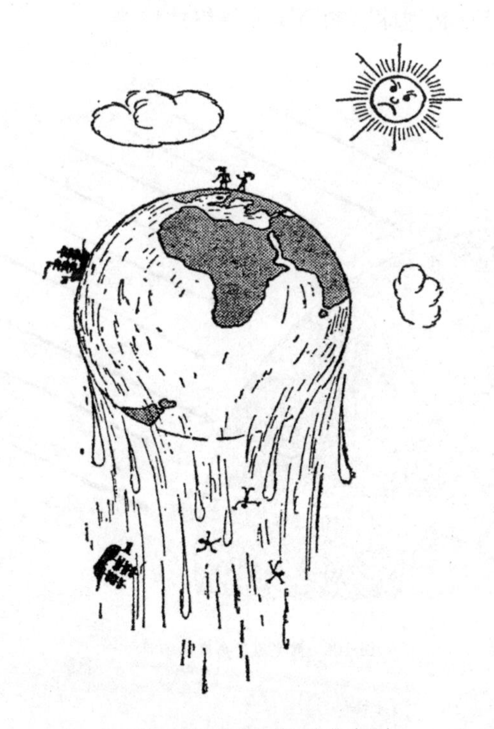

图 105 “球状地球”的一个反对观点。

我们现在明白，当时的人们并没有意识到这些东西是因为受到了地球的吸引，所以才不会掉下来。对他们来说，“上面”和“上面”是空间上的绝对方向，在哪里都应该是一样的。如果绕地球转半圈，“上”可以变成“下”，“下”也可以变成“上”——这种“疯狂”的想法在他们看来，和当代人眼中爱因斯坦相对论里的许多观点没什么两样。我们现在知道，重物的坠落源于地球的拉力，而在当时的人们看来，这是由万物向下的“自然趋势”造成的。如果你冒险踏入地球的下半部分，就会坠向蓝天！因为反对声太过强烈，新的观念无法被人们接纳，甚至到了 15 世纪，在亚里士多德的时代过去近 2000 年后，你仍然可以从许多书上找到一些图片，上面画着头朝下站在地球“下面”的居民，嘲笑“球状地球”的观念。伟大的哥伦布在出发探索通往印度的“另一条路”时，或许也并不完全确信自己计划的合理性，实际上，他最后未能实现这个目标，因为美洲大陆挡住了他的去路。直到费迪南·德·麦哲伦（Fernando de Magalhães）完成著名的环球航行之后，人们对“球状地球”的质疑才最终被打消。

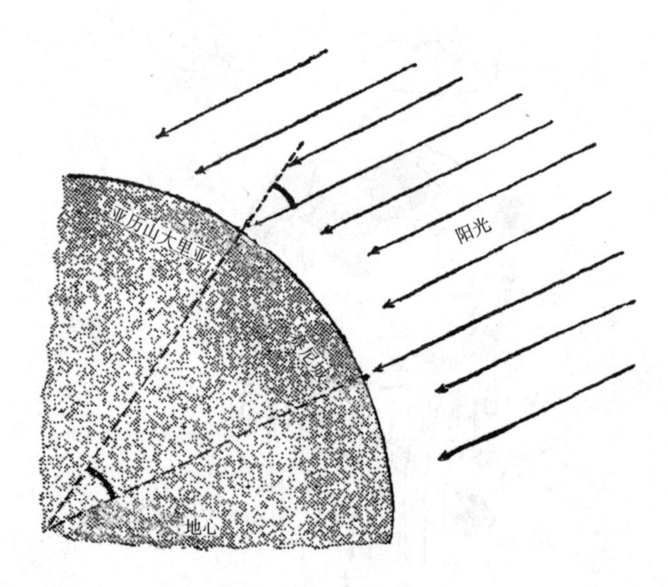

图 106　阳光照射角度的不同。

第一次意识到地球是一个巨大的球体后，人们自然会去发问：这个球体到底有多大？当时已知的世界和它相比占多大比例？古希腊的哲学家显然没有办法来一场环球旅行。然而，如果环球旅行无法实现，地球的大小又该如何测量呢？

的确有办法，而且早在公元前3世纪，著名科学家埃拉托斯特尼（Eratosthenes）就第一个想到了这个方法。埃拉托斯特尼居住在当时古希腊的殖民地——埃及的亚历山大里亚。从这座城市往南大约5000个埃及视距的距离，是位于尼罗河的上游城市赛尼城[①]。他从当地的居民那里听说，夏至当天，这个城市正午的阳光会直直地从头顶射下来，所以垂直的物体不会投下任何阴影。埃拉托斯特尼也知道，在亚历山大里亚从来没有发生过这样的事情，同一天，太阳和天顶（正上方的点）的夹角大约有7度，或者说是整个圆的五十分之一。埃拉托斯特尼从地球是圆的这个假设出发，做出了一个非常简单的解释，通过图106可以很容易看明白。由于地球的表面在两座城市之间是一条弧形，所以垂直落在赛尼城上的太阳光线，必然会以一定的角度照射到位于更北边的亚历山大里亚。从该图中还可以看出，如果从地心画两条直线，一条经过亚历山大里亚，一条经过赛尼城，它们在地心处的夹角，一定等于从地心到亚历山大里亚的直线（即亚历山大的天顶方向）与太阳光线（垂直照在赛尼城上）所成的角度。

由于这个角度是整个圆的五十分之一，所以地球的周长就应该等于两个城市之间距离的50倍，也就是25万视距。一个埃及视距约为$\frac{1}{10}$英里，所以埃拉托斯特尼计算的结果相当于25,000英里或40,000公里，确实很接近当代的最佳测量值。

然而，人类第一次测量地球的真正意义不在于得到的数字有多么精确，而在于人们认识到地球居然有这么大：地球的表面积比当时已知的所有陆地面积要大上好几百倍！如果这是千真万确的，那么已知的边界之外又有什么呢？

说到天文距离，我们必须先来了解一下视差位移（或者简称为视差）的概念。这个词听上去可能有点陌生，实际上，它却是一个非常简单且有用的东西。

---

① 靠近阿斯旺大坝现在的位置。

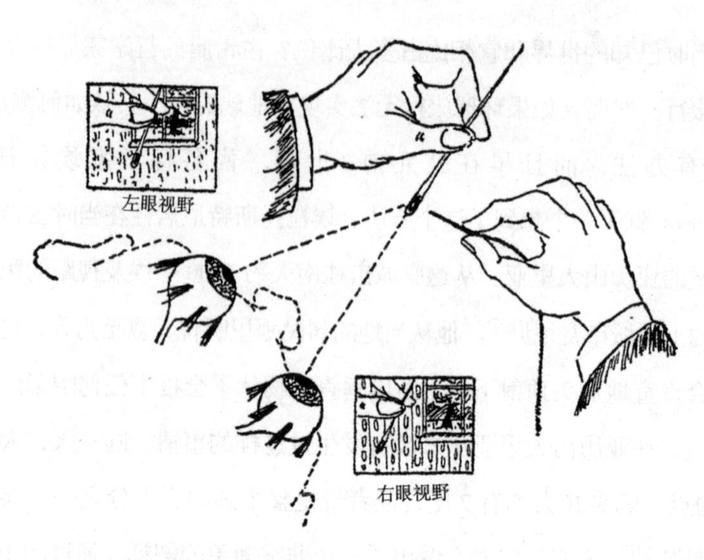

图 107 双眼注视物体，更容易操作。

想要了解视差，我们不妨先来试试穿针这件事。试着睁一只眼睛穿针引线，你很快就会发现这很难办到。线头要么离针背特别远，要么留在针眼前面。只用一只眼睛，你无法判断针和线的距离，但同时睁开两只眼睛，就可以轻易做到这一点，或者至少可以轻松学会如何操作。用两只眼睛看物体时，你会自动把两只眼睛都聚焦在物体上。物体越近，你就越要把眼球彼此靠得更近，而调整过程中产生的肌肉感觉，会让你准确地把握距离。

图 108 “光学基线”加大，能够看得更远。

现在，不要同时使用两只眼睛，先睁开一只，随后再换成另一只，你会发现物体（这个例子中是针）相对于远处背景（比如说对面的窗户）的位置发生了变化。这种效应就叫视差位移，大家对此肯定不会陌生。如果你从未听说，那就试一试上面的方法，或者观察一下图 107 中左眼和右眼各自看到的针和窗的位置，很快就会弄明白。物体离我们越远，它的视差位移就越小，利用这一点，我们就可以来测量距离了。视差位移可以用弧度作为单位准确地测量出来，这种距离判定的方法比简单地依靠眼球的肌肉感觉更加精确。不过，一个人的双眼距离只有三英寸左右，所以想要估计几英尺以外的距离，情况不太理想。观看较远的物体时，两眼的视线几乎完全平行，视差位移也会小到难以估测。为了判断更远的距离，我们需要将双眼的距离拉远，从而增大视差位移的角度。不，我们不需要外科手术，用镜子就可以完成这个把戏。

图 108 里画的是（雷达发明之前）海军在战争中用来测量敌方军舰距离的装置。这是一根长管子，使用者的双眼前方有两面镜子（A，A′），还有两面（B，B′）分别位于管子的两端。通过这样的测距仪，你实际上是用一只眼睛从 B 点观看，用另一只从 B′ 点观看。这样一来，双眼之间的距离，或者说所谓的“光学基线”比原先大了许多，因而可以估计出更远的距离。当然，海军不只是依靠眼球肌肉给出的感觉来测量距离。测距仪上配备了特殊的工具和刻度盘，帮助他们用尽可能精确的方式来测量视差位移。

哪怕是还没露出地平线的敌舰，海军测距仪也可以完美地测出它们的位置。然而，如果想用它来测量天体距离，就会遭遇彻头彻尾的失败，就连月亮这个相对较近的天体也测量不出来。实际上，为了观察到月球相对于遥远星体背景的视差，光学基线（即两眼之间的距离）至少要长达几百英里。当然，我们完全没有必要组装一套光学系统，比方说，让我们的一只眼睛在华盛顿，另一只在纽约，只要从这两座城市同时拍摄照片，记录下月亮和周围天体的相对位置就可以。我们把这两张照片放在常见的立体镜中，就会看到月亮高挂在有恒星为背景的太空中。天文学家们测量了同一时刻从地球不同地方拍摄到的月球和其他天体的照片（图 109），发现从对跖点观察到的月球的顺时针位移是 1°24′5″，由此可得，地球与月球之间的距离约等于地球直径的 30.14 倍，即 384,403 公里，或 238,857 英里。

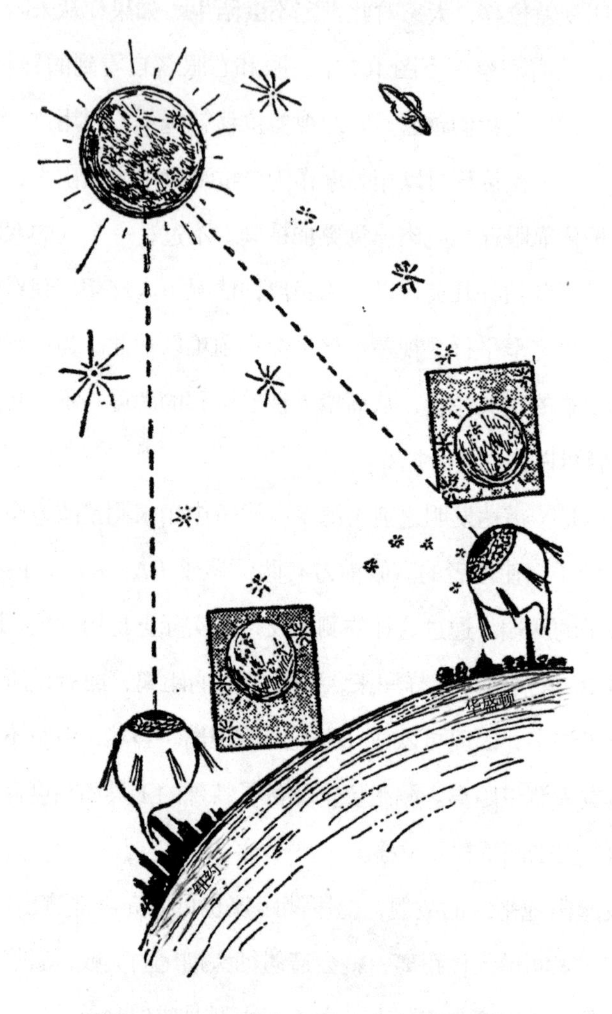

图 109　两眼之间的距离为几百英里时，可观察到月球相对于遥远星体背景的视差。

根据这个距离和观察到的角直径，我们发现地球卫星的直径大约是地球直径的 1/4，那么它的表面积就只有地球的 1/16 那么大，和非洲大陆差不多大小。

人们还可以用同样的方法，测量出地球到太阳的距离。不过，由于太阳比月亮远得多，测量起来也困难得多。天文学家最终测出这个距离是 149,450,000 公里（92,870,000 英里），大概是地月距离的 385 倍。正是因为离得这么遥远，所以太阳看起来才会和月球差不多大，其实它要大得多，太阳的直径是地球直径的 109 倍。

如果我们把太阳比作是一个大南瓜，那么地球就是一粒豌豆，月球是一颗罂粟籽，而纽约帝国大厦差不多就和我们用显微镜观察到的最小的细菌那么小。在此，我们应当铭记一位古希腊时期的进步哲学家，他的名字叫作阿那克萨哥拉（Anaxagoras）。他当年受到放逐的惩罚，甚至遭受死亡的威胁，只因为他教导学生，太阳是一个火球，或许有整个希腊那么大！

使用类似的方法，天文学家还可以估算出太阳系中不同行星的距离。最近科学家们发现一颗叫作冥王星的行星，它离太阳的距离最远，大约是地球的四十倍，更确切地说，冥王星距离太阳足足有 3,668,000,000 英里。

2. 银河系群星

我们下一步的太空之旅将从行星跳跃到恒星，视差测量法对此依旧适用。不过我们会发现，哪怕是最近的恒星也离我们相当遥远，就算是站在地球上两个相距最远的观测点（对跖点），观察到的恒星相较于广阔的星空背景也没有出现明显的视差位移。但是我们依旧有办法测量出这些遥远的距离。既然可以用地球的尺寸来测量地球公转轨道的长度，为什么不用这条轨道来测量恒星之间的距离呢？换句话说，利用地球公转轨道的两个端点，我们至少可以测量出部分恒星的相对位移。当然，这意味着我们必须要在两次观测之间等上半年的时间，但这有什么不可以呢？

带着这个想法，1838 年，德国天文学家贝塞尔（Bessel）在相隔半年的两个夜晚，对比了观测到的恒星的相对位置。最开始他运气不佳，挑选到的恒星离得太过遥远，即便以地球公转轨道的直径作为基线，仍然无法看出明显的视差位移。不过别灰心，瞧，这就是天文学手册中标记为“天鹅座 61”（天鹅座第 61 颗暗星，参见图 110）的那颗恒星，它相较于半年前，似乎稍稍地偏离了一点儿。

又过了半年，这颗星重新回到了原来的位置。这确实是视差效应导致的。贝塞尔因而成了第一个用尺子丈量太阳系外星际空间的人。

贝塞尔观测到的天鹅座 61 在半年间的位移的确非常小，只有 0.6 角秒[①]，也就是说，这是你在看向 500 英里外的某个人时，双眼产生的视差（前提是你能看到那么远的地方！）。但是天文仪器是非常精密的，即使是这样的小角度，也能测量得非常准确。贝塞尔根据观测到的视差，加上已知的地球公转轨道直径，计算出这个恒星是在 103,000,000,000,000 公里之外，也就是说，它比太阳要远 69 万倍！单从数字的层面很难意识到它意味着什么。我们还用前面的例子，如果说太阳是一个南瓜，地球是一粒在 200 英尺以外围绕它旋转的豌豆，那么这颗恒星就是在距它们 3 万英里远的地方！

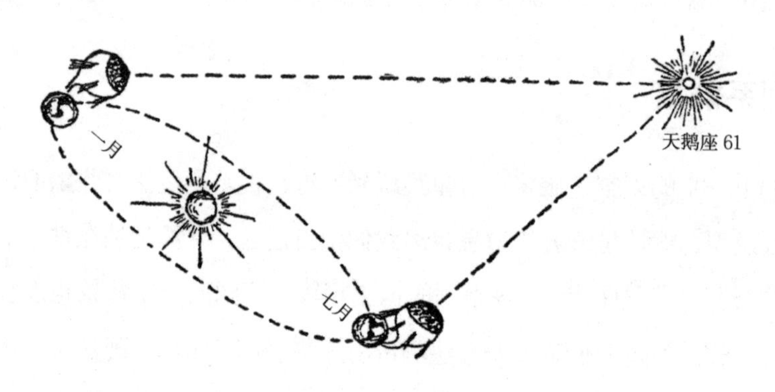

图 110　不同时间内，天鹅座 61 的运动。

天文学中，人们在谈论非常遥远的距离时，会习惯将其表示为光速（每秒约 30 万公里）通过这段距离所需要的时间。光绕着地球转一圈只需要 $\frac{1}{7}$ 秒，从月球到地球只需要 1 秒多一点儿，从太阳到地球也不过 8 分钟左右。天鹅座 61 是我们在宇宙中最近的邻居之一，光从这里出发到达地球也需要大约 11 年的时间。假如因为某种宇宙灾难，天鹅座 61 突然熄灭，或是在一片火光中突然爆炸（这对恒星

① 更精确的表述是：0.600″ ±0.06″。

来说不是新鲜事），那么我们还要等上 11 年的漫长岁月，才会看到星际空间中疾驰的爆炸亮光。这束最后的光芒给地球带来了最新的宇宙消息：一颗恒星已经不复存在了。

贝塞尔根据已测得的地球与天鹅座 61 之间的距离，计算出来，这颗在黑暗的夜空中静静闪烁的微小光点，其实是一个巨大的发光体。它的体积只比我们璀璨的太阳小 30%，亮度也只是略低。我们的太阳只是散落在无限空间中无数恒星中的一颗——这个最先由哥白尼提出来的革命性思想，第一次获得了直接证明。

继贝塞尔的发现之后，更多恒星的视差位移被测量出来。科学家们发现，有几颗恒星比天鹅座 61 离我们更近，其中最近的是半人马座 α 星（半人马座中最亮的恒星），它离我们只有 4.3 光年之遥，大小和光度都很接近太阳。不过，大多数恒星则离我们要远得多，以地球公转轨道的直径作为光学基线，根本测量不出来。

此外，科学家们还发现，恒星的大小和光度差异也很大。有像参宿四（猎户星座中第二亮的红巨星，在 300 光年以外）这样闪亮的巨型天体，它比我们的太阳大 400 多倍，亮 3600 多倍。也有像范马南星（13 光年以外）这样光线微弱的白矮星，它比地球还要小（直径是地球的 75%），光度只有太阳的万分之一。

现在，我们再来谈一个重要的问题：现存恒星到底有多少颗？有一种流行的观点认为，没有人能数清天上有多少颗星星，你或许也会赞同它。然而，和许多流行的观点一样，这个观点也是错的，起码就肉眼可见的恒星而言，情况绝非如此。实际上，两个半球能够直接观测到的恒星总数只有 6000 到 7000 颗，而且任何时候只有一半的恒星位于地平线以上，再加上大气会吸收光线，靠近地平线的恒星能见度大大降低，所以在一个晴朗的无月之夜，肉眼可见的恒星一般只有 2000 颗左右。因此，如果你能以每秒 1 颗星的速度，不偷懒地数下去，大约半小时就能把它们全都数完！

然而，如果你使用双筒望远镜的话，就可以比肉眼多看到大约 5 万颗恒星；使用一架口径为 2.5 英寸的望远镜，还能再看到约 100 万颗；要是从加州威尔逊山天文台那台著名的100英寸望远镜望向星空，你应该能看到大约5亿颗恒星。假如天文学家能以每秒1颗的速度，每天从黄昏数到黎明，差不多要花上一个世纪的时间才能数完它们!

当然，肯定不会有人把大型望远镜里看到的所有恒星挨个地数出来。恒星总数的计算方法是：在天空中不同的地方挑选若干个区域，计算出该区域内恒星的实际数目，计算出平均值后统计出总数。

一个多世纪以前，著名的英国天文学家威廉·赫舍尔（William Herschel）在用自制的大型望远镜观察星空时，发现绝大多数平时肉眼看不见的恒星都出现在横亘夜空的一条微弱光带里（我们通常称之为银河），这让他大为震惊。正是由于他的发现，天文学界才认识到，**银河并不是普通的星云，也不仅是一条横跨空间的气体云带，而是为数众多的恒星。**这些恒星离我们非常遥远，因而光亮特别微弱，我们的眼睛无法一一辨识出它们。

随着望远镜的功能越来越强大，我们可以在银河中观察到越来越多的恒星，但是银河系的主体部分仍然是一团朦胧的背景。然而，如果你认为银河里的恒星要比天空其他区域里的更加密集，那你就错了。实际上，并不是因为这里的恒星分布得更加密集，而是它们在这个方位上绵延到了更遥远的地方，因而这个空间里的恒星看上去好像比天空里其他地方的要更多一些。在银河的方向上，一直到我们眼力所及的地方（望远镜更是拓宽了这一范围）都有恒星的存在，而在其他方向，恒星的分布不会绵延至视线尽头，所以在它们身后，我们看到的大都是几乎空无一物的空间。

凝望银河，我们就像在望向一片深邃幽深的森林，数不清的树木枝条交叉重叠，构成一个连续的背景；而在其他方向，我们看到的是恒星之间的斑驳空隙，就像透过头顶的树叶看到的一块一块的蓝天。

因此，所有这些恒星分布在空间中一个扁平的区域内，沿着银河这个平面向里绵延了相当远，而在与之相垂直的方向上相对较薄。在布满恒星的宇宙中，我们的太阳只是其中一个无足轻重的成员。

图 111　如果银河系缩小到现在的 1/100,000,000,000,000,000,000，大概就和图上天文学家正在观察的那么大。天文学家的头部大概就在太阳所处的位置。

此后的几代天文学家通过更细致的研究，得出了如下结论：我们的银河系里大约有 40,000,000,000 颗独立的恒星，它们分布在一个凸透镜形状的区域内，直径约为 10 万光年、厚度约为 5000 到 10,000 光年。而这项研究得出的另一个结果，就像一记响亮的耳光打在了骄傲的人类脸上——我们的太阳根本就不在这个巨型"恒星社会"的中心，只是位于它的边缘而已。

图 111 中，我们试着向读者描绘出了这个巨大的恒星蜂巢的实际面貌。对了，我们之前还没提到，银河（Milky Way）更科学的称谓应该是银河系（Galaxy，没错，是拉丁语）。图中将银河系的大小缩小到了一万亿亿分之一，而且图里用来描绘恒星的点的数量也要比四百亿少得多，原因不言自明——因为根本就印刷不出那么多来。

银河系里的群星还有一个显著的特征，那就是它们和太阳系里的行星一样，都在快速地旋转着。就像金星、地球、木星和其他行星沿着近似圆形的轨道围绕太阳运动，**组成银河系的亿万颗恒星也在围绕着所谓的“银心”运动。**这个旋转的中心就位于人马座（射手座）的方向。实际上，如果你沿着天空中迷雾状的银河望过去时，就会发现，离这个星座越近，银河越宽，这意味着你正在看的位置是凸透镜形状的物质中间较厚的部分。图 111 中，天文学家也在看向这个方向。

银心究竟是什么样子的？我们不得而知。很可惜，我们的视线被太空中厚厚的一层星云遮挡住了，它们由黑暗的星际物质组成的。实际上，银河系在人马座[①]附近变宽的区域，乍看之下，会让人以为是神话中的天路在这里分成了两条“单行道”。但这里其实并没有分岔，之所以会产生这种印象，是因为一团由星际尘埃和气体组成的黑云悬于太空，正好占据了我们和银河系中心之间的宽阔位置。因此，银河两端的黑暗区域是空旷的宇宙背景，而中间的黑暗区域则是不透明的黑云。中央暗色斑块里的几颗恒星其实位于前景，处在我们和那些云层之间（图 112）。

图 112　往“银心”的方向，乍看过去，仿佛是神话中的天路分成了两条单行道。

太阳和其他亿万颗恒星都在围绕着神秘的银心旋转，而我们却看不到它，

① 人马座在初夏的晴朗夜空观测得最清楚。

这确实令人遗憾。不过，从某种意义上来说，通过对远在银河系之外的其他星系的观测，我们也可以大体推断出它的模样。和太阳统治着几大行星不同，银心并不是一颗主宰着银河系里其他星体的超巨星。对其他星系中心部分的研究表明（我们会在稍后讨论），银心也是由大量的恒星组成的，唯一不同的是，那里的恒星比我们太阳所处的边缘要拥挤得多。如果我们把太阳系看作是由太阳来统治诸行星的专制国家，那么恒星组成的银河系奉行的就是民主制，其中一些成员占据有影响力的中心位置，而其他成员则只能居于社会边缘，处于无足轻重的位置。

我们前面已经说过，所有的恒星都沿着巨型的圆形轨道围绕银心旋转，太阳也不例外。那么要怎么才能证明这一点呢？这些恒星的轨道半径有多大？绕一个完整的圆周需要多长的时间？

几十年前，荷兰天文学家奥尔特（Oort）回答了上述所有问题。他把哥白尼观测太阳系这个行星系统的方法应用在观察银河系这个恒星系统上。

我们先来回顾一下哥白尼的论点。古巴比伦、古埃及和其他古代民族都曾观测到，土星或木星这类大型行星在天空中穿行的方式非常奇特。它们会像太阳一样，先沿着一个椭圆前进，然后突然停下来往回走，接着再一次掉头，沿着最初的方向继续前进。图 113 的下半部分，我们展示了土星在大约 2 年之间的运动轨迹（土星的完整公转周期是 29.5 年）。此前，由于宗教上的偏见，人们认定我们居住的地球才是宇宙的中心，而所有的行星乃至太阳都围绕着地球运动，所以想要解释上面描述的奇特的运动方式，就不得不假设行星轨道的形状非常奇特，里面有许多回旋的路线。

但是哥白尼的头脑更加清醒。对这个神秘的回旋现象，他做出了天才的解释：地球和所有其他行星一样，都沿着简单的圆形轨道绕太阳运动。看完图 113 上半部分，就会很轻松地理解这个解释：

太阳居于中心，地球（小球）沿小圆运动，土星（带环的球形）沿大圆运动，二者的运动方向相同。数字 1、2、3、4、5 分别标出了地球和土星一年中的不同位置。这里我们要记住，土星的移动速度要慢得多。从不同位置的地球上作出的垂线，指向天空中某个固定恒星的方向；连接标有相同数字的地球和土星，又会得到另一个方向。我们可以看到，两个方向（地球到土星和地球到固定恒星）所形成的角度先是增大，然后减小，再增大。因此，看上去不停回旋的现象，并不是因为土星的运动具有任何特殊性，而是因为我们是从运动的地球上，以不同的角度在观察这个运动。

回到银河系里恒星公转的问题上。图 114 可以更好地帮我们了解奥尔特对这个问题的观点。银心位于这张图的下半部分（这里包括了黑星云在内的所有物质！），许多恒星在围绕它旋转。三个圆分别代表了和银心距离不同的恒星的轨道，中间的圆就是太阳的运转轨道。

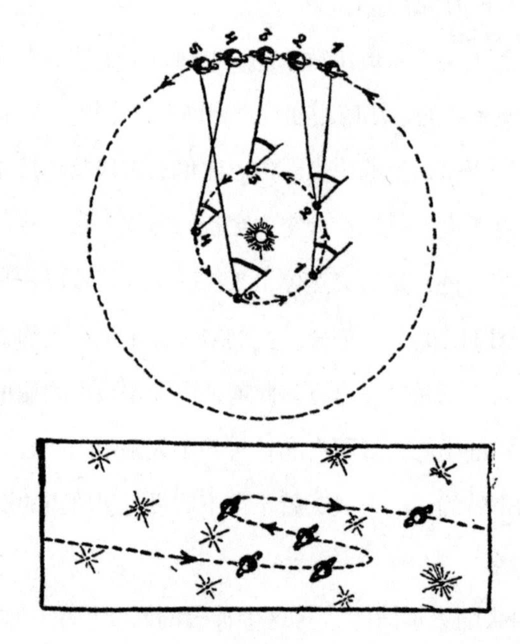

图 113　行星与太阳的运行轨道。

现在除了太阳之外，图上还画出了 8 颗恒星（为了区别于其他的点，这几颗用向外放射的线条表示），其中有两颗和太阳沿着同一轨道运动，一颗比太阳稍稍领先，一颗稍稍落后；其他的恒星则位于图中内外两层轨道上。我们必须记住，根据万有引力定律（见第五章），外层轨道上恒星的速度要比太阳慢，而内层轨道上的恒星则要快一些（图中用不同长度的箭头表示）。

如果我们从太阳上观察（或者是从地球上，二者没有什么区别）这8颗恒星，它们会怎样运动？我们这里讨论的是沿观察者视线的运动，所以最便捷的观测方式就是利用所谓的多普勒效应[①]。首先，显而易见的是，标记为D和E的这两颗恒星在太阳（或地面）上的观测者看来是静止的，因为它们与太阳同处一个轨道、以相同的速度运动。同时，落在太阳和银心连线上的另外两颗恒星（B和G）也是静止的，因为它们的运动方向与太阳平行，所以沿视线方向没有速度的分量。

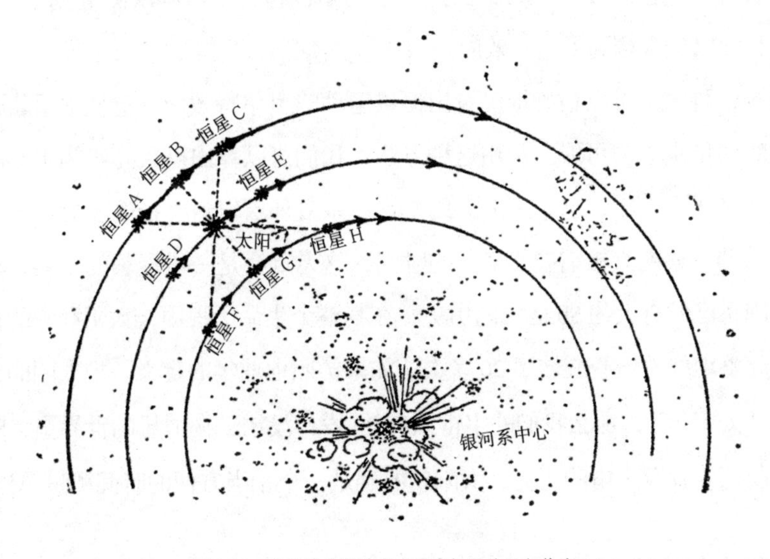

图114 多普勒效应的方式观察恒星的运行轨迹。

那么外层轨道上的恒星A和C呢？它们的运动速度都比太阳慢，所以我们可以从图中清楚地观察到，A会越来越落后，而C会被太阳逐渐超越。因为太阳和A的距离会增大，和C的距离减小，那么两颗恒星发出的光就会分别出现红移和

① 参见第十一章有关多普勒效应的讨论。

蓝移的多普勒效应。至于内圈的 F 和 H 两颗恒星，情况刚好相反，F 必然会出现蓝移，而 H 则会出现红移。

我们假设，上面所说的这些现象只能是由恒星绕银心做圆周运动引起的。如果圆周运动真的存在，我们不但可以证明这个假设，而且可以估算出恒星轨道的半径以及运动的速度。奥尔特记录了整个天空中可观测到的恒星的运动，通过这些数据，他确实能够证明预先假定的红移和蓝移的多普勒效应是存在的，这毫无疑问地证明了银河系是在旋转的。

用类似的方法还可以证明，银河系的旋转还会影响恒星垂直于视线方向的视速度。虽然要准确地测量这部分的速度分量难度很大（因为对特别遥远的恒星，哪怕以极大的线速度发生位移，由此产生的角位移也小得难以测量），但奥尔特和其他科学家也观测到了这一效应。

如今，科学家可以精确地测量出恒星运动的奥尔特效应，这使恒星轨道和公转周期的测量也成为可能。利用这种方法，我们可以算出以人马座为中心的太阳轨道半径是 3 万光年，这个距离大约是银河系最外层轨道半径的三分之二。太阳绕银心移动一整圈大概需要 2 亿年的时间，这无疑会是一段漫长的岁月，但别忘了，太阳系已经有大约 50 亿年的历史，在其整个生命历程中，太阳和它的行星家族已经完整地绕着银心旋转了 20 多次。如果仿照地球年的定义，把太阳的公转周期称为“太阳年”，那么我们的宇宙只有 20 岁！没错，在恒星的世界里，时间过得很慢。想要计算宇宙的历史，太阳年的确是一个相当方便的时间测量单位！

3. 通向未知的极限

上文中已经提到，我们的银河系并不是飘浮在浩瀚宇宙空间中的一座“恒星社会”孤岛。望远镜已经观测到，在遥远的太空中还存在着很多和银河系非常类似的巨型恒星群。其中最近的一个就是著名的仙女座星云，它是一个小小的、黯淡的、相对细长的星云，我们甚至可以用肉眼观看到它。威尔逊山天文台的大型望远镜还拍摄到了两个类似的天体，一个是后发座星云的侧拍图，另一个是大熊座星云的俯拍图，图版Ⅶa 和Ⅶb 就是它们的照片。就像银河系拥有特殊的凸透镜形状，我们会看到，这些星云也有典型的旋涡结构，因此被称为“旋涡星云”。很多迹象表明，我们所在的银河系同样也呈旋涡状，但是当你身处其中时，很难确定它的形状。实际上，我们的太阳很有可能位于“银河系大星云”的一个旋臂的最末端。

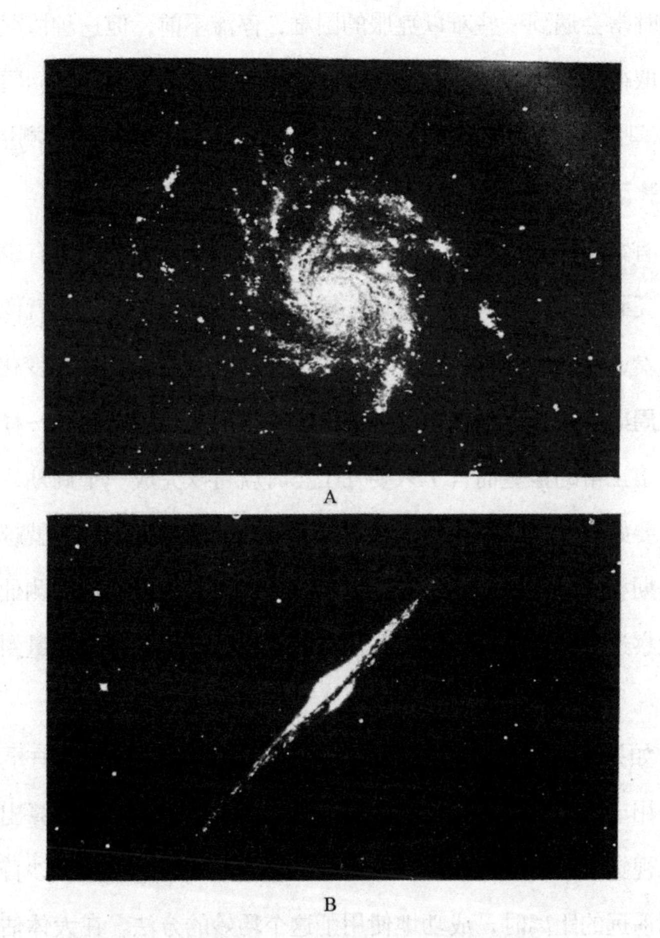

图版Ⅶ A是大熊座旋涡星云俯视图，是遥远宇宙中的一座孤岛。B是后发座旋涡星云俯视图，是遥远宇宙中的另一座孤岛。（图片摄于威尔逊山天文台）

很长一段时间以来，天文学家并没有意识到，旋涡星云是和银河系相似的巨型恒星系统，一度还将它和猎户座中普通的弥漫星云混为一谈，以为它们都是银河系恒星间大量飘浮着的星际尘埃云。但是人们随后发现，这些雾蒙蒙的旋涡状物体根本不是雾，而是独立的恒星。使用最高倍的望远镜，便可以看到它们是一个个点状物，不过它们离得确实太远了，视差位移根本无法测出它们的实际距离。

乍看上去，我们似乎已经用尽了测量天体距离的手段。其实并没有！在科学领域，我们时常会遇到一些难以克服的困难，停滞不前，但这种情况通常只是暂时的，总会取得一些突破，让我们再度向前探索。在天体测距的问题上，哈佛大学的天文学家哈洛·沙普利（Harlow Shapley）找到了一个新的“测量标尺”，这就是所谓的脉动恒星，或者叫作造父变星①。

天空中有数不清的恒星。大多数恒星只是静静地发光，但也有少数恒星以规则的周期由亮到暗，由暗到亮，循环往复。这些巨型天体的脉动就像心脏的跳动一样富有节奏，伴随着这种脉动，它们的亮度也会发生周期性的变化②。**恒星越大，脉动的周期就越长，这就像长钟摆比短钟摆的摆动周期更长一样。**特别小的恒星（相较于正常的恒星而言）只要几个小时就可以完成一个周期，而那种巨型的恒星则需要好几年的时间才能完成一次脉动。既然越大的恒星就越亮，那么恒星的脉动周期和平均亮度之间具有明显相关性。我们可以通过观测仙王星座的造父变星来考察这种关系，因为它离我们足够近，所以可以直接测量到它的距离和实际亮度。

现在，如果你在视差位移的测量范围之外发现了一颗脉动恒星，那么你要做的，就是用望远镜观察这颗恒星，获取它的脉动周期，从而计算出它的实际亮度，再与它视觉上的亮度进行比较，就可以马上知道它的距离。沙普利在测量银河系内特别遥远的距离时，成功地使用了这个巧妙的方法。在大体估测银河系的

---

① 这个名称来源于 β-造父变星，因为人们是在这颗星球上首次发现了脉动现象。

② 大家千万不要把这些脉动恒星和所谓的食变星混为一谈，食变星其实是两颗恒星互相围绕旋转并周期性互相掩食的系统。

尺寸时，这个方法也十分有用。

接下来，沙普利试着用同样的方法，测量巨大的仙女座星云中几颗脉动恒星和我们之间的距离，结果却让他大吃一惊。从地球到这些恒星的距离，应该和地球到仙女座星云的距离是一致的，足足有 170 万光年——这个数字比整个银河系的估算直径要大得多。而且仙女座星云本身的尺寸也只比我们的银河系要小一点儿。前面图版中展示的两个旋涡星云离我们也很遥远，它们的直径也和仙女座星云差不多。

此前人们假设旋涡星云位于银河系内部，是一个相当小的东西。上述结论给了这个假设致命的一击，并且由此确立了旋涡星云的地位：它们和银河系一样，同属于独立的恒星系统。如果某个观测者生活的小行星，正围绕着仙女座星云数十亿颗恒星中的某一颗转动，那么他眼中的银河系，和我们眼里的仙女座星云样子也差不多——这种说法恐怕没有天文学家会提出异议。

我们之所以能够对这些遥远的恒星社会进行更深入的研究，并且发现更多有趣且重要的现象，主要归功于威尔逊山天文台著名的星系观察家 E. 哈勃博士（E. Hubble）。使用高级望远镜观测到的星系数量，比拿肉眼看到的恒星数量还要多上许多。他们最开始发现，这些星系的类型各式各样，并不一定都是旋涡状的。有球状星系，看起来像是圆盘的形状，边界有些模糊；有椭圆星系，它们拉长的程度各不相同；各种旋涡星系的不同之处在于“螺旋缠绕的松紧程度不太一样”。还有一些星系的形状非常奇特，它们被称为“棒旋星系”。

有一点至关重要：我们观测到的所有星系形状，可以依次排成一个有规则的序列（图 115），这大概对应着巨型恒星社会演化的不同阶段。

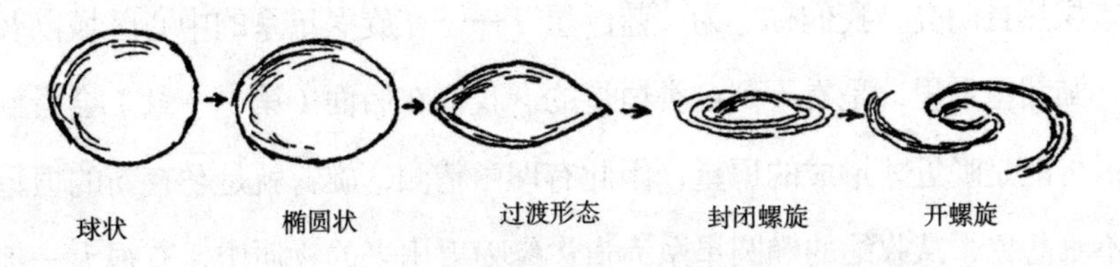

图 115　星系正常演化的各阶段。

虽然我们对星系演化的细节知之甚少，但是它很有可能是一个逐步收缩的过程。众所周知，当一团缓慢旋转的球状气体稳定地收缩时，它的旋转速度就会增加，形状也会变成扁平的椭球状。当椭圆的极半径与赤道半径之比等于 7 : 10 时，赤道的边缘就会变得尖锐，旋转的气体也会变成透镜的形状。进一步收缩下去，透镜的形状不会改变，但组成这团旋转体的气体开始沿着赤道边缘的尖锐处，全部散失到周围的空间里，在赤道平面上形成一层薄薄的气雾。

著名的英国物理学家、天文学家詹姆斯·金斯爵士用数学方法证明了上面有关旋转球状气体的这些说法。这一结论可以原封不动地应用到我们称之为星系的巨型恒星云上。实际上，我们可以把由亿万颗恒星组成的星团看作是一团气体，每个恒星扮演的就是气体分子的角色。

在比较了金斯的理论性测算和哈勃对星系的经验性划分后，我们发现，这些巨型的恒星社会完全遵循理论描述的演化进程。而且，最细长的椭圆星系的极半径和赤道半径之比恰好为 7 : 10，这时赤道边缘也开始出现了变尖的情况。演化的后期阶段出现的旋涡形状，显然是由快速旋转而喷射出的物质造成的。不过到目前为止，我们还没有找到令人完全满意的答案，来解释为什么会形成这些旋涡的形状、它们是如何形成的，是什么原因造成了简单的旋涡星系和棒旋星系的差异等诸多问题。

科学家们对于恒星社会中不同部分的结构、运动和具体成分还在进行更深入的研究，仍有许多有待我们去探索。例如，几年前威尔逊山的天文学家 W. 巴德就得出了一个非常有趣的结论，他指出，位于旋涡星系中心区域（星系核）的恒星和球状星系、椭圆星系里的恒星差不多，而旋臂里的恒星却是另外一种，这种恒星炽热且明亮，我们称之为“蓝巨星”——在旋涡星系的中心区域以及球状星系、椭圆星系里，是看不到这类恒星的。我们在后面（第十一章）会看到，蓝巨星很可能是晚近才形成的恒星，因此有理由猜测，旋臂就是孕育新的恒星的地方。不难想象，从收缩的椭圆星系赤道边缘喷射出来的物质中，有很大一部分是原始气体，这些气体进入到星系之间的寒冷空间，就会凝结成大块头的物质，随后再次收缩，变得炽热且明亮。

有关恒星的诞生及其寿命的问题，我们将会在第十一章中继续探讨。现在，我们必须从总体上思考一下各个星系在浩瀚宇宙中的分布情况。

在此必须指出，首先，我们在测量脉冲恒星的距离时所使用的方法，虽然在探索银河系附近的星系时取得了很好的效果，但当我们进一步探寻宇宙深处时，这种方法就失效了。这是因为距离实在是太过遥远，即使通过最强大的望远镜，我们也根本无法分辨出单独的恒星，整个星系看上去就像是拉长的小块星云。到了这个地步，我们就只能依靠它们在视觉上的尺寸来判断距离，因为有相当多的证据表明，同样类型的星系尺寸都差不多（这和恒星的情况不太一样）。这就像是你知道所有的人都一样高，既没有巨人也没有矮人，那么通过观察一个人的高矮就能判断他离你究竟有多远。

哈勃博士就是用这种方法估算了遥远星系王国的距离，由此证明，在人眼（通过最强大的望远镜）所能看到的地方，星系大体上是均匀分布在空间中的。我们之所以说“大体上”，是因为在很多情况下，星系也会聚集成群，有时里面会包括数千名成员，就像是星系里的独立恒星也会聚集成群一样。

而我们的银河系则隶属于一个相对较小的星系群，其成员中有三个旋涡星系（包括银河系和仙女座星云），六个椭圆星系，还有四个不规则的星系（其中两个是麦哲伦星云）。

不过，根据帕洛玛山天文台的 200 英寸望远镜的观测记录可知，除了这种偶尔出现的星系群之外，离我们 10 亿光年以内的星系大都相当均匀地散布在空间里。两个相邻星系之间的平均距离约为 500 万光年，而**宇宙可见的视野中，大约有几十亿个独立的星系世界**！

我们此前将帝国大厦比作细菌，地球比作豌豆，太阳比作南瓜，那么以此类推，各个星系就是分布在木星轨道上的几十亿个南瓜组成的一个巨型南瓜堆，此外还有一些单个的南瓜分散在一个球状区域内，半径只比太阳到最近恒星的距离小一点儿。没错，在宇宙距离中找到合适的比例是非常困难的，所以，即使我们把地球按比例缩小成一粒豌豆，已知宇宙的大小也是一个天文数字！图 116 中，我们试着让大家了解从地球，到月球、太阳、恒星、遥远的星系，再到未知的极限——天文学家们是如何一步步地探索宇宙距离的。

我们现在打算回答另一个基本问题，那就是宇宙的大小问题。宇宙会延伸到无穷远的地方吗？如果是这样，我们是不是要得出结论：更大、更好的望远镜会为天文学家的好奇之眼揭示出全新的、迄今尚未探索到的空间区域？还是说正好相反，我们必须相信宇宙尽管非常大，但它仍然是有限的，而且人类可以探索到最后一颗恒星（至少在原则上如此）？

当我们在谈到宇宙有可能会是“有限”的时候，当然不是在说，在距离我们几十亿光年的某个地方，空间探索家会遇到一面空白的墙壁，上面贴着“禁止踏入”的告示。

实际上，我们在第三章中已经说过，空间可以是有限的，而且不一定会有边界。它只要弯曲并且“自我封闭”就可以。因此，当一个假想的空间探索家操控着火箭飞船，按照尽可能直的路线进行太空旅行时，他将会在空间里飞出一条测地线，最终回到他的出发点。

这就像是古希腊的探险家从家乡雅典城向西旅行，经过长途跋涉，发现自己走进了雅典的东城门一样。

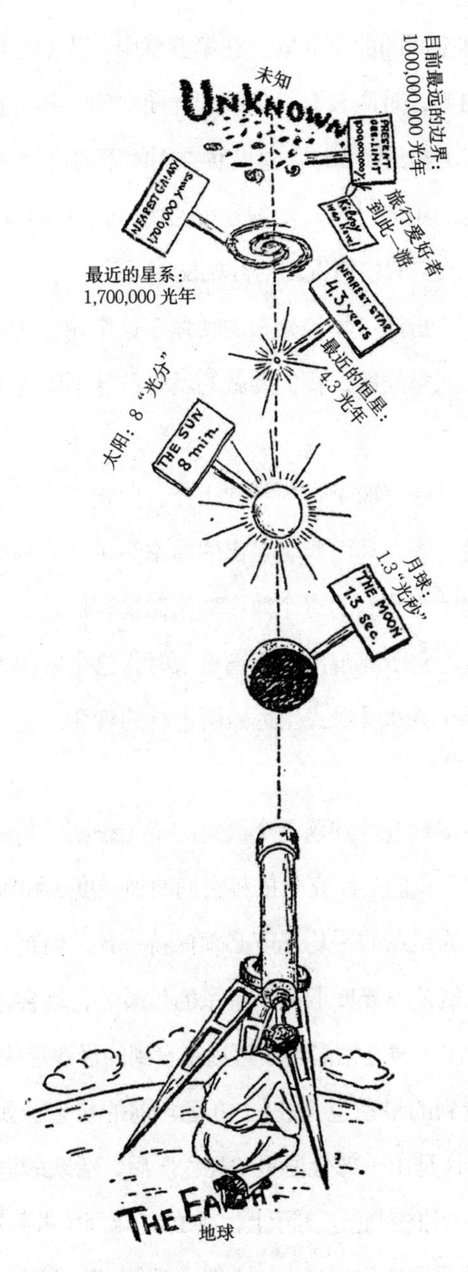

图 116　宇宙探索的里程碑，距离以光年为单位。

我们知道，不需要环游世界，只要研究地球表面很小一块区域的几何形状就可以确定地表的曲率。与此类似，在现有望远镜的测量范围内进行类似的测量，也可以回答宇宙三维空间的曲率问题。在第五章中，我们已经看到，必须对两种曲率加以区分：正曲率，对应着有限体积的封闭空间；还有负曲率，对应着马鞍形状开放的无限空间（参见图 42）。这两种空间的不同之处在于，在封闭空间中，落在观察者周围给定的距离以内，均匀分布的物体数量增加的速度会小于这个距离的立方值，而在开放空间中情况则恰好相反。

在我们的宇宙中，扮演“均匀分布的物体”这个角色的就是独立的星系。因此，想要解决宇宙的曲率问题，我们要做的就是统计不同距离范围内的独立星系数量。

哈勃博士实际上已经完成了这项计数工作。他发现，星系数量的增加趋势似乎比距离的立方要慢一些，从而表明宇宙的曲率为正，并且空间是有限的。不过我们必须注意到，哈勃观测到的这个效应非常微弱，借助 100 英寸的威尔逊山天文台望远镜，只有接近它所能观测的距离极限时，这个效应才会变明显，而最近利用帕洛玛山新的 200 英寸反射式望远镜所进行的观测，也没有给这个重要的问题带来更多的启示。

之所以无法给宇宙有限性问题一个最终的确定答案，另一个原因在于，在判断遥远星系的距离时，我们必须完全依赖它们的视光度（和距离的平方成反比）。这种方法假设，所有的星系的平均光度必须保持一致，但是，如果一些星系的光度会随时间变化，也就是说光度取决于星系的年龄时，就会导致错误的结果。实际上，我们必须要记住，通过帕洛玛山望远镜看到的最遥远的星系是在 10 亿光年之外，因此，我们看到的星系也是它们 10 亿年前的状态。如果星系随着年龄的增长而逐渐变暗（或许是由于部分恒星“死亡”后，活跃的恒星数量减少所致），那么就必须修正哈勃得出的结论。实际上，在 10 亿年间（占到星系总年龄的七分之一左右），星系的光度只要变化相当小的比例，就会推翻目前的“宇宙有限”论。

所以说，在确定我们的宇宙究竟是有限还是无限之前，还有相当长的道路要走。

第十一章 创世时代

1. 行星的诞生

对我们这些生活在世界七大洲的人来说（也可以把南极探险家伯德少将算进来），“坚实的大地”这个词几乎就和稳定、永恒是一个意思。地球表面有大陆和海洋、山脉和河流，所有这些我们熟悉的地形或许从时间之初就在那里。实际上，历史上的地质数据表明，地球的面貌正在逐渐发生改变，大片的陆地有可能会被海水淹没，而被淹没的地带也有可能浮出水面。

此外，古老的山脉正因雨水的冲刷而逐渐流失，新的山脊因为构造运动不时升出地表，但是，所有这些变化都发生在我们这座星球坚实的地壳之上。

不难看出，必然有过这样一个时期，那时，像这样坚实的地壳还不存在，那时，我们的星球还是一个由熔化的岩石构成的炽热球体。实际上，有关地球内部的研究表明，地球的主体部分仍然处于熔融状态，**我们脱口而出的“坚实的大地”其实只是漂浮在熔化的岩浆表面上的薄薄一层。**想要得出这一结论，最简单的方法就是从地球表面向下测量温度，每下降一千米，温度就会上升约30℃（或是每一千英尺16℃）。在世界上最深的矿井里（南非罗宾逊地底深处的金矿里面），井壁的温度非常高，矿场不得不安装空调设备，以防矿工被活活烤死。

以这样的增长速度，在地表以下50千米处，也就是说，从地表往地心出发，刚走不到百分之一的地方，温度就会达到岩石的熔点（1200℃至1800℃）。再往下走，占据地球97%以上质量的物质，一定是处于完全熔化的状态。

很显然，这样的情况不可能永远存在。地球处在一个逐渐冷却的过程，从很久以前完全熔化的状态开始，直到遥远的将来，球体的中心完全凝固为止。我们则身处其中的某个特定的阶段，观察着这一进程。根据地壳冷却的速度和生长的速度粗略地进行估算，这个过程应该是从几十亿年前开始的。

我们通过估算构成地壳的岩石年龄，也会得出相同的数字。岩石乍看之下没有任何变化的痕迹，所以才会有“安如磐石”的说法，但实际上，许多岩石的内部都有一个天然的时钟，有经验的地质学家可以利用它来计算岩石从熔融状态凝固之后经历了多久。

这种暴露岩石年龄的地质时钟就是微量元素铀和钍，从地表和地球内部不同深度采集上来的各种岩石中，经常可以见到这类元素。我们在第七章中探讨过，这些元素的原子会缓慢地发生自发性的放射性衰变，最后形成稳定的元素铅。

想要确定含有这些放射性元素的岩石年龄，我们只需测量放射性衰变之后，经年累月聚集的铅元素含量即可。

实际上，只要岩石里的物质还处于熔融状态，扩散和对流过程就会不断地把放射分解的产物清除出去。但是，一旦凝固成岩石，铅与放射性元素就会积累下来，它们的含量可以让我们精确地推断出它们存在了多长时间。这就像是敌方间谍可以通过散落在两座太平洋岛屿上的空啤酒罐数量，计算出海军陆战队分别在每个岛上驻扎了多久一样。

最近的研究利用了改进的技术，精确地测量出岩石中铅同位素和其他不稳定化学同位素（如铷 87 和钾 40）等衰变产物的积累情况，据此估算出，已知的最古老的岩石年龄约为 45 亿年。因此，我们可以得出结论：地球“坚实的地壳”应该是在大约 50 亿年前，由先前熔化的物质形成的[①]。

因此，我们可以把 50 亿年前的地球想象成一个完全液态的球体，外面裹着厚厚一层空气、水蒸气，或许还有其他极易挥发的物质。

这块炽热的宇宙物质是如何形成的？是什么力量推动了它的形成？什么东西为它提供了材料？这些问题关乎地球的起源，也关乎太阳系中每一个星球的起

① 第一个利用这一方法精确测量出地球年龄的人是美国科学家克莱尔·帕特森，他在 1956 年将地球的年龄锁定在 45.5±0.7 亿年。——译著

源，它一直是天体演化论（研究宇宙起源的理论）这门科学的基本问题，也是许多个世纪以来，天文学家头脑中百思不解的谜题。

1749 年，法国著名的自然学家乔治 – 路易 · 勒克莱尔，也就是布丰伯爵（George–Louis Leclerc, Comte de Buffon）在他厚达 44 卷的《自然史》中，首次尝试用科学的方法回答这些问题。布丰认为，太阳系的诸行星源于太阳和一颗来自遥远星际空间的彗星的碰撞。他想象出一幅生动的画面：一颗“彗星”拖着闪耀的长尾巴扫过太阳表面（当时太阳还是孤身一人），并从它的巨型身体上撕扯下许多小的“液滴”，撞击的力量将它们送入太空，并让它们旋转起来（图 117a）。

几十年后，德国著名哲学家伊曼努尔 · 康德（Immanuel Kant）针对太阳系行星的起源问题提出了完全不同的看法。他更倾向于认为，太阳是在没有其他天体的干预下，自行组建了它的行星系统。康德把早期的太阳想象成一团巨大的、相对冷却的气体，占据着现在太阳系的全部空间，并围绕着轴线缓慢地旋转。球体向周围空旷的区域进行辐射并持续冷却的过程，必然会导致它的逐渐收缩以及旋转速度的逐渐增加。旋转产生的离心力越来越大，又必然导致原始的气态太阳变得越来越扁，最后沿着它不断延伸的赤道面喷射出一系列气态环（图 117b）。普拉托（Plateau）曾做过一个经典的实验，证明了旋转的物质可以产生这样的环。实验将一大块球状油滴（太阳是气态的，这个例子不完全相同）悬浮在其他一些同等密度的液体里，并在辅助机械装置的带动下快速旋转。当转速超过一定限度时，它的身体周围就开始形成油环。以这种方式形成的环，应该是后来才破裂的，并且凝结成为围绕着太阳，在不同位置盘旋的行星。

康德的这些观点后来被法国著名数学家皮埃尔 – 西蒙 · 拉普拉斯侯爵（Pierre–Simon, Marquis de Laplace）继承与发展。他在 1796 年出版的《宇宙体系论》一书中向公众介绍了这些观点。拉普拉斯是一位伟大的数学家，但他并没有从数学的角度来阐述这些思想，只是做了一些较为通俗的定性讨论。

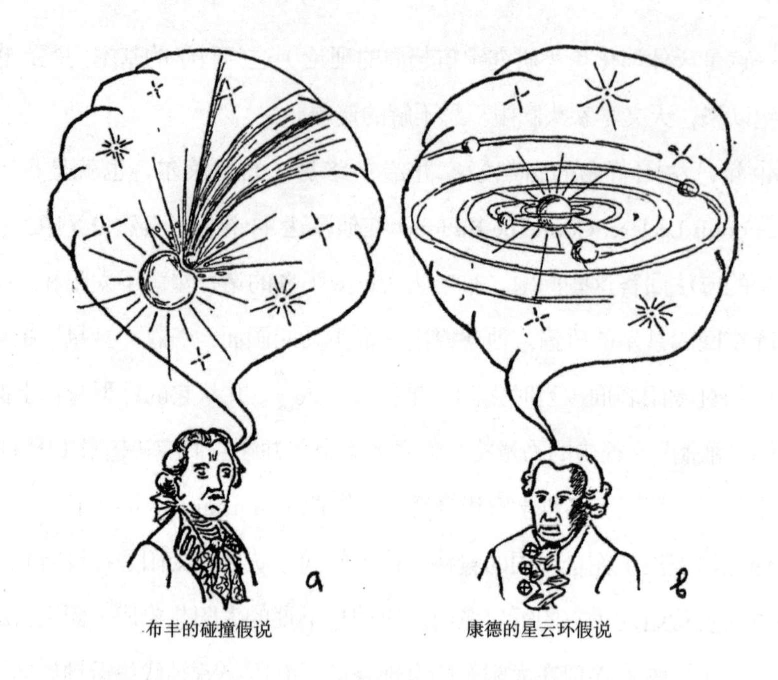

图 117　天体演化论的两个学派。

直到 60 年后，英国物理学家克拉克·麦克斯韦（Clerk Maxwell）才第一次试着用数学方法来处理这个问题，而在此时，康德和拉普拉斯的宇宙观显然遇到了一道无法逾越的壁垒。事实证明，如果太阳系各行星上的物质原先是均匀分布在太阳系整个空间中的，那么，那团物质将会极其稀薄，如此一来，引力绝对无法将它们聚集到各个行星上。因此，收缩的太阳向外抛射出去的环将会永远保持环的形状，就像土星环一样。我们都知道，土星环是由无数微小的、围绕着土星的圆形轨道运转的颗粒形成的，它并没有要“凝结”成一颗固态卫星的倾向。

想要摆脱这一矛盾，唯一的办法就是假设太阳的原始包层里所含有的物质，要远比现今这些行星上的物质多得多（至少是 100 倍），而且这些物质中的绝大部分最后都回到了太阳上，只有大约 1% 参与了行星的形成。

然而，这样的假设又会引发另一个同样严重的矛盾。实际上，如果真的有这么多和行星旋转速度相同的物质回到太阳上，那么由此产生的作用力会让太阳的角速度比它如今实际拥有的大 5000 多倍。这样一来，太阳将会以每小时 7 圈的速度自转，而不是每 4 周左右才转 1 圈。

这些推论似乎彻底宣告了康德－拉普拉斯理论的死亡。天文学家们满怀希望地将目光转向其他地方。在美国科学家 T.C. 张伯伦（T. C. Chamberlin）、F.R. 莫尔顿（F. R. Moulton），以及英国著名的科学家詹姆斯·金斯爵士的努力下，布丰的碰撞理论重获新生。当然，科学家们也将布丰以后最新的科学发现整合进了原有的观点，对其进行了革新。他们不再认为和太阳相撞的天体是一颗彗星，因为当时人们已知的彗星质量实在是太小了，哪怕和月球相比也微不足道。因而人们普遍认为，撞击的物体是一颗大小、质量与太阳相当的恒星。

在当时看来，似乎只有革新后的碰撞理论能够摆脱康德－拉普拉斯假说中的根本困境，然而它自己同样深陷泥潭。人们很难理解为什么太阳在另一颗恒星的强力撞击下抛射出的碎片，会沿着行星遵循的近圆形轨道运动，而不是以拉长的椭圆轨迹运动。

想要解决这一矛盾，就必须假设：太阳在被恒星撞击、形成这些行星时，它的外层包裹着一层均匀旋转的气体，这有助于将原本拉长的行星轨道变成规则的圆形。由于行星所在的区域还没有发现这类介质的存在，所以人们认为，它们后来逐渐消散在了星际空间中，如今，人们在太阳的黄道平面看到的“黄道光”的微弱光亮，就是曾经那些辉煌光晕的遗迹。但这幅画面，更像是介于康德－拉普拉斯的太阳原始气体包层假说和布丰碰撞假说之间的一种融合版本，它同样难以令人满意。然而，正如谚语所言，“两害相权取其轻”，碰撞假说被认定是正统的行星系统起源假说，直到最近还被大量的科学论著、教科书和通俗文献所采用（包括笔者的两本书：1940 出版的《太阳的诞生与死亡》；1941 年首次出版、1959 年修订的《地球传》）。

直到 1943 年秋，年轻的德国物理学家 C. 魏茨泽克（C.Weizsäcker）才一刀斩断了行星理论的戈耳迪之结①。他利用天体物理学研究的新近成果，证明康德－

① 希腊传说中的复杂之结，后被亚历山大一刀斩断。有“快刀斩乱麻”之意。——译注

拉普拉斯假说遇到的全部阻碍都可以轻松解决，而且，按照这个思路，人们可以建立一个完整的行星起源理论。在这个新理论下，此前旧有理论尚未触及的、行星系统的许多重要特征都可以得到解释。

过去的几十年间，天体物理学家对宇宙物质的化学构成提出了全新的看法。魏茨泽克的主要观点正是立足于此。以前人们一般认为，太阳和其他所有恒星上的各类化学元素的比例，和我们从地球上认识到的元素比例相同。我们从地球化学分析中了解到，地球主要是由氧气（以各种氧化物的形式）、硅、铁和少量其他重元素组成的。如氢和氦（以及氖、氩等所谓的稀有气体）这些较轻的气体在地球上储量非常少①。

此前，由于缺乏更好的证据支持，天文学家假设，这些较轻的气体在太阳和其他恒星内部也是非常罕见的。然而，丹麦天体物理学家 B. 斯特龙根（B. Stromgren）在对恒星结构进行了细致的理论研究之后，认为这种假设根本上是错的。实际上，太阳中至少有 35% 的物质是纯氢。后来这个估值提高到了 50% 以上，而且人们还发现，太阳的其他成分中，还有相当大的比例是纯氦。无论是对太阳内部的理论研究（M. 史瓦西近期取得的重要成果达到了这个领域的巅峰），还是对太阳表面更详尽的光谱分析，都让天体物理学家们得出了一个惊人的结论：**地球的常见化学元素只占太阳质量的 1% 左右，太阳中其余的物质几乎全都是氢和氦，二者质量大体相等，前者略多一些**。显然，这一分析也适用于其他的恒星。

另外，我们现在也知道，星际空间里并非空无一物，里面充斥着气体和细小尘埃的混合物，这些物质的平均密度约为每 1,000,000 立方英里空间 1 毫克。这种弥漫的、特别稀薄的物质，其化学成分与太阳和其他恒星也是相同的。

尽管星际物质的密度低得令人难以置信，但是我们很容易证明它的存在，因为来自遥远恒星的光亮需要穿过数十万光年的空间才能进入到我们的望远镜，而

① 在我们的星球上，氢主要的存在方式是和氧结合形成水。我们知道，虽然水覆盖了地球表面四分之三的面积，但与整个地球的总质量相比，水的占比依然是非常小的。

在如此漫长的距离中，星际物质会对光进行明显可见的有选择吸收。这些“星际吸收线”的强度和位置，能够帮助我们很好地估算出这种弥漫物质的密度，同时表明，它几乎全部由氢组成，可能还有部分的氦。实际上，由各种“地球物质”微粒（直径约 0.001 毫米）构成的尘埃，在其质量中占比不超过 1%。

我们回到魏茨泽克理论的基本思想上来。可以说，有关宇宙物质的化学构成的新知识，直接支持了康德 – 拉普拉斯的假说。实际上，如果说太阳的原始气体包层最初是由这些物质构成的，那么其中较重的地球元素（只占其中很小的一部分）就可以用来建造我们的地球和其他行星。其余的部分，包括不可凝结的氢气和氦气肯定是以某种方式发生了转移，要么回到了太阳上，要么飘散到了周围的星际空间里。我们在前面解释过，由于前一种可能性会加速太阳在轴线方向的旋转，所以我们不得不接受后一种选项，也就是说，在“地球”化合物构成各个行星不久，气态的“多余物质”就飘散到太空中了。

由此，我们得出了这样一幅行星系统的起源图景：星际物质最开始凝结成太阳的时候（下一节会讲到），有相当大一部分（大概是现在行星质量之和的一百倍）留在外层，形成了一个巨大的旋转包层。不难发现，之所以产生这一现象，是因为凝结成原始太阳的星际气体的各部分旋转状态各不相同。我们可以想象，这个快速旋转的包层由无法凝结的气体（氢气、氦气和少量其他气体）和各种地球物质（如氧化铁、硅化合物、水滴和冰晶）的尘埃粒子组成。这些尘埃粒子飘浮在气体内部，并且随之旋转。**尘埃粒子发生碰撞，并且逐渐聚集成为越来越大的物体，由此产生了大块的“地球”物质，我们现在称之为行星。**在图 118 中，我们展示了相互碰撞导致的结果，需要指出的是，这种碰撞的速度和陨石的速度大体一致。

根据正常的逻辑推理，我们必然会得出这样的结论：两个质量大体相等的粒子以这种速度发生相互碰撞，肯定会同时粉碎（图 118a）——这个过程不但无法使物质增多，反而会使大块的物质彻底损毁。另一方面，如果小粒子与一个比它大得多的物质发生碰撞（图 118b），它就会自己钻进后者的体内，从而形成一个更大的新物质。

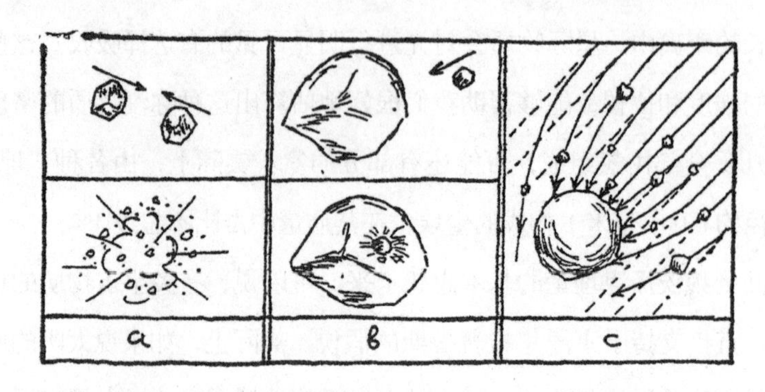

图 118　尘埃粒子之间发生碰撞，展现出不同的景象。

显然，通过上述这两种过程，较小的粒子会逐渐消失，继而聚集成为较大的物质。再到后面的阶段，由于大块的物质会在引力作用下吸引沿途经过的小粒子，把它们加进自己不断增长的体内，这一过程会被加速。图 118c 描述了这一情况，表明大块物质的捕获效率出现了显著的增加。

魏茨泽克成功向我们证明，**原来分散在如今行星系统整个区域的细微尘埃，一定会聚集成几大块物质团，最终形成行星，这个时间大约需要上亿年。**

围绕太阳旋转的过程中，大小不一的宇宙物质会逐步积聚成为行星。只要这一过程继续，新的“建造材料”就会不断地撞击它们的表面，必然会让这些物质内部炽热无比。然而，一旦星际尘埃、小石子和较大石块的供应耗尽，进一步的生长进程停滞，新形成的天体外层会通过向星际空间辐射热量迅速冷却，从而形成坚实的地壳。直到现在，由于天体内部仍在缓慢地冷却，地壳还在变得越来越厚。

行星名称	行星与太阳的距离（以地日的距离为单位）	该行星和前一颗行星分别与太阳的距离之比
水星	0.387	--
金星	0.723	1.86
地球	1.000	1.38
火星	1.524	1.52
小行星带	约 2.7	1.77
木星	5.203	1.92

续表

行星名称	行星与太阳的距离（以地日的距离为单位）	该行星和前一颗行星分别与太阳的距离之比
土星	9.539	1.83
天王星	19.191	2.001
海王星	30.07	1.56
冥王星	39.52	1.31

还有一个重要的问题是任何行星起源理论都必须解决的，那就是回答为什么不同行星与太阳的距离会遵循特殊的规则（所谓的提丢斯－波得定则）。上面的表格中列出了太阳系中的九颗行星[①]、小行星带与太阳之间的距离。小行星带的情况显然较为特殊，其中分散的碎片没有最终聚集成一整块的物质。

表格最后一列的数字特别值得留意。尽管它们不完全一致，但所有的数字明显都在 2 的上下浮动，我们可以由此制定一个近似的规则：每个行星的公转轨道半径大约是（位于它与太阳之间）最接近它的行星轨道半径的两倍。

卫星名称	卫星与土星间的距离（以土星半径为单位）	该卫星和前一颗卫星分别与土星的距离之比
土卫一（Mimas）	3.11	—
土卫二（Enceladus）	3.99	1.28
土卫三（Tethys）	4.94	1.24
土卫四（Dione）	6.33	1.28
土卫五（Rhea）	8.84	1.39
土卫六（Titan）	20.48	2.31
土卫七（Hyperion）	24.82	1.21
土卫八（Japetus）	59.68	2.40
土卫九（Phoebe）	216.8	3.63

① 2006 年，按照新的行星定义，冥王星不再位列太阳系九大行星，而被降格为矮行星。

有趣的是，类似的规则也适用于各行星的卫星。我们可以通过上表中给出的土星的九颗卫星的相对距离来加以确认。

和行星的情况一样，卫星中也会出现相当大的偏差值（尤其是土卫九），但是不可否认的是，卫星和行星确实都存在着类似的规律。

那么，我们该如何解释，太阳周围的原始尘埃云并没有聚集成一整颗超大的行星，而是在上述这些特定的距离上，形成了好多个较大块头的行星体呢？

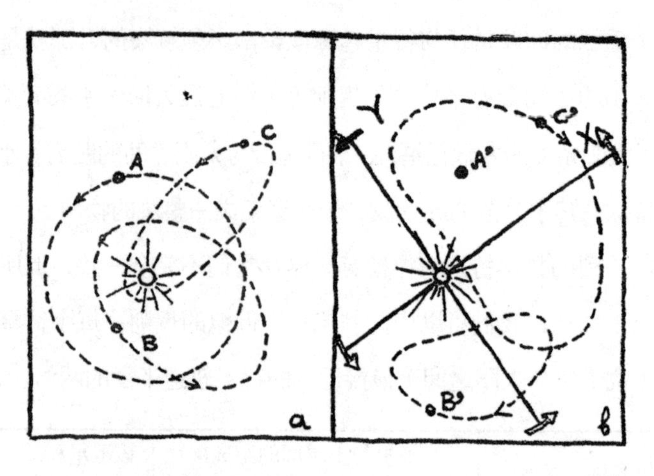

图 119 从静止坐标系（a）和旋转坐标系（b）观看到的圆周运动和椭圆运动。

想要回答这个问题，我们必须更细致地研究原始尘埃云里物质的运动。首先要记住一点，无论是微小的尘埃粒子、小块的陨石，还是巨大的行星——任何物体在牛顿引力定律下围绕太阳运动时，必然会以太阳为焦点，沿椭圆轨道运动。如果行星上面的全部物质，此前都是以单独的粒子形式存在（比如说直径在 0.0001 厘米）[①]，那么就应该有大约 10^{45} 个粒子，沿着不同大小、宽扁各异的椭圆轨道运动。显然，在交通如此拥挤的情况下，粒子间一定发生了无数次的碰撞，这些碰撞又会导致整群粒子的运动在一定程度上必然是有条不紊的。其实不难理

① 构成星际物质的尘埃微粒的大致尺寸。

解，这种碰撞会让“交通违章者”粉身碎骨，或者迫使它们“绕道”去不那么拥挤的“车道”。那么，像这样“有组织的”，或者说至少是部分有组织的“交通”，到底遵循着怎样的规律？

为了分析这个问题，我们先来选择一组全部以相同周期围绕太阳旋转的粒子。其中有一些沿着特定半径的圆形轨道运动，另一些则以或扁或宽的椭圆轨道运动（图 119a）。现在，我们试着以旋转坐标系（X，Y）为参照系，描述这些粒子的运动。坐标系以太阳的中心为圆心，旋转的周期和这些粒子相同。

首先，一目了然的是，站在旋转坐标系的角度，沿圆形轨道运动的粒子 A 看上去完全处于静止状态，停在 A′ 点处。粒子 B 沿椭圆轨迹绕太阳运动，它离太阳时远时近，角速度在近处较大，远处较小，因此，它有时会跑在匀速旋转的坐标系（X，Y）的前面，有时会在后面。不难看出，在坐标系上，粒子 B 会以图 119 中 B′ 点显示的那样，形成一个封闭的豆形轨迹。另外还有一个粒子 C，它的椭圆轨道半径更长，因此在坐标系（X，Y）看来，它有一个类似的，但更大一些的豆形轨迹，记为 C′ 。

现在，如果我们想要让一整群粒子在运动时永不相撞，就必须使这些粒子在均匀旋转的坐标系（X，Y）里描绘出来的豆形轨迹永不相交。

别忘了，具有相同旋转周期的粒子和太阳之间的平均距离都一样，由此我们会发现，不相交的粒子在系统（X，Y）中的轨迹图案必定像一条环绕太阳的“豆形项链”。

上述分析对读者来说可能有点太难了，但这一过程的原理并不复杂，它的目的就是要表明，以相同的平均距离绕太阳运动、拥有相同旋转周期的各个粒子，在不相交的条件下，会构成怎样的一幅交通路线图。在原始太阳周围的尘埃云中，我们还会遇到平均距离不同的情况，与此对应的公转周期也不一致，因此实际情况一定会更加复杂。实际上，不只有一条“豆形项链”，而是有大量这样的“项链”以不同的相对速度围绕太阳旋转。魏茨泽克对这一情况进行了详细的分析，从而成功表明，为了确保这一系统的稳定性，每个“项链”里面都应包含有五个独立的漩涡系统，这样，整个运动的画面就如图 120 所示。这样的安排可以保证每一个项链内部的“交通安全”，但是，由于这些项链的旋转周期不同，所以一定会出现一个项链与另一个相撞的“交通事故”。在这些交界地区，相邻两条项链的粒子之间发生的大量碰撞，必然会导致粒子的聚集，也会导致在这些和太阳有着特定距离的位置上，“生长”出越来越大的物质块来。因此，每个项链内部的物质会逐渐变得稀薄，而它们交界处的物质却会逐渐积累，最终形成行星。

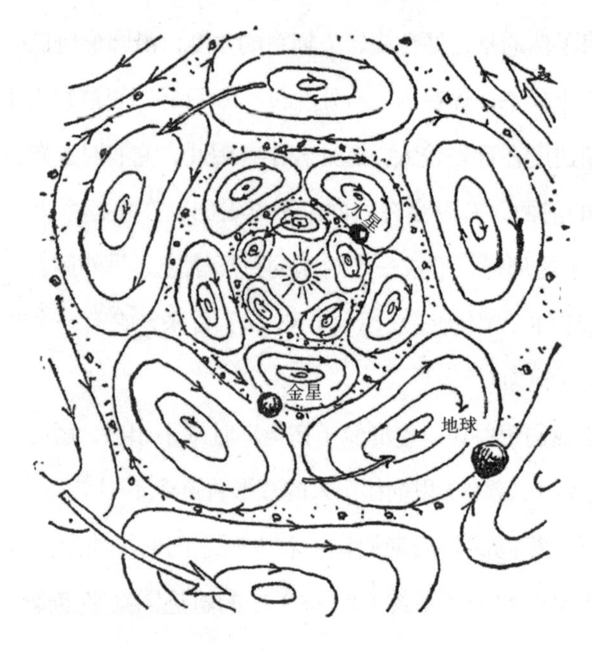

图 120　原始太阳包层中的尘埃交通路线。

有了前面描述的行星系统的形成图景，我们便可以轻松解释行星轨道半径为什么会遵循上述的规则。实际上，只要通过简单的几何学计算即可表明，图 120 所展示的这类图案中，相邻项链之间的连续边界线半径符合简单的几何学级数关系，即每条边界线的半径都是前一条的两倍。我们也可以看到，为什么这个规则不够精确。实际上，原始尘埃云中的粒子并不受某种严格的运动规律所支配，而是在原本的不规则过程中表现出了某种趋势而已。

同样的规律也适用于太阳系中不同行星的卫星，这说明卫星的形成大致遵循着相同的过程。围绕太阳的原始尘埃云分解成单独的粒子群，形成了各行星；行星周围再次重复这一过程，大部分物质聚集在中央，构成行星的主体，其余的物质则在周围盘旋，逐渐汇聚成周围的若干卫星。

在讨论尘埃粒子的相互碰撞和聚集生长时，我们还遗漏了一处，忘了说明原始太阳包层中的那部分气体去往何处。大家可能还记得，这部分气体最开始占到太阳全部质量的 99% 左右。这个问题的答案其实很简单。

在尘埃粒子相互碰撞，形成越来越大的块状物质的同时，那些无法参与这一过程的气体，就逐渐消散在了星际空间里。只需简单地计算就可以看出，这些气体消散所需的时间大约是 1 亿年，也就是说，和大块物质形成行星的时间差不多。因此，等到行星最终成形之时，原始太阳包层里的大部分氢气和氦气肯定早已从太阳系中逃了出去，只留下了可以忽略不计的少量痕迹，也就是前面提到的黄道光。

魏茨泽克理论的重要性在于，它得出了这样一个结论：太阳系行星系统的形成绝非特例；在所有恒星的形成过程中，几乎都会发生类似的情况。这个说法和碰撞理论形成了鲜明的对比。碰撞理论认为，在宇宙历史上，行星的形成极为罕见。根据科学家的计算，能够产生行星系统的恒星级碰撞，其实是极其罕见的事件，银河系这个恒星系统的四百亿颗恒星里，在其存在的几十亿年里，可能只发生过几次这样的碰撞。

以现在的情况来看，假如每颗恒星都有一个行星系统，那么仅在我们的银河系里，物理条件与地球近乎完全相同的行星可能就有上百万颗。如果说，在这些“适宜居住”的世界中都没有发展出生命（乃至最高形式的生命），这一点确实令人感到奇怪。

实际上，正如我们在第九章中看到的，最简单的生命形式（如各种病毒）其实只是一些相对复杂的分子，主要由碳、氢、氧和氮原子组成。既然这些元素在任何一个新形成的星球表面的储量都很丰富，那么我们就必然相信，一旦坚实的地壳形成，大气蒸汽凝结，汇聚成广阔的储水系统以后，必要的几类原子按照必要的顺序随机组合在一起，就一定会出现这种类型的分子。当然，由于生物分子的复杂性，它们意外结合而成的概率极小，我们可以把这件事的概率比作是摇晃盒子里的拼图碎片，希望它们恰好以合适的方式排列，拼凑出一张完整拼图的概率。但是另一方面，我们不能忘记，发生碰撞的原子数量大得惊人，而且它们拥有极长的时间来达成相应的结果。在地壳形成后不久，我们的地球上就出现了生命，这一事实表明，虽然看似不大可能，但是意外形成一个复杂的有机分子可能只需要几亿年的时间。一旦最简单的生命形式出现在新的星球表面，有机繁殖和逐渐演化的过程就会诞生出更多、更复杂的生命体[①]。我们无从知晓，在"适宜居住"的星球上，生命进化是否和地球上遵循着同样的发展轨迹。对其他世界生命的研究，将从本质上推动我们对进化过程的理解。

在不远的将来，我们或许能够乘坐"核动力宇宙飞船"，到火星和金星（它们是太阳系中最"适宜居住"的行星）上进行一场冒险旅行，研究这些行星上可能发展出来的生命形式；但是若要论及数百、数千光年之外的其他恒星世界中，是否有可能存在生命，那里的生命形态又是怎样，或许是一个科学永远无法回答的未知谜题了。

2. 恒星的私生活

我们对各恒星如何孕育出行星家族有了一幅大致完整的图景。现在，我们再来聊一聊这些恒星自身的情况。

每一颗恒星有着怎样的生命历程？它在诞生之初经历过什么事情，在漫长的生命历程中会发生哪些变化，最终结局又会通向何方？

我们可以先从太阳这颗恒星着手研究这个问题。太阳是银河系亿万颗恒星中相当典型的一个。首先我们知道，太阳是一颗相对年长的恒星，根据古生物学的

---

① 有关地球上生命的起源和进化的问题，读者可以在笔者的另一部著作《地球传》中找到更加详细的论述（纽约，维京出版社，修订于 1959 年，初版于 1941 年）。

证据，它以亘古不变的亮度照耀了几十亿年，为地球上的生命演化提供着支持。任何普通能源都无法在这么长的时间内供应这么多的能量，因而，太阳的辐射一直是最难解的科学谜题之一。直到人们发现元素的放射性嬗变和人工嬗变，隐藏在原子核深处的巨大能量才向我们揭示出破解之道。我们在第七章中谈到过，**每种化学元素其实都是一种“炼金术”燃料，拥有潜在的巨大能量，我们只要将这些材料加热到上百万度，就能释放这种能量。**

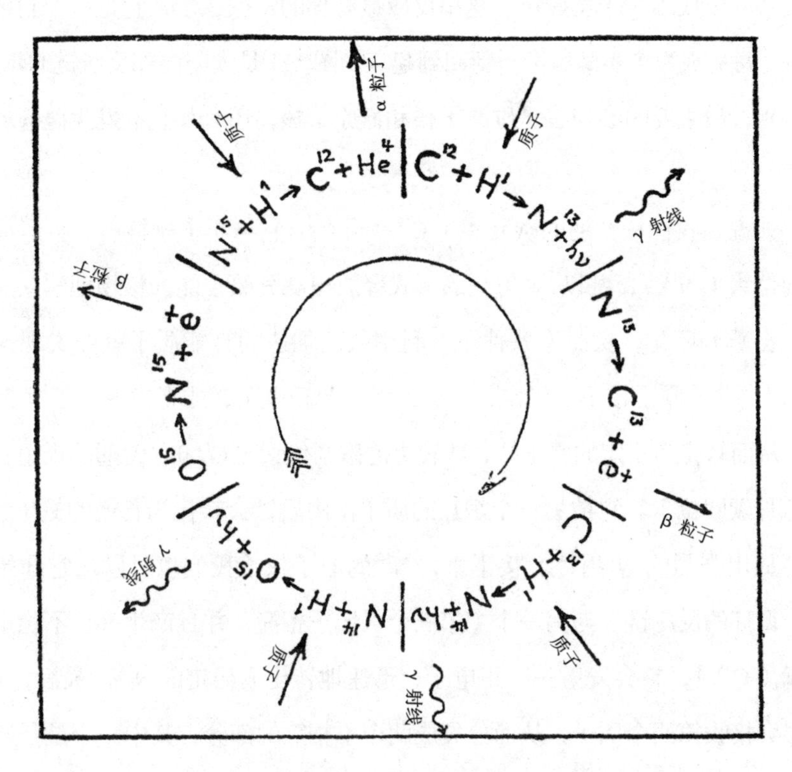

图 121　太阳产生能量的循环核反应链。

尽管这么高的温度在地球上的实验室里根本无法达到，但在恒星的世界却相当常见。举例而言，太阳表面的温度虽然只有 6000℃，但越往里面温度就越高，中心的温度可高达 2000 万℃！从人们观测到的太阳表面温度和已知的太阳内部气体的热传导率，不难计算出这个数字。这就像是如果我们知道一个烫手土豆的表面温度和土豆的热传导率，即使不切开它也能算出它的内部温度。

现在，我们把有关太阳中心温度的信息和各种核嬗变反应速率的知识结合在一起，就可以找出太阳的能量究竟来自哪种特定的反应。两位对天体物理问题感兴趣的核物理学家，H. 贝特（H.Bethe）和 C. 魏茨泽克同时发现了这个重要的核反应过程，它被称为“碳循环”。

太阳内部产生能量的热核过程不止有一种核反应，可以说，一连串相互关联的嬗变共同组成了一个反应链。这串反应最有趣的特征在于，它是一个封闭的循环链条，每完成六个步骤就会重新回到起点。图 121 是太阳内部反应链的示意图，可以看到，最主要的参与者是碳原子核和氮原子核，还有和它们发生碰撞的炽热质子。

比如说，我们从普通的碳元素（C^{12}）开始，它与质子碰撞后，会形成较轻的氮同位素（N^{13}），并以 γ 射线的形式释放出部分原子能。核物理学家对这个反应不会感到陌生，实验室条件下，利用人工加速的高能质子就能实现这一过程。由于 N^{13} 的原子核不太稳定，它会发射一个正电子，或者说一个正电荷的 β 粒子，从而转化为稳定的原子核，即较重的碳同位素（C^{13}），普通的煤里就含有少量这种碳同位素。它被另一个炽热的质子击中后，会转化为普通的氮（N^{14}），同时释放出强烈的 γ 射线。接下来，N^{14} 的原子核（我们也可以从它开始来描述整个循环的反应链）与另一个（第三个）质子相撞，并且产生一个不稳定的氧同位素（O^{15}），它会发射一个正电子，迅速地转化成稳定的 N^{15}。最后，N^{15} 的原子核会接收第四个质子，从而分裂成两个不相等的部分，其中一个是开始时的 C^{12} 原子核，另一个是氦核或称为 α 粒子。

我们由此看到，在这个循环反应链中，**碳原子核和氮原子核会永不止息地再生**，只起到了化学中所谓的催化剂作用。反应链的真正过程，是将依次进入循环的四个质子结合成为一个氦核。因此，我们也可以把整个过程描述为由高温条件触发，并且在碳和氮的催化作用下，氢转化为氦的过程。

贝特成功地证明了在 2000 万℃的高温下，他所描述的反应链释放出来的能量与太阳实际的辐射能量刚好一致。除此之外，其他可能的核反应都无法得出和天体物理观测值相匹配的结果，所以人们必然会接受贝特的结论，即太阳产生能量的主要过程就是碳氮循环。需要强调的是，以太阳内部的温度，完成图 121 所展示的整个循环，大约需要 500 万年。因此，在循环结束时，原先进入反应的每一个碳（或氮）原子核都会像开始时一样，不受任何影响地再度出现。

碳在这一过程中确实发挥了关键的作用，所以说，早先认为太阳的热量来自煤炭的观点还是有一定道理的。不过我们现在知道，煤炭并非真正的燃料，而是传说中浴火重生的凤凰。

特别值得一提的是，虽然上述反应的速率基本上取决于太阳中心的温度和密度，但是像氢、碳、氮这些太阳内部的元素含量也会有一定程度的影响。这一推论为我们提供了一种思路：我们可以通过调整反应物（即进行反应的物质）的浓度，让它发出的光和我们观察到的太阳光亮相符，从而分析太阳内部气体的构成。M. 史瓦西（M.Schwartzschild）最近就按照这个方法进行了测算，结果发现**太阳里有超过一半的物质都是纯氢，纯氦的含量略少于一半，剩下只有很少的部分是由其他元素构成的。**

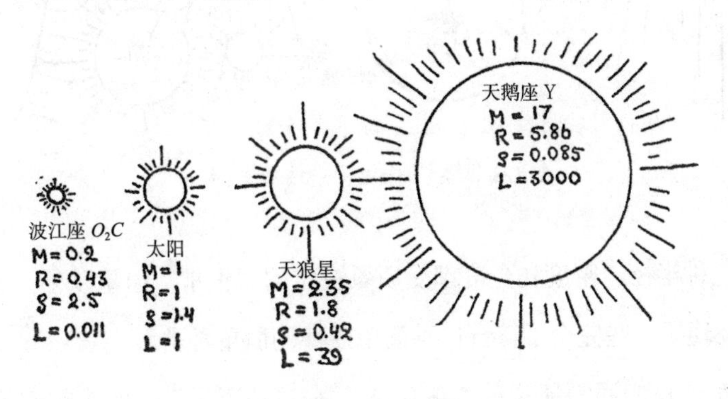

图 122　主星序上的恒星。

我们解释了太阳内部是如何产生能量的。我们也可以将其轻松推广到其他大多数恒星上，从而得出结论：不同质量的恒星有着不同的中心温度，产生能量的速率也不尽相同。波江座 O_2C 这个恒星的质量大约是太阳的五分之一，与此对应，它的光亮程度大约只有太阳的 1%。大犬座 α（俗称天狼星）是太阳质量的 2.5 倍，光度则是太阳的 40 倍。还有一些巨型恒星，比如天鹅座 Y380，它比太阳重 40 倍，明亮几十万倍。所有这些例子中，更重的恒星对应于更强的光度，这是因为恒星中心的温度升高，也会促使“碳循环”的反应速率增加。依照这个“主星序”排列，我们还会发现，随着恒星质量的增加，其半径也会增加（波江座 O_2C 的半径是太阳半径的 0.43 倍，天鹅座 Y380 的半径是太阳的 29 倍），平均密度却会降低（波江座 O_2C 的平均密度为 2.5，太阳为 1.4，再到天鹅座 Y380 的 0.002）。图 122 中罗列了一些主星序上恒星的相关数据。

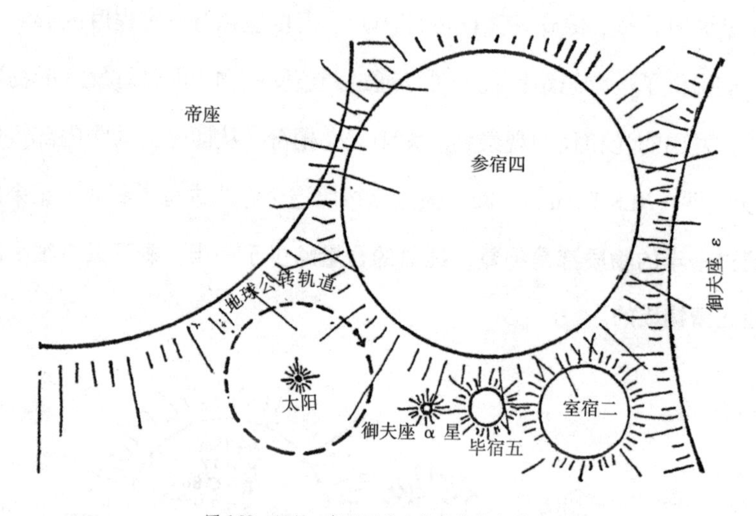

图 123　巨星、超巨星和太阳系的大小对比。

除了这种半径、密度和光度都受质量决定的“正常”恒星以外，天文学家还在天空中发现了一些完全不符合这种简单规律的恒星种类。

首先就是我们通常所说的“红巨星”和“超巨星”，虽然它们的质量与具有相同光度的“普通”恒星相同，但在尺寸上要大得多。图 123 中，我们给出了这组异常恒星的示意图，其中包括著名的御夫座 α 星（Capella）、室宿二（Scheat）、毕宿五（Aldebaran）、参宿四（Betelgeuse）、帝座（Ras Algethi）和御

夫座 ε（E Aurigae）等。

显而易见，这些恒星被某种我们现在还无从解释的内部力量“吹胀”到了如此不可思议的尺寸，它们的平均密度要远远低于正常恒星的密度。

和这些“吹胀起来”的恒星相比，还有另一类恒星，它们的直径缩小到了极小的尺寸。“白矮星”就是其中的一种①，图124中展示了一张它和地球的对比图。这颗“天狼伴星”几乎和太阳的质量相当，直径却只有地球的三倍，它的平均密度约等于水的50万倍！我们几乎可以肯定，白矮星处于恒星演化的晚期，这个阶段的恒星已经消耗了所有可用的氢燃料。

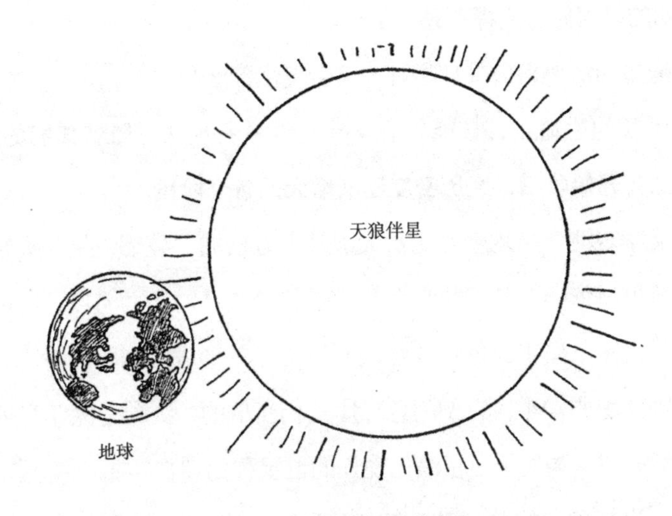

图124　白矮星与地球的对比图。

我们在前面讲到，将氢缓慢转化为氦的“炼金术”反应是恒星的生命源泉，而一颗从四散的星际物质刚刚聚合而成的年轻恒星内部，氢的含量占全部质量的50%以上，所以我们不难预料，恒星的寿命是非常长的。举例而言，根据观测到的太阳光度，我们可以计算出太阳每秒钟大约消耗6.6亿吨的氢。由于太阳的总

① “红巨星”和“白矮星”这两个名称最初来源于它们的光度和表面积之间的关系。稀薄的红巨星拥有非常大的表面积用于辐射内部产生的能量，所以它的表面温度相对较低，因而呈现出红色。而高度聚集的白矮星表面是非常热的，所以近乎“白热”。

质量为 2×10^{27} 吨，其中半数都是氢，所以太阳的寿命应该是 1.5×10^{18} 秒，也就是在 500 亿年左右！别忘了，太阳现在只有大约 30 亿或 40 亿岁[①]，依然十分年轻，因而在未来的几十亿年里，它还会继续以现在的强度闪耀着光芒。

不过，那些质量更大，也就是亮度更高的恒星，则会以更快的速度消耗它们体内的氢原料。比如说，天狼星的质量是太阳的 2.3 倍，因此最初拥有的氢燃料也是太阳的 2.3 倍，但它的亮度高达太阳的 39 倍，所以单位时间内消耗的燃料也是太阳的 39 倍。考虑原本的氢储量，天狼星里的燃料只需要 30 亿年就会用光。而对于更亮的恒星而言，比如天鹅座 γ（其质量是太阳的 17 倍，亮度是太阳的 3 万倍），最初的氢气储量支撑不过 1 亿年。

当一颗恒星的氢燃料最终耗尽时，又会发生什么呢？

在恒星漫长的生命中，核能始终支持它维系着现状。**随着核能的慢慢消失，恒星体也必然会开始收缩，经历密度逐渐增大的各个阶段。**

根据天文学观测，平均密度比水大上几十万倍的“萎缩恒星”大量存在于宇宙之中。这些恒星依旧极其炽热，而且由于这种极高的表面温度，所以会发出耀眼的白光，与主序星发出的黄色或红色的正常光芒形成了鲜明的对比。然而，由于这些恒星的体积非常小，它们的总光度是相当低的，大约是太阳光度的几千分之一。天文学家把这些处于恒星演化晚期的恒星称为“白矮星”，“矮”既是指它的几何尺寸，也是指它的总光度。随着时间的推移，“白热”的白矮星将会逐渐失去光彩，最终变成“黑矮星”——普通天文仪器根本无法观测到的大块冷却物质。

不过必须要注意的是，这些已经耗尽所有氢燃料的衰老恒星，在缩小和逐渐冷却的过程中，并不总是那么安详、那么循规蹈矩。垂死的恒星在走完它们生命

---

① 根据魏茨泽克的理论，太阳一定是在行星系统诞生不久之前才形成的，所以我们根据地球年龄的数量级得到了太阳年龄的估测值。（最新估测数据表明，太阳的年龄大约在 45.7 亿岁，而理论模型推算太阳的总寿命在 100 亿年左右，所以还有大概 50 亿年左右的寿命。和英文原文推算有些出入。——译注）

的“最后一英里”时，往往会发生剧烈的震颤，就好像是在反抗自己的命运。

这类灾难性事件（我们称之为新星爆炸和超新星爆炸）是恒星研究中最令人兴奋的主题之一。一颗看上去和天空中其他恒星别无二致的恒星，在短短几天之内，光度就会增加几十万倍，表面也变得极其炽热。和光度突然增加相伴而生的，还有恒星光谱的变化，研究表明，这颗恒星体正在加速膨胀，它的外层正在以每秒2000公里左右的速度向外扩展。然而，光度的增加只是暂时的，在达到最大值后，恒星就会渐渐平缓下来。爆炸后的恒星通常需要一年左右的时间其光度才会恢复如初，不过此后相当长的时间内，仍能观察到微小的恒星辐射变化。虽然恒星的光度重归正常，但它的其他特性却很难再回到正常状态。部分的恒星大气在爆炸阶段快速膨胀，此后会继续向外扩展，在恒星周围形成一层直径逐渐增大的发光气体外壳。还没有确切的证据表明，恒星自身会发生什么永久性的变化，因为迄今为止人们仅拍到了一颗恒星（御夫座新星，1918）在爆炸前的光谱照片。这张照片本身也不是尽善尽美的，无法帮助我们得出新星爆炸之前有关其表面温度和半径的确切结论。

不过，科学家们倒是从对“超新星爆炸”的观测中获得了更有力的证据，了解到了恒星内部爆炸导致的后果。**在银河系中，这种超大规模的恒星爆炸几个世纪才会发生一次（与此形成鲜明对比的是，普通的新星爆炸每年就会有40次左右），光度也要超过普通新星几千倍。超新星在爆炸时发出的最亮的光，几乎相当于整个银河系的总光亮。**人类历史上记录了好几次超新星爆炸的事例，包括1572年第谷·布拉赫（Tycho Brahe）在明亮的日光下观察到的恒星，1054年中国天文学家记录的恒星。或许就连《圣经》里记载的伯利恒之星，也是一颗爆炸的超新星。

1885年，人们在邻近的仙女座大星云中，观测到了第一颗银河系之外的超新星，它的光度是该星系中其余所有新星总和的一千倍。尽管这种超大规模的爆炸比较罕见，但得益于巴德（Baade）和兹威基（Zwicky）的观测，人们对其特性的研究才有了相当大的进展。二人首次意识到，超新星和普通新星爆炸之间存在着明显的差异，并且开始系统地研究出现在各个遥远星系中的超新星。

尽管超新星爆炸和普通的新星爆炸在光度上差异巨大，但也呈现出许多相似的特征。二者光度都会先快速上升，随后缓慢下降，变化的曲线几乎一致（除了规模不同）。超新星在爆炸时和普通新星一样，也会产生一个快速膨胀的气体外壳，不过它在恒星质量中的占比要大得多。实际上，新星爆炸时的气体外壳会越来越薄，并且迅速消散在周围的空间中，而超新星周围的大团气体则会在爆炸的地方形成大面积的发光星云。比如说，我们几乎可以确定，1054年人们在超新星的位置看到的所谓“蟹状星云”，就是由那次爆炸时释放的气体所形成的（见图版Ⅷ）。

图版Ⅷ　蟹状星云。1054年，中国天文学家观测到超新星爆发中抛出的膨胀气体外壳形成的星云。
（图片由巴德摄于威尔逊山天文台）

我们还有一些证据表明，上述这颗超新星在爆炸之后留下一些残余物。实际上，观测结果显示，在蟹状星云的中心有一颗光亮微弱的恒星，根据它表现出来的特性，这颗恒星应该就是一颗致密的白矮星。

所有这一切都表明了**超新星爆炸的物理进程和普通新星是很相似的，只是前者发生的规模更大而已。**

在提出新星和超新星的“坍塌”假说之前，我们首先必须问一下自己，整个恒星为何会像这样迅速地收缩？目前人们已经确知，恒星其实是一团巨大的炽热气体，它在稳定状态下，完全是靠内部炽热物质产生的气体高压来支撑的。只要恒星中心在正常进行着上述的“碳循环”，内部产生的原子能就会源源不断地输送到表面，补充被辐射释放出去的能量。恒星的状态会发生一些改变，但变化不大。但是，一旦氢储备完全耗尽，没有更多的原子能可用，恒星就必然会开始收缩，将自身的引力势能转化为辐射。不过，重力造成的收缩进程是非常缓慢的，这是因为恒星物质具有热传导性阻力，这会导致从内部传到表面的热量要耗时许久。比如说，我们可以估算出，太阳需要 1000 多万年的时间才会收缩到目前半径的一半。而且，一旦有外在因素试图加快这一进程，恒星就会立即释放出额外的引力势能，抬高内部的温度和气压，减缓收缩。我们可以从这些思考中看出，要想加速恒星的收缩，让它像新星和超新星那样迅速坍缩，唯一的办法就是设计出某种机制，直接从内部转移走收缩过程中释放的能量。假如说，如果恒星中阻碍热传导的物质可以减少到现在的几十亿分之一，那么收缩的进程就会以同样的比例加速，恒星在几天之内就会发生坍塌。不过，几乎可以排除这种可能性，因为目前的辐射理论确定无疑地表明，恒星物质的热传导阻力是由密度和温度共同决定的函数，系数哪怕减少到十分之一或百分之一也很困难。

笔者和同事森伯格博士（Dr. Schenberg）最近提出一个理论，认为恒星坍缩的真正原因是大量中微子的形成。本书第七章曾详细讨论这类微小的核粒子，从之前的描述中可以看出，它恰好充当了一个媒介，移走了收缩的恒星内部多余的能量，因为对中微子来说，整个恒星体就像窗玻璃对光线一样透明无阻。在炽热的、正在收缩的恒星体内是否会产生中微子，是否能够产生足够多的数量，还有待进一步的研究。

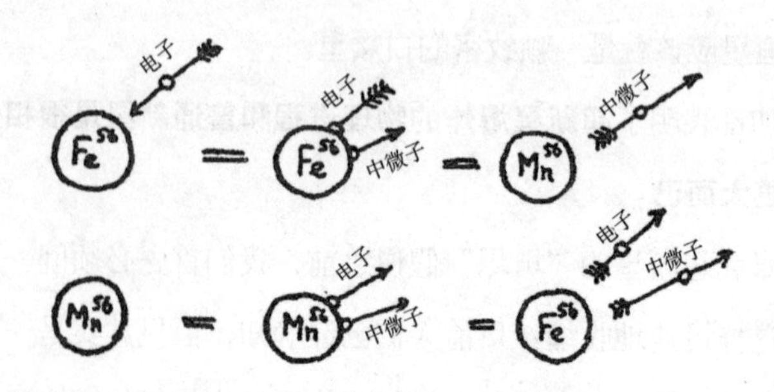

图 125　铁原子核中的尤卡（Urca）过程会产生无限个中微子。

各种元素的原子核在捕获高速移动电子的过程中，必然会发射出中微子：高速电子穿过原子核内部时，原子核就会立即发射一个高能中微子，同时保留电子，变成一个原子量相同的不稳定原子核。由于不稳定，所以这个新形成的原子核只能存在一段时间，随后又会发生衰变，发射出电子和另一个中微子。然后，这个过程又会从头开始，再次发射新的中微子……（图 125）

在温度和密度足够高的情况下，比如在收缩的恒星内部，发射中微子造成的能量损失是巨大的。举例而言，铁原子的原子核从捕获电子，到再度发射电子，每秒钟转化为中微子的能量高达 10^{11} 尔格 / 克。把铁原子换成氧（产生的不稳定的原子核是放射性氮，衰变周期为 9 秒），恒星每秒损失的能量甚至能够达到 10^{17} 尔格 / 克。后一种情况下的能量损失实在太过巨大，只需要 25 分钟，恒星就会完全坍塌。

图 126　超新星爆炸的早期阶段和晚期阶段。

所以我们会看到，在收缩的恒星炽热的中心区域存在的大量中微子辐射，可以有效地解释恒星坍缩的原因。

然而，必须说明的是，虽然我们能够轻松估算出中微子辐射造成的能量损失速率，但是在数学层面对坍缩过程的研究还存在着许多困难，所以目前的解释只能进行到定性的阶段。

不难想象，由于恒星内部的气压不足，质量巨大的外层物质在重力的推动下开始向中心坠落。然而，由于每个恒星通常都处在高速旋转的状态，所以坍缩是不对称的，两极的物质（即位于自转轴附近的物质）会首先坠落，并且将赤道上的物质向外挤压（图 126）。

如此一来，以前深藏在恒星内部深处的物质就会露出表面，被加热到几千万度的高温，从而导致了恒星光度的突然增加。继续向前推进，恒星最终坍缩，向内聚合成一颗致密的白矮星，而被排出的气体物质逐渐冷却，继续向外膨胀，形成蟹状星云那样的星云类物质。

3. 原初的混沌与膨胀的宇宙

如果我们把宇宙作为一个整体来思考，就会立刻面临一个至关重要的问题：它是否会随着时间而发生演变？我们究竟应该假设，它始终和现在观测到的状态保持一致，过去如此，未来永远如此？还是说，宇宙会不断发生变化，并且会经过不同的进化阶段？

从各个领域积累的诸多经验事实来看，我们可以给出一个较为明确的回答：没错，我们的宇宙正在逐渐发生着改变。那些早已被遗忘的过去的状态，现在的状态，以及宇宙在遥远的未来即将成为的状态——这是三种截然不同的存在状态。各个学科的大量研究成果进一步表明，我们的宇宙有一个明确的开端，从那时开始，宇宙通过逐步的演化，慢慢发展成了现在的状态。正如前文中所说的，我们推测太阳系的年龄有几十亿岁，这个数字也是从许多独立的、从不同方向进行的攻坚研究中分别得到的。月球同样形成于几十亿年前，它显然是被太阳的强大引力从地球上撕扯出去的。

对于恒星个体演化的研究（参见上一节）表明，我们如今在天空中看到的大多数恒星基本上也有几十亿年的历史。天文学家在研究了恒星运动的一般情况，特别是双星系统、三星系统以及更复杂的恒星群（即所谓的“星系团”）的相对运动之后得出结论：这些结构不可能存在比这更长的时间①。

人们对各类化学元素相对丰度（the relative abundance）的考察，特别是对已知的、会逐渐衰变的放射性元素（如钍和铀）储量的考察，也提供了相对独立的证据。如果说我们至今仍然能在宇宙中找到这些持续衰变的元素，这就意味着要么时至今日仍有更轻的原子核在不断地聚合成这类元素，要么它们就是从远古时代剩下的最后存量。

以我们目前对核嬗变的了解，第一种可能性肯定无法成立，因为即使在最热的恒星内部，温度也从未高到可以“烹饪”出放射性重核的地步。实际上，我们在上一节中介绍过，恒星内部的温度大致是在几千万度的数量级，而要用轻元素原子核“烹饪”放射性原子核至少需要几十亿度的高温。

因此，我们必然要假设，在宇宙演化的某个早先的时代，所有物质都处在一种极端的高温和高压中，而重元素的原子核就是在那个特定的阶段形成的。

这个宇宙“炼狱”阶段的大致时间也可以计算出来。我们知道，钍、铀 238 的半衰期分别是 180 亿年、45 亿年。这两种元素自形成以来，还没有发生大规模的衰变，因为它们目前的丰度和其他一些稳定的重元素差不多。与此同时，铀 235 的半衰期只有 5 亿年左右，丰度也只有铀 238 的 1/140。铀 238 和钍的丰度很大，这说明这些元素的形成时间不可能超过几十亿年。而铀 235 的储量很少，我们还可以利用这个数据，进行更准确的估算。实际上，如果铀 235 每 5 亿年就减少一半，那么减少到 1/140 就必然需要大约 7 个这样的时期，也就是 35 亿年（因

---

① 根据最新的观点，宇宙本身的历史大概在 130 多亿年。——译注

为$\frac{1}{2}\times\frac{1}{2}\times\frac{1}{2}\times\frac{1}{2}\times\frac{1}{2}\times\frac{1}{2}\times\frac{1}{2}=\frac{1}{128}$）。

从核物理学数据中估算出的化学元素年龄，竟然和从天文学数据中计算出的行星、恒星、恒星群的年龄实现了完美的一致！

但是，在几十亿年前，万物初具形态的早期阶段，宇宙到底是怎样的一幅图景？其间又发生了哪些变化才变成了现在的状态？

研究“宇宙膨胀”这个现象的科学家们全面地解答了上述两个问题。我们在上一章中看到，广阔的宇宙空间里布满了无数巨大的恒星系统（或者说星系），而我们的太阳只是其中一个叫作“银河系”的星系里，亿万恒星中的一颗。我们还说过，这些星系大体均匀地分布在人眼所能看到的空间中（当然，是在200英寸望远镜的辅助之下）。

在研究这些遥远星系发出的光亮时，威尔逊山的天文学家E.哈勃注意到，它们的光谱稍稍向红色这一端偏移，而且星系离地球越遥远，“红移”的现象就越明显。实际上，科学家们发现，不同星系可观测的“红移”程度，与它们到地球的距离成正比。

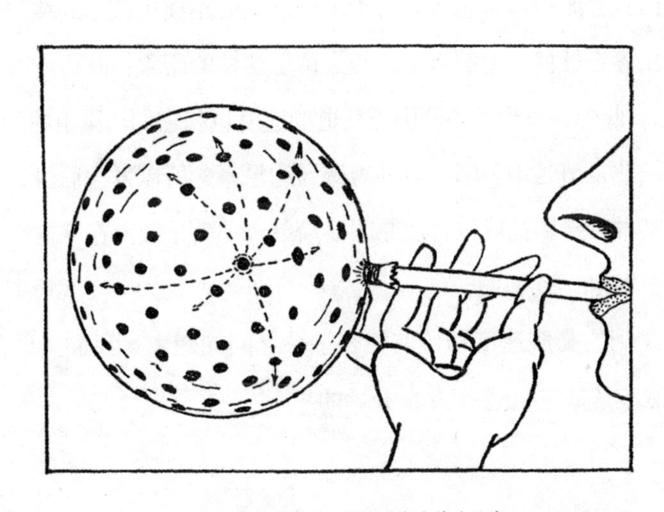

图127　气球膨胀时，这些圆点会彼此远离。

对此，最自然的想法就是**所有星系都在远离我们，而且远离的速度和它们到**

我们的距离成正比。这一解释的基础是所谓的“多普勒效应”：在大自然中，那些接近我们的光源，其光谱会往蓝色一端变化，而远离我们的光源，其光谱则会往红色一端变化。当然，想要观察到明显的变化，光源相较于观察者的相对速度必须足够大才行。有一位 R.W. 伍德教授（R.W.Wood）在巴尔的摩闯了红灯，他在被捕时和法官说的就是这个理由：红灯在他看来是绿色的，因为他在驱车靠近红灯！当然了，伍德教授只不过是在愚弄法官，如果法官对物理学有所了解的话，他一定会让教授计算一下，他得以多大的速度驾驶，才能把红灯看成绿色，然后以超速为由让他缴纳罚款！

回到我们在星系中观察到的“红移”问题。乍看上去，我们得出了一个相当尴尬的结论。宇宙里的所有星系都在逃离我们所在的银河系，就好像它是弗兰肯斯坦那样的星系怪物！我们的恒星系统到底具有怎样可怕的属性，为什么在其他星系中显得如此不受欢迎呢？不过，你稍微思考一下这个问题，就会轻松得出结论：并不是银河系的错，实际上，**其他星系并不是专门在逃离银河系，而是大家彼此逃离**。不妨想象一个表面画着圆点的气球（图 127）。如果你开始向里面吹气，它的表面就会胀得越来越大，各个圆点之间的距离也会不断增加。这时，如果有一只昆虫停在任何一个圆点上，都会留下这样的印象：其他所有的圆点都在“逃离”自己。此外，气球上不同圆点后退的速度也和它们与昆虫的距离成正比。

这个例子非常清楚地表明，哈勃观测到的星系之所以发生后退，不是因为我们星系具有某种特殊属性或位置。原因很简单，那就是散落在宇宙空间各处的星系普遍出现了均匀的膨胀。

根据观测到的膨胀速度和目前相邻星系之间的距离，我们可以很容易计算出，这种膨胀应该是在 50 多亿年前开始的[①]。

---

① 依据哈勃的原始数据，两个相邻星系直接的平均距离约为 170 万光年（或者说 1.6×10^{19} 千米），而它们互相远离的速度约为每秒 300 千米。假设膨胀的速率是均匀的，由此可得膨胀时间为 $\frac{1.6\times10^{19}}{300}=5\times10^{16}$ 秒 $=1.8\times10^{9}$ 年。不过由最新资料得到的时间周期估测值要更长一些。

在那之前，我们现在称之为星系的独立星云构成了宇宙空间中的一部分，恒星均匀地分布在这些星云之中。而在更早的阶段，恒星自身挤压在一起，整个宇宙中充满了连续分布的炽热气体。再往前追溯，我们会发现气体的密度和热量更大，这显然是不同化学元素（尤其是放射性元素）成形的阶段。再往前一步，我们会发现宇宙的物质正在被挤压到第七章讨论的密度和热量都高到难以想象的“原子核溶液”中。

现在，我们可以把这些观测结果拼接在一起，以正确的顺序，观看宇宙进化发展的标志性事件。

故事从宇宙的胚胎阶段开始。我们如今通过威尔逊山望远镜所能看到的所有物质（即半径 500,000,000 光年内），当时被挤压到一个半径只有约 8 个太阳大小的球体中[①]。然而，这种致密的状态并没有持续很长时间，因为宇宙快速地膨胀，在最开始的 2 秒之内，宇宙的密度就降到了水的 100 万倍，并在几个小时内就降到水的密度水平。就在这时，以前聚拢在一起的气体分解成了独立的气态球状物，构成了现在所见的各个恒星。持续不断的膨胀过程将众多恒星撕扯开来，分解成为单独的恒星云——我们现在把它们称为星系，而直至如今，这些恒星还在相互远离，向宇宙的未知深处继续前进。

现在我们不妨问一问自己，到底是什么样的力量导致了宇宙的膨胀？这种膨胀是否会停下脚步，甚至转变为收缩？宇宙中膨胀的物质有没有可能终有一天掉转头来，再次把我们的恒星系统、银河系、太阳、地球以及地球上的人类挤压成接近原子核密度的一整团物质？

---

① 由于“原子核溶液”的密度是 10^{14} 克 / 立方厘米，而现在空间里的物质密度是 10^{-30} 克 / 立方厘米，由此可以算出宇宙的线性收缩率是 $\sqrt[3]{\frac{10^{14}}{10^{-30}}}=5\times10^{14}$。因此，现在的 5×10^{8} 光年在当时只有 $\frac{5\times10^{8}}{5\times10^{14}}=10^{-6}$ 光年，即 10,000,000 公里。

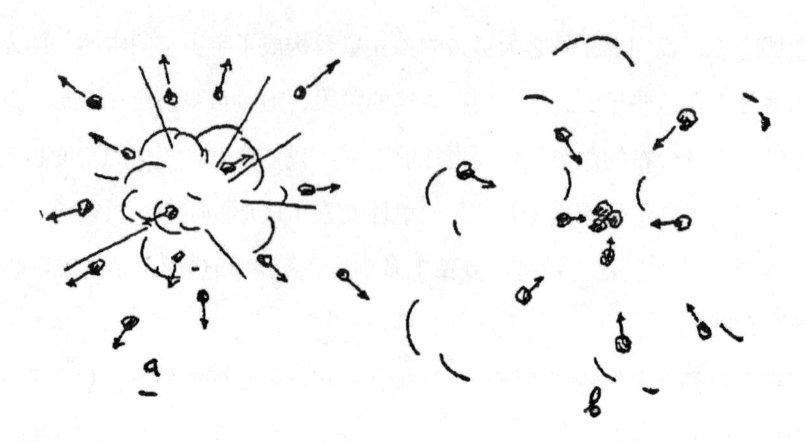

图 128　足够强的引力能阻止碎片飞行，使之重新回到引力中心。

根据现有最可靠的信息，这种情况绝不会发生。很久以前，在宇宙演化的早期阶段，不断膨胀的宇宙就斩断了让它重新结合在一起的所有纽带，现在它正遵循着简单的惯性定律向无穷远处膨胀。我们刚才提到的纽带就是引力——正是引力倾向于阻止宇宙间物质彼此分开。

我们举个简单的例子。假设我们试着从地球表面向星际空间发射一枚火箭。我们知道，目前所有的火箭（包括著名的 V2 火箭）都没有足够的推力逃出地球，进入自由的宇宙空间。上升过程中，它们会受到引力的阻碍，被拉回地球。然而，如果我们能够为火箭提供动力，使它以超过每秒 11 公里的初始速度离开地球（随着核动力助推火箭的发展，这个目标似乎有望实现），它就能超越地球引力的牵绊，逃逸到自由的宇宙空间中，不受阻碍地继续前行。因此，11 公里 / 秒的速度通常也被称为摆脱地球引力的“逃逸速度”。

现在，想象有一枚炮弹在空中爆炸，碎片向四面八方飞去（图 128a）。实际上，弹片之所以会飞散出去，是因为把碎片抛出去的爆炸的力量克服了将它们聚回一起的引力。不言而喻，对炮弹碎片来说，后者是可以忽略不计的，也就是说，它们非常微弱，根本不会影响碎片在空间中的运动。然而，如果引力足够强，就能阻止碎片的飞行，并且使它们重新回到共同的引力中心（图 128b）。至于这些碎片究竟是重新聚回还是飞向无穷远，是由它们的动能和彼此间的引力势能的相对大小决定的。

如果我们把炮弹碎片换成独立的星系，像前文描述的那样，就会得到一幅膨胀的宇宙图。然而，由于各个星系碎片的质量非常大，和它们的动能相比，引力势能变得相当重要[①]，因此，必须仔细研究这两个变量，才能确定未来的膨胀趋势。

根据有关星系物质的最可靠信息，目前看来，正在后退的星系所具有的动能比它们之间潜在的引力势能大上好几倍，由此可以推断，我们的宇宙正在向无穷远的方向膨胀，再也没有机会重新被引力紧密地拉回到一起。但必须记住，大多数和整个宇宙相关的数据都不是很精确，未来的研究也有可能推翻这个结论。但是，即使膨胀的宇宙真的突然止住脚步，掉头做收缩运动，也要历经数十亿年的时间，黑人灵歌里唱的“星星开始坠落”、我们被压在坍塌的星系之下的那个可怕的日子才会到来！

那么，如今让宇宙碎片以令人瞠目的速度飞散的超级爆炸物是什么？答案可能有些令人失望：可能根本就没有发生一般意义上的爆炸。如今的宇宙之所以在膨胀，是因为在宇宙历史的前一个阶段（当然没有留下任何记录），它从无穷大收缩到了非常致密的状态，然后就像被压缩的物质一样，会在内在强大弹力的推动下反弹。如果你进入游戏室，正好看到一个乒乓球从地面高高弹起，升到空中，你会（不假思索地）得出结论，在你进入游戏室前的一瞬间，球从相当的高度落到了地上，所以才会因为弹性又跳了起来。

我们现在可以解放自己的想象力，不妨问问自己，在宇宙被压缩到致密状态之前的阶段，现在发生的一切会不会以相反的顺序相继发生呢？

如果你在大约 80 亿或 100 亿年前读到这本书，是否会从最后一页读到第一页？那时候的人们是否会从嘴里生产出炸鸡，在厨房里给它们注入生命，然后把它们送到农场，在那里它们由成年长成婴儿，最后爬进蛋壳里，过几个星期变成

---

① 运动粒子的动能与它们的质量成正比，它们的相互引力势能和质量的平方成正比。

新鲜的鸡蛋？这样的问题虽然有趣，但从纯科学的角度来看，是无法回答的，因为在宇宙被压缩至极限的状态下，所有物质都被挤压成了均匀的原子核溶液，压缩阶段之前的所有记录可能也被完全抹去了。